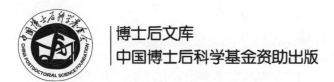

博士后文库
中国博士后科学基金资助出版

现代曲流河复合点坝砂体
定量沉积特征研究

王夏斌　著

U0220742

科学出版社

北　京

内 容 简 介

本书在现代与古代沉积研究的基础上，根据曲流河储层构型研究存在的主要问题，选取全球多条典型曲流河段，遴选大量复合点坝考察样本，细致分析曲流河复合砂体的内部构成级次、充填样式、空间分布及定量规模特征；对复合点坝和侧积体进行分类，并统计不同类型复合点坝和侧积体的分布概率；研究复合点坝和侧积体的成因类型和分布样式特征，进一步探讨复合点坝和侧积体级次的成因机理；最后，讨论曲流河复合砂体构型级次与井网井距的关系及其主控因素。本书提出的复合点坝分布概率、复合点坝成因公式、侧积周期公式等成果创新了曲流河沉积学的研究方法，为曲流河储层地质评价提供了新的视角。

本书的读者对象为石油地质学、沉积岩石学、储层地质学的科研工作者。

审图号：GS（2022）1695 号

图书在版编目（CIP）数据

现代曲流河复合点坝砂体定量沉积特征研究 / 王夏斌著 . —北京：科学出版社，2022.6

（博士后文库）

ISBN 978-7-03-072196-9

Ⅰ. ①现… Ⅱ. ①王… Ⅲ. ①河流相–储集层–沉积学–研究 Ⅳ. ①P588.2

中国版本图书馆 CIP 数据核字（2022）第 080419 号

责任编辑：焦　健／责任校对：何艳萍
责任印制：吴兆东／封面设计：陈　敬

科 学 出 版 社 出版
北京东黄城根北街 16 号
邮政编码：100717
http://www.sciencep.com
北京捷退佳彩印刷有限公司 印刷
科学出版社发行　各地新华书店经销

*

2022 年 6 月第 一 版　开本：720×1000　1/16
2022 年 6 月第一次印刷　印张：17 1/2
字数：353 000
定价：228.00 元
（如有印装质量问题，我社负责调换）

"博士后文库" 序言

1985年，在李政道先生的倡议和邓小平同志的亲自关怀下，我国建立了博士后制度，同时设立了博士后科学基金。30多年来，在党和国家的高度重视下，在社会各方面的关心和支持下，博士后制度为我国培养了一大批青年高层次创新人才。在这一过程中，博士后科学基金发挥了不可替代的独特作用。

博士后科学基金是中国特色博士后制度的重要组成部分，专门用于资助博士后研究人员开展创新探索。博士后科学基金的资助，对正处于独立科研生涯起步阶段的博士后研究人员来说，适逢其时，有利于培养他们独立的科研人格、在选题方面的竞争意识以及负责的精神，是他们独立从事科研工作的"第一桶金"。尽管博士后科学基金资助金额不大，但对博士后青年创新人才的培养和激励作用不可估量。四两拨千斤，博士后科学基金有效地推动了博士后研究人员迅速成长为高水平的研究人才，"小基金发挥了大作用"。

在博士后科学基金的资助下，博士后研究人员的优秀学术成果不断涌现。2013年，为提高博士后科学基金的资助效益，中国博士后科学基金会联合科学出版社开展了博士后优秀学术专著出版资助工作，通过专家评审遴选出优秀的博士后学术著作，收入"博士后文库"，由博士后科学基金资助、科学出版社出版。我们希望，借此打造专属于博士后学术创新的旗舰图书品牌，激励博士后研究人员潜心科研，扎实治学，提升博士后优秀学术成果的社会影响力。

2015年，国务院办公厅印发了《关于改革完善博士后制度的意见》（国办发〔2015〕87号），将"实施自然科学、人文社会科学优秀博士后论著出版支持计划"作为"十三五"期间博士后工作的重要内容和提升博士后研究人员培养质量的重要手段，这更加凸显了出版资助工作的意义。我相信，我们提供的这个出版资助平台将对博士后研究人员激发创新智慧、凝聚创新力量发挥独特的作用，促使博士后研究人员的创新成果更好地服务于创新驱动发展战略和创新型国家的建设。

祝愿广大博士后研究人员在博士后科学基金的资助下早日成长为栋梁之才，为实现中华民族伟大复兴的中国梦做出更大的贡献。

中国博士后科学基金会理事长

序

    曲流河是我国陆相盆地的重要储层类型，具有相变快、内部结构复杂、复合河道变化大、非均质性强的特点，严重影响油气藏评价和油气田开发。海上油田受高开发成本的制约，钻井密度低、开发井距大、资料相对较少，采用常规技术难以实现对储集层的精细描述。仅仅从单井资料出发，依靠传统的"岩电结合"技术划分沉积微相是不够的。因此，海上油田必须大胆创新高效开发理念，并探索相应的地质新思路和新方法，将创新突破尽快转变为适用技术，才有可能奠定海上大井距油田高效开发的坚实技术基础。

    通过国家科技重大专项研究，中海油研究总院有限责任公司开发研究院提出了适应于海上油田地质研究尺度的"河流相复合砂体构型"概念，并得到学术界的认同。这一成果弥补了钻井资料取样范围有限、地震资料低分辨率的缺陷，利用地震资料在三度空间广泛取样的优势，达到精细表征储层和预测油藏的目的。在此指导下，中国海洋石油集团有限公司在海上取得了一系列重大发现，在渤海湾新投产的河流相油田有 30 多个，设计方案动用原油地质储量 12 亿 m³，天然气地质储量 797 亿 m³，设计开发井数 1308 口，产能 1790 万 m³。

    《现代曲流河复合点坝砂体定量沉积特征研究》是在充分继承前人理论成果的基础上，应用复合砂体储层构型理论的相关技术方法，完整系统地论述了曲流河复合砂体的内部构成级次、充填样式、空间分布及定量规模特征，是复合砂体构型理论的全面总结和提升。书中阐述的曲流河复合砂体构型分级分类、复合点坝和侧积体分类样式概率统计、复合点坝和侧积体的成因分析等理论成果均具有良好的应用前景。这些理论和研究方法为海上油田精细开发提供了新的思路，具有较高的实践参考价值，达到国内领先水平。

中海油研究总院开发研究院院长，教授级高级工程师

2020 年 10 月

前　言

曲流河沉积学研究始于 19 世纪末，即沉积学诞生之初，其研究过程基本伴随了整个沉积学的发展历史。相较于其他沉积类型，曲流河的演化过程相对规律化，其构型理论研究最为成熟，技术方法最为完善。百年研究史中，最标志性的事件是 Miall 通过对曲流河不同沉积单元的描述，提出了储层构型学研究方法，引起了沉积学界的革命。之后，众多学者参与到这一研究中，主要开展现代曲流河定量测量、曲流河地质剖面定量描述、地下实例区构型解剖等工作，发表了大量论文和专著。特别是在我国，曲流河储层作为一类重要的陆相储层类型，储层构型分析方法在一定程度上有效解决了这类复杂储层难于表征的问题，推动了这类油田的开发生产工作。

进入 21 世纪，伴随着北美 McMurray 组潮汐点坝储层的发现，曲流河再次成为全球沉积学研究的热点。通过广泛吸收与之相关学科的新理论、新方法和新思路，曲流河研究取得了蓬勃发展。在这一期间，人们逐渐认识到，在自然界中，曲流河所形成的点坝砂体并非传统单一点坝模式，而是多期残缺点坝镶嵌而成的复合点坝模式。针对曲流河复合点坝储层构型的精细研究，从传统的露头定性描述发展到探地雷达定量测量、遥感图像定量测量、曲流河动力学研究、曲流河地貌形态学研究等深层次解析，建立了符合自然界规律的定量沉积模型。本书是在充分总结 21 世纪以来曲流河研究的基础上，深入挖掘曲流河复合点坝砂体储层构型的定量信息，从砂体的空间分布、定量特征、成因机理等角度建立表征曲流河储层的精细地质预测模型。

本书结合国内外曲流河储层构型最新理论研究成果，在复合砂体构型理论研究的基础上，开展复合点坝砂体构型样式分类、定量规模统计、成因类型解释和储层表征方法等探索工作。首先，综述前人关于曲流河复合砂体的提出背景和概念，系统厘定曲流河复合砂体的构型级次，描述主要构型要素，并探讨曲流河复合砂体构型的科学与实践意义。在此基础上，通过对曲流河复合河道带级次、复合点坝级次和侧积体级次的特征分析描述，建立 3 个级次构型样式的分类。其次，定量规模是复合砂体构型研究的重要内容，本书选取 260 个典型的复合点坝样本，按照复合点坝和侧积体的分类，系统统计样本中各类型复合点坝和侧积体的分布概率情况，并建立它们之间的定量关系。在此基础上，进一步分析复合点坝和侧积体级次的成因类型，通过对现代沉积、古代沉积、物理模拟、数值模拟等资料的分析，论证复合点坝残存面积与期次的定量关系符合对数关系；通过对密西西比河高精度卫星遥感照片的分析，论证河道侧积周期与河道规模的定量关系符合线性关系。最终，根据以上定量化理论成果，设计一套曲流河复合砂体储层构型表征方法，对秦皇岛32-6油田典型小层进行复合点坝储层表征实践。在此基础上，进一步探索复合砂体构型级次与井网井距的关系。

全书共7章。第1章系统介绍曲流河储层构型的起源、发展及研究意义；第2章介绍复合砂体的概念及内部构成级次，并对复合砂体构型要素进行分类；第3章介绍复合砂体构型样式的分类，以及曲流河最重要的两个构型级次单元——复合点坝和侧积体的成因分类方法和结果；第4章选取13条典型曲流河河段的260个复合点坝作为样本数据，进行分类统计，统计分布概率，形成曲流河复合点坝地质知识库；第5章分析复合河道带级次、复合点坝级次、侧积体级次的成因类型；第6章将以上曲流河定量统计结果应用于典型地下实例区——秦皇岛32-6油田明化镇组下段的地下构型解剖；第7章为结束语。全书由王夏斌撰写，由胡光义、范廷恩、吴胜和等专家审阅。全书的撰写基于前人丰富的曲流河储层构型学研究成果，也得益于中海油研究总院有限责任公司为笔者所在研究所提供大量现代沉积、野外露头和油田实例资料。在本书撰写过程中，中海油研究总院有限责任公司开发研究院胡光义院长、范廷恩院长、范洪军主任、高云峰首席工程师等专家、中国石油大学（北京）吴胜和教授、岳大力教授、徐樟有教授、中国地质大学（北京）姜在兴教授给予了深入的指导，中海油研究总院有限责任公司陈飞、井涌泉、张显文、马良涛、任梦怡等博士后为本书的完成做出了重要贡献，在此一并表示感谢。

王夏斌

2022年4月

目　　录

第1章 曲流河储层构型的提出与研究进展

1.1 问题提出及研究意义

油气储层是油气藏研究的核心，是勘探开发的直接目的层。储层分布特征、油气藏性质与油气储量、产量及产能都息息相关。针对油气储层进行深入研究，厘清其宏观展布特征、内部储层结构、储层参数分布，分析油气田开发过程中储层性质的动态变化特征，对于油气田勘探、开发具有重要价值。但是，储层研究具有其内在复杂性，特别是陆相沉积，砂体横向变化快、非均质性强。传统沉积学多为定性描述储层特征，已不能满足开发阶段的陆相储层研究需求。为了建立定量研究储层的科学方法，储层构型理论于20世纪末应运而生。

储层构型学由 Miall（1985）首先提出，于20世纪90年代引入国内（吴胜和和王仲林，1999）。储层构型是指储层内部不同级次构成单元的形态、规模、方向及其叠置关系等。目前，储层构型是国内外老油田、河道砂体水平井剩余油挖潜的热点研究内容，同时也是难点与前沿技术（Miall，1985；Bristow et al.，1993；吴胜和，2010；秦国省等，2017；支树宝等，2019）。中外学者从古代露头、现代沉积到密井网地下储层等不同角度对储层沉积进行构型解剖。Allen（1977）在曲流河沉积物中第一次明确划分了3级界面。Miall（1985，1997）提出了砂体结构单元分级界面分析，归纳总结出20种岩石相类型和9种基本构型单元。Nemec（1988）对三角洲前缘砂体露头、Gustavson（2010）对密西西比河曲流环非均质性级次进行了研究。此后，储层构型研究逐渐由曲流河向辫状河、三角洲以及深水沉积转变（Alexander，1992；Richards and Bowman，1998；Johnson and Graham，2004；Ambrose et al.，2009；van de Lageweg and Feldman，2018）。国内学者在现代沉积和露头研究（薛培华，1991；贾爱林等，2000；金振奎等，2014；陈骥等，2018；印森林等，2018；连丽聪等，2019）、储层表征方法（吴胜和和李宇鹏，2007；张显文等，2018；于兴河等，2018；逯宇佳等，2019）、储层发展方向性问题（裴怪楠和贾爱林，2000；马世忠等，2008）等方面均取得了一定的成果，指导了油田的开发生产。储层构型研究从最初的构型界面划分发展到现在，形成了层次分析、模式拟合、多维互动的研究思路，从对曲流河的研究逐渐扩展到对辫状河、网状河、三角洲、滨浅湖滩坝、冲积扇、深水沉积及碳酸盐岩沉积相类型的研究，并向着精细化和定量化方向发展。

自储层构型研究诞生至 21 世纪 20 年代，国内外的研究对象主要针对陆上密井网油田，这类油田具有丰富的资料基础，可以达到精细表征储层构型的目的（Johnson and Graham，2004；徐振永等，2007；吴胜和等，2008；刘钰铭等，2009）。相对陆上油田，海上油田具有井距大、井网稀、资料相对较少的特点，这对油田认识造成了很大的局限性（周守为，2009；胡光义等，2013a，2014）。油田最直接的资料是钻井资料，陆相曲流河单砂体侧向规模通常小于 100m。随着加密调整，陆上油田井距一般能够控制这类储层的单元规模，而对于海上油田，即使在开发中后期井距也是 350～400m，这种大井距超出了单个点坝范围，给油田地质研究带来了很大困难。仅由单井资料出发，依靠传统井震结合描述储层是不够的。例如，位于渤海中南部地区的秦皇岛 32-6 油田，其明化镇组储层被认为是一套具有曲流河特征的储层，这类储层的特点是复合河道带相变快、内部结构复杂、非均质性较强，严重制约了油气藏的评价和开发（陈飞等，2015）。通过国家科技重大专项和相关课题研究，在储层沉积相、储层非均质性、隔夹层及储层油气水认识和三维地质建模等方面均获得了一些成果，取得了沉积体系展布、砂体叠置样式、砂体地震响应规律等方面的新认识，提出了适应于海上油田地质研究尺度的复合砂体构型概念，并得到学术界的认同（井涌泉等，2014；张宇焜等，2016；范廷恩等，2017；马良涛等，2017；胡光义等，2018）。但是，关于复合砂体的定量规模、成因类型等研究，目前仍处于空白阶段，需要加大研究力度，并推广到油田的实际生产应用中。

本书即建立在此基础上，充分利用前人已开展的多轮综合地质研究成果和认识，进行曲流河复合砂体构型特征的精细化研究。研究内容包括系统厘定曲流河复合砂体的内部构型级次，描述并总结不同构型级次复合砂体的充填样式和空间分布特征，在此基础上对各级次复合砂体的定量规模进行测量统计。探讨不同级次曲流河复合砂体的成因类型、分布样式，进一步分析内部隔夹层的分布特征。最终，将成果应用于渤海中南部目标研究区，明确曲流河复合砂体构型单元与井网井距的关系。

1.2　国内外研究进展

1.2.1　储层构型研究进展

储层构型指储层内部不同级次构成单元的形态、规模、方向及其叠置关系等，其研究的主要内容包括构型界面和构型要素。其中，构型界面指一套具有等级序列的岩层接触面。根据这些接触面，可将研究地层段划分为具有成因关联的地层单元块体。例如，Miall（1985）提出了曲流河 6 级界面的划分方案；Miall（1985，1996）认为，3~5 级界面所限定的构型单元是真正意义上的储层构型单元，定义为构型要素。相比传统沉积相研究，储层构型研究更加细化和深化。

1. 现代沉积

储层构型研究最早源于野外露头的沉积地质学分析，具有便于观察测量、与实际地下储层特征有可对比性等优点，是早期构型研究的主要对象，但是只能进行剖面观测，平面展布具有局限性（周银邦等，2011）。而研究现代沉积的地质特征，测量定量参数，可以在一定程度上弥补露头剖面研究的局限性和片面性。随着卫星遥感和地理信息系统的发展，沉积体平面特征越来越直观地呈现在人们面前。需要注意的是，人类活动通常会改变原始自然沉积特征，所以，在选取现代沉积考察点时，应尽量选择受人类活动影响较小的地区。

因此，综合应用野外露头与现代沉积，将二者优势互补、相得益彰，成为沉积构型研究的重要方法，同时也取得了具有里程碑意义的成果。

早期，构型研究对象主要是曲流河、三角洲和风成沉积物，主要针对野外露头。学者尝试通过露头定量解剖建立起构型要素和界面的分级分类体系。1965年，Allen 将曲流河和三角洲沉积体划分为分级序列，分级次对露头区的地质特征进行描述，考虑水流大小的影响，最终将序列级次按照从小到大划分为小型波痕、大型波痕、沙丘、河道和整合，即 5 个等级的"综合体系"（Allen，1965）；1977 年，Allen 首次提出河流相储层构型（fluvial architecture）的概念，并对河道和溢岸沉积的几何形态及内部组合进行了描述（Allen，1977）；同年，Brookfield 在风成沉积底形分级体系中，提出了臂形韵律层、沙丘、空气动力波痕和冲击波痕 4 个同期沉积、不同级次的"风成底形单元"（Brookfield，1977）；1983 年，Allen 在此基础上，利用分级思想针对英国威尔士泥盆系砂岩露头进行了深入剖析，建立了 3 类构型界面（Allen et al.，1983）。

1985 年，Miall 提出了界面级次、岩相组合类型、结构单元等概念，标志着储层构型思想的诞生。最早，储层构型是应用于曲流河储层分析的（Miall，1985）。之后，Miall 和其他学者不断改进、完善，最终明确了 6 级界面、20 种岩相类型组合、9 种结构单元的分类方案（Miall，1988，1991）。储层构型理论成为当今油气勘探领域的三大进展之一。

此后，众多学者借鉴该思想，开展了大量现代沉积和野外露头研究工作，针对不同的沉积相类型划分了相应的构型单元，并建立了丰富的构型模式，包括曲流河、三角洲、冲积扇、海底扇、滨岸砂体和碳酸盐岩礁滩相等，为后续地下储层构型研究奠定了坚实的理论基础。1990 年，Webber 和 Geuns 对得克萨斯州 Fran Kline 点坝侧积体的构型样式进行了研究分析，并建立了曲流河的侧积模式（Webber and Geuns，1990）。之后，油气田生产开发进一步对储层研究提出精度更高的要求，使得储层构型研究不仅针对构型单元的划分和构型模式的建立，也开始向储层非均质性、储层质量、储层建模等方面进一步延伸，并逐渐进入了实际应用阶段。Jol 和 Chough 于 2001 年分析了韩国东南部 Kyongsang 盆地白垩纪地层冲积层序构型的厚砂岩、薄砂岩和泥岩 3 种组分特征（Jol and Chough，2001）。Deptuck 等于 2003 年利用阿拉伯海尼日尔三角洲的高分辨率多波二维和三维地震数据，分析了斜坡上部的近海底河道和堤岸体系的沉积储层构型模式（Deptuck et al.，2003）。

20 世纪 90 年代，储层构型研究逐渐引入国内，早期研究通过借鉴国外研究思路，对野外露头和现代沉积进行定性描述和定量统计，建立了一系列曲流河-三角洲的定量模式知识库，用于指导地下类似储层的表征。其中比较有代表性的成果有：李思田等（1993）对鄂尔多斯盆地多种陆相成因砂体的野外露头进行了描述和研究；付清平和李思田（1994）开展了鄂尔多斯盆地三角洲前缘相露头特征的研究工作；林克湘等（1995）对青海油砂山水下分流河道砂体露头进行了研究；尹燕义等（1998）对吉林饮马河现代点坝沉积进行了定量测量和研究；马世忠和杨清彦（2000）研究了辽宁昌图纪家岭泉头组曲流河点坝的野外露头；马凤荣等（2001）开展了嫩江大马岗点坝的研究工作。

现代沉积的研究极大丰富和完善了储层构型研究的成果，使储层构型研究定量化程度大为提高。Leeder（1973）对曲流河规模定量分析进行了开创性的研究工作，通过对现代典型曲流河沉积的大量统计和测量分析，得出了点坝砂体厚度大致等于曲流河满岸深度的结论。弯曲度 $k>1.7$ 的曲流河满岸宽度 W 与满岸深度 h 具有较好的相关性，可以拟合出如下经验公式：

$$W = 6.8h^{1.54}$$

随后，Lorenz（1983）通过对现代曲流河数据统计分析，指出弯曲度 $k>1.7$ 的曲流河满岸宽度 W 与单一曲流带宽度 W_m 的关系为

$$W_m = 7.44W^{1.01}$$

薛培华（1991）对拒马河现代曲流河点坝研究后指出，点坝砂体在平面上分布的最大宽度是河弯的弯顶处，一般为 $60 \sim 70m$，最大达 150m。

卫星遥感技术的大幅进步为现代沉积学的定量研究提供了又一重要手段。Google Earth（谷歌地球）可以方便地定量测量曲流河规模，宏观地观察曲流河的形态特征，为地质研究提供了新的工具和思路。国内外学者利用 Google Earth 开展了大量研究工作，张斌等（2007）通过 Google Earth 曲流河遥感图像，定义

了曲流河的部分几何参数，并选取典型样本进行测量；岳大力等（2007）应用 Google Earth 测量了嫩江月亮泡段的河道和点坝规模参数，统计拟合，形成了相关的经验公式，并应用于地下点坝储层构型的表征和研究；李宇鹏等（2008）利用 Google Earth 对嫩江和亚马孙河典型曲流段进行测量，得到了点坝长度和对应曲流河宽度之间的正相关线性函数关系，并指出该关系具有指导曲流河点坝地下储层构型定量表征的意义和价值；石书缘等（2012）利用 Google Earth 测量了一系列现代曲流河河道和点坝的几何规模数据，并将其综合对比分析，建立了曲流河储层定量化地质知识库系统。

2. 地下储层构型研究

地下储层构型研究的主要思路是充分利用三维地震信息和测录井信息进行表征，充分依据地震响应反射终止关系、内部结构特征和外部形态及组合关系进行地震相分析和识别，然后进行储层沉积相和构型研究（Mitchum et al., 1977）。

近年来，针对地下不同沉积相类型储层开展了大量理论和应用研究，尤其 2000 年以后国内相关文献数量呈爆发式的增长（图 1.1）。赵翰卿等（1995）基于研究靶区储层沉积相分析结果和当代曲流河沉积学文献调研，对密井网资料进行了充分研究分析，解剖出曲流河单砂体的分布组合特征，识别了砂体空间展布特征，实现了地下储层构型分析；何文祥等（2005）以胜利孤岛油田孤 52 井馆陶组曲流河点坝砂体为例，进行了充分详细的研究，对单一河道的顶底界面（Miall 划分的 4 级界面）和点坝内部侧积体分界面（Miall 划分的 3 级界面）进行了识别，并依据储层地质学的基本原理，建立了曲流河点坝侧积体的栅状模型图；岳大力等（2007）进一步研究了胜利孤岛油田馆陶组的曲流河点坝砂体特征，应用层次分析、模式拟合、多维互动的储层表征研究思路，对不同级次下的河道砂体构型特征进行分析表征，建立了系统的曲流河构型理论体系和研究方

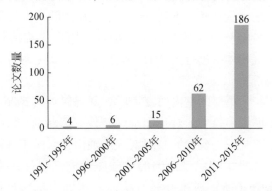

图 1.1　1991～2015 年国内主要期刊关于储层构型发表的论文数量统计图

法；隋新光等（2006）基于研究靶区油田的水平井资料，通过储层地质建模和油藏数值模拟等多个角度，从基础理论和生产实践应用等多个方面，详细研究了密井网油田中地下点坝砂体的内部构型表征方法；马世忠等（2008）多次开展了曲流河野外地质露头及现代沉积研究，在模式指导下，详细分析了大庆油田长垣葡Ⅰ组的不同类型（曲流型、顺直型、水下分流型）河道砂体内部的储层构型特征，并充分与油田生产实际相结合，总结得到一套切实可行的单砂体内部构型剖析方法。

随着开发程度的逐步提高，中国东部海上油田也逐步进入了油田开发的中后期。由于海上油田稀疏井网的限制，在精细开发的需求下，促进了利用井震联合方法研究储层构型思路的形成（吴胜和等，2012；胡光义等，2014）。从最初的构型单元识别到现在的层次分析、模式拟合、多维互动思想，从对曲流河沉积相的研究逐渐扩展到其他沉积相类型，包括辫状河、三角洲、冲积扇、深水重力流沉积及碳酸盐岩沉积相等的研究，并向着精细化和定量化方向发展。

3. 构型研究方法

1）现代沉积与野外露头测量方法

现代沉积和野外露头研究是地质研究的基础，同时也是最早的、最直接的、精度最高的储层构型研究方法。可以说，储层构型研究起源于现代沉积和野外露头研究。野外露头研究具有直观性、完整性、精确性等优点，其缺点是露头一般是二维剖面，平面上很难观测，通过现代沉积可以弥补露头研究在平面信息上的不足。随着遥感技术和网络信息技术的发展，以及资料逐步走向民用化，沉积体的平面特征可以通过现代航拍和卫星遥感照片进行识别，不用耗费大量人力物力现场测量。因此，利用目前的工具和手段，可以建立起更为完整真实的地质构型模式。构型研究一般需要将野外露头和现代沉积方法充分结合起来，实现平面和剖面的互动结合，达到从平面二维到空间三维地质体的构型解剖。在现代曲流河沉积和野外露头定量实测分析的基础上，综合应用现代航拍和卫星遥感影像技术，可使研究者对沉积体系进行更全面、更直观、精度更高的研究。

2）沉积模拟方法

沉积模拟是沉积学重要的室内研究手段。刘忠保等（2006）在辫状河–扇三角洲进积过程沉积模拟实验中，对不同水深条件下辫状河–扇三角洲的定量演变趋势进行了模拟。王文乐（2012）通过对大庆油田杏六区东部枝状三角洲沉积过程进行模拟，深入分析了枝状三角洲的单砂体形成机制及其控制因素。石富伦（2013）、胡晓玲等（2015）通过开展辫状河三角洲内部构型的沉积模拟实验，深入分析了三角洲前缘河口坝的几何形态特征、内部储层结构特征及复合河口坝的砂体叠置样式，将河口坝沉积砂体按照河口坝内部前积增生体、单期河口坝砂体和河口坝复合砂体划分出 3 类界面。Jaco（2004）通过对逐渐减弱的高密度流类似物进行水槽实验，对其河床几何学、结构和组成进行了分析，重点研究了高密度流的沉积构型及流动属性。

沉积物理模拟实验是沉积学研究中一种行之有效的方法，但是存在以下问题：①比尺造就的实验室与现实沉积的可对比性无法克服，比例过度缩小会造成实验结果失真和变形；②实验动力学参数的获取难度大；③沉积物理模拟的关键目标是要解决模型与原型之间对比相似性的问题；④地质场如何在室内恢复。

3）探地雷达测量方法

探地雷达是近些年定量地质构型研究的一种热门方法，是十分先进的浅地表勘探地球物理系列技术之一。探地雷达资料主频可达到100Hz，分辨率可达到厘米级，探测深度达到 30～50m，可用于分析沉积微相宏观结构信息和微尺度不同级次储层构型特征（Knight et al.，1997；Asprion and Aigner，1999）。

利用探地雷达技术，Jol 等（1996）研究了美国佐治亚州、佛罗里达州、得克萨斯州、俄勒冈州、华盛顿州等地区的海岸砂坝内部结构，包括地层走向、砂坝进积和加积方向，确定沉积相分布和咸淡水界面等。应用探地雷达分辨率极高的成像特点，Nichol（2002）识别出了 5 种探地雷达相单元，认为海滩脊通常由不连续、高振幅、透镜状反射波构成。综合探地雷达、岩心和声呐探测资料信息，Alexander（1992）研究了美国蒙大拿州现代沉积曲流河，提出了河道迁移过程主要受控于以下几个因素：构造倾斜、断层、基准面变化、可容空间演化和气候变化。Corbeanu 等（2001）研究了犹他州 Coyote 盆地白垩系 Ferron 河道露头剖面，解剖了露头砂体的内部结构特征和组合样式，并建立了露头的三维地质模型。Brenton 等（2010）采用航空磁测技术和资料成果分析了加拿大北部育空地区的韦尼克地层地下储层构型演化特征。

近年来，国内沉积研究学者引入了该项技术，开展了一系列有意义的工作，对探地雷达的原理及应用效果进行了充分的探讨，取得了丰富的成果。2012 年，笔者所在团队基于现代沉积测量结果，设计了10m×30m 的规则网格，采集结果较好地反映了不同点坝内部的侧积体倾角、倾向、厚度等信息，开展了复合点坝发育过程、形成机理及空间展布等研究（图 1.2）。朱如凯等（2013）针对曲流河三角洲平原河道沉积环境，通过探地雷达精细研究，分析了露头靶区砂体的空间分布特征，并根据探地雷达资料，建立了露头三维空间地质分布模型，为实际地下储层的精细研究提供了可对比的地质模型。此外，国内学者将探地雷达应用于海岸带、冰川等沉积环境特征的研究（何茂兵等，2003；殷勇等，2006；高志勇等，2010）。

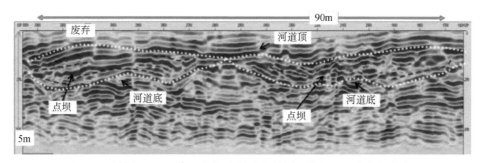

图 1.2　海拉尔地区现代沉积探地雷达反射剖面特征（垂直点坝走向）

虽然探地雷达主频能够达到 100Hz，具有高精度成像的特点，用于现代沉积和野外露头研究具有十分优异的效果，但是由于其成本较高和频率较高，如何将成果应用于油田地下储层研究仍需进一步探讨。

4）三维地震与地震沉积学方法

随着地震资料采集精度的逐步提高，地震属性分析技术在储层表征中广泛应用，并取得了一定的进展。利用地震层位方向解释法，Rijks 和 Jauffred（1991）结合地震自动蚂蚁体追踪技术和亚层序属性提取的结果以及地震属性，解释出了河道的平面分布特征。Vitor 等（2003）根据露头研究成果及地震资料，通过对 Green 点坝的研究，刻画出了不同时间演化切片的复合点坝的空间分布。Richard 和 Shuhab（2007）利用高精度三维地震资料，识别出了河道内部储层构型特征，建立了地震解释河道的工作方法和流程。

2000 年以来一些学者发展了三维地震等时切片技术。基于高精度三维地震等时切片的地貌学和沉积学解释方法，进行了地下沉积储层的结构和界面分析，并将这一方法称为地震地貌学或地震沉积学（Posamentier and Kolla，2003；Zeng et al.，2007；Zeng，2007）。该方法利用地震属性及其垂向演化特征，结合地貌学特征开展沉积研究，Posamentier 和 Kolla（2003）称其为"地震地貌学"。Zeng 等（2007）更注重应用地震资料对沉积体系的形成演化过程进行细致分析和解剖，建立了"地震沉积学"的理论和工作方法，该方法一般应用于沉积地质体平面延伸范围远大于沉积厚度的情况，即薄砂体储层。因此，受地震垂向分辨率精度的制约在剖面上无法分辨的地质体，可以充分利用地震资料的平面分辨率信息，在平面上可能识别出地质体。在地震层序解释格架内，三维地震数据体内的地质时间标志层之间的连续地层切片有利于在平面上识别地质体及其内部构型单元，并可以对该地层时间单元内地质体的垂向演变展开地质研究工作。

5）经验公式法

很多曲流河沉积学家发现，河道的一些定量规模参数具有代数规律性，所以他们开展了很多现代曲流河和地下曲流河储层几何形态和定量参数的测量工作，并进行数学关系拟合，得到了一系列的经验公式，为曲流河储层构型研究和解剖分析奠定了基础。Schumm（1972）、Leeder（1973）、Lorenz 等（1985）对曲流河的规模进行了定量分析，纷纷建立了曲流河的宽度和深度的相关性。石书缘等（2012）、李宇鹏等（2008）利用 Google Earth 卫星遥感数据对曲流河道的定量几何参数进行测量，通过统计分析，建立了曲流河道宽度与点坝长度的定量关系，并对点坝砂体内部构型特征的三维定量模型进行了剖析。周新茂等（2010）应用地层倾角测井法、开发对子井法、水平井法等 3 种方法，对点坝构型要素进行了定量分析和描述，并进一步分析了点坝构型对储层内部剩余油富集的影响。周银邦等（2011）对大庆长垣葡萄花油层点坝内部侧积层进行了定量表征，所依据的是油田的密井网剖面、岩心资料及曲流河经验公式，同时综合了点坝内部侧积层地质分布模式。从曲流河单砂体出发，学术界目前基本形成了从单砂体厚度预测到河道满岸深度预测，再到河道满岸宽度预测，最终预测点坝长度的思路（Schumm，1972；岳大力等，2008）（表 1.1）。

表 1.1　储层构型定量预测经验公式

作者	经验公式	备注
Schumm	$F=255M-1.08$，式中：F 为河道宽深比；M 为泥质含量	通过泥质含量预测出河道的宽深比，结合单河道厚度预测河道的宽度
Leeder	$W=6.8H^{1.54}$，式中：W 为河道宽度；H 为河道深度	通过河道深度预测河道宽度
Lorenz 等	$W_m=7.44W^{1.01}$，式中：W_m 为单一曲流带宽度；W 为河道满岸宽度	通过河道满岸宽度预测单一曲流带宽度
岳大力等	$L=0.85311W+2.4531$，式中：L 为点坝长度；W 为曲流河满岸宽度	通过曲流河满岸宽度预测点坝长度
李宇鹏等	$L=3.96W_r+0.11$，式中：L 为点坝长度；W_r 为河道宽度	针对嫩江平原和亚马孙平原，通过河道宽度预测点坝长度

6）地下多井预测方法

在前人研究的基础上，束青林、吴胜和等倡导层次约束、模式拟合和多维互动等多个级别井间构型的模式预测思路与方法，研究对象从曲流河逐渐扩展至辫状河、三角洲、冲积扇及深水重力流沉积，并向着定量化方向发展，不论是在理论认识，还是在生产实践等方面均取得了快速和长足的发展（吴胜和等，2008；束青林，2005）。整体上，对于陆上密井网条件下的储层构型研究技术和思路已经基本成熟。

加拿大油砂矿区基本初露地表，为地下多井储层构型预测提供了天然实验室。Barton（2016）以阿萨巴斯卡油砂矿区内壳牌公司阿尔必租区为例，结合钻井和露头资料，研究了 McMurray 组中、上部地层和内部构型特征。Hubbard 等（2011）利用地震资料研究了 McMurray 组下部曲流河沉积地层特征，并指出了区域内曲流河沉积的发育规模（宽 90 ~ 640m，深 28 ~ 36m）。

在水平井条件下，束青林（2005）对胜利孤岛油田馆陶组及明化镇组曲流河点坝内部进行了构型研究，并进一步探索了在水平夹层正韵律情况下，三维数值模拟和构型对剩余油形成、富集和分布的影响。李双应等（2001）、何文祥等（2005）在孤岛油田也针对油藏研究中沉积单元的应用进行了探讨。隋新光等（2006）充分利用水平井密井网油田条件，细致研究了地下点坝砂体储层的内部构型在地质模型和数值模型中的应用效果。周银邦等（2008）在大庆油田密井网条件下，总结了侧积体和侧积层的定量规模与产状，并且建立了侧积体定量判别公式。吴胜和等（2008）针对不同油田高弯度曲流河形成的点坝砂体，进行了构型解剖，并在油田生产中取得了较好的开发效果。

4. 储层构型的阶段划分

储层构型的相关研究起源于 20 世纪中叶，其发展经历了较长的历史过程。20 世纪 60 年代初期，曲流河沉积学研究以沉积环境和建立相模式为主；70 ~ 80 年代，以沉积过程模拟分析、沉积控制因素分析、环境分析与沉积体系分析为主；进入 90 年代后，储层构型研究转入微观，以物性特征、孔喉空间分布研究为主；其间，层次分析法在构型研究中得到了长足发展，由曲流河相发展到其他相；21 世纪，构型分析转向地下储层研究领域，产生了一系列新技术、新手段，进入应用阶段（图 1.3）。

1）萌芽与初步形成阶段

油气地质学是伴随着人类对石油资源快速增长的需求而快速发展的。20 世纪 50 ~ 60 年代全球发现了一系列大油气田，主要包括中东、北美和亚太地区，石油勘探和开发需要更为细致地分析与研究地下储集体的时空分布特征。这些需要催生了储层构型理论的诞生与形成，并且使储层构型研究从萌芽阶段就开始快速发展起来。

如何较为准确地预测储层的连通性？如何比较正确地分析储层的非均质性？1965 年，Allen 在研究曲流河和三角洲沉积体中提出了级次分析的思路，并用此进行地下油田储层的小层划分和层间对比（Allen，1965）。1977 年，Allen 提出了储层构型的概念，用来描述储层几何形态和内部结构。1983 年，Allen 对曲流河沉积界面分级系统进行了理论总结，建立了相关的概念，并设计了小层对比的工作流程和方法。1985 年，Miall 发表了 "Architectural-element analysis: a new

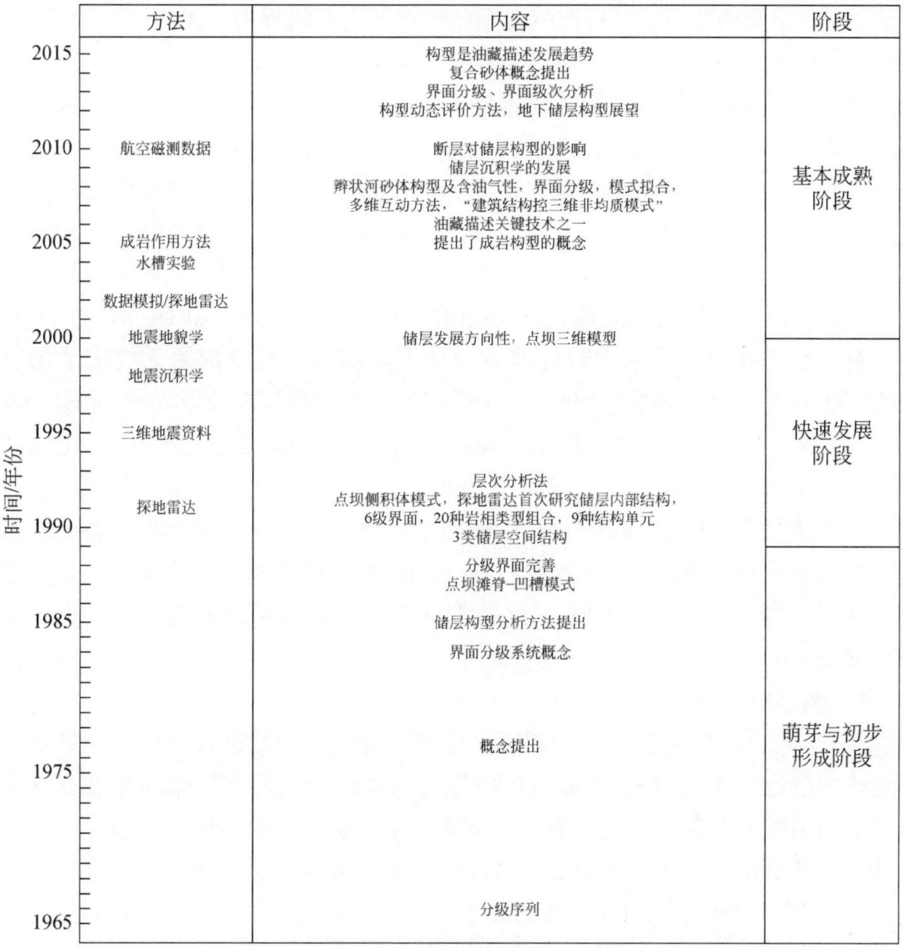

方法	内容	阶段
	构型是油藏描述发展趋势 复合砂体概念提出 界面分级、界面级次分析 构型动态评价方法，地下储层构型展望	
航空磁测数据	断层对储层构型的影响 储层沉积学的发展 辫状河砂体构型及含油气性，界面分级，模式拟合， 多维互动方法，"建筑结构控三维非均质模式" 油藏描述关键技术之一	基本成熟 阶段
成岩作用方法 水槽实验	提出了成岩构型的概念	
数据模拟/探地雷达		
地震地貌学	储层发展方向性，点坝三维模型	
地震沉积学		快速发展 阶段
三维地震资料		
探地雷达	层次分析法 点坝侧积体模式，探地雷达注次研究储层内部结构， 6级界面，20种岩相类型组合，9种结构单元 3类储层空间结构	
	分级界面完善 点坝滩脊-凹槽模式	
	储层构型分析方法提出	
	界面分级系统概念	萌芽与初步 形成阶段
	概念提出	
	分级序列	

时间/年份：2015、2010、2005、2000、1995、1990、1985、1975、1965

图 1.3　储层构型不同研究阶段的不同观点

method of facies analysis applied to fluvial deposits"，第一次完整地提出了曲流河相的储层构型分析法，标志着储层构型分析法的诞生。这一时期，伴随着油气田逐渐转入精细开发阶段，油田生产矛盾日益突出，研究者越来越深入地认识到储层构型要素研究和成因机理认识是油田进一步合理开发的关键因素，因而用储层构型理论和方法来描述、解释和预测储层特征日益受到重视（Pettijohn et al.，1973）。

2）快速发展阶段

进入 20 世纪 90 年代，储层构型进入快速发展阶段，涌现了一批代表性的著作。1989 年，第 74 届美国石油地质学家协会年会重点关注了储层构型理论，并将这一理论列为油气田地质研究的三大重要领域之一。1991 年，Miall 进一步完善了储层构型分析研究方法，将曲流河相储层划分为6级界面、20种岩相类型组合、9种结构单元，Miall的工作将储层构型研究带入了一个新的阶段。

1991年，Baker将探地雷达技术用于研究储层的内部结构特征，并取得了良好的效果（Baker，1991）。同年，国内学者薛培华（1991）归纳了点坝的构型模式，并首次提出了侧积体的概念。近年来，点坝内部侧积体、侧积层的研究吸引了大量国内外学者，研究成果十分丰富。国内外众多学者根据野外露头和现代沉积建立了各种各样的点坝沉积模式，归纳起来，主要有3种侧积体发育模式：水平斜列式、阶梯斜列式和波浪式（赵翰卿，1985；Marinus and Overeem，2008）。1992年，张昌民总结了前人野外地质和地下实例区的研究成果，提出了储层构型的层次分析法（张昌民，1992）。1996年，Miall出版了 *The Geology of Fluvial Deposits: Sedimentary Facies, Basin Analysis and Petroleum Geology* 一书，全面系统介绍了储层构型的分析方法（Miall，1996）。2000年，Posamentier和Morris首次提出地震地貌学（Posamentier and Morris，2000）。2000年，裘怿楠和贾爱林发表了"储层地质模型10年"的综述论文，该论文对储层构型的发展方向做了系统阐述（裘怿楠和贾爱林，2000）。这些都标志着储层构型研究进入了一个全新的快速发展阶段。

3）基本成熟阶段

2002年，Szerbiak和潘宏勋利用探地雷达对储层构型进行模拟，并且建立了三维流体渗透率模型（Szerbiak和潘宏勋，2002）。他们在犹他州中东部Ferron砂岩中利用探地雷达设备现场描述了曲流河相储层构型的特征，并通过三维速度估计和深度偏移，对边界曲面成像。同时利用三维振幅属性建立了一个从地表到地下12m深的关于储层内部构型的大小、方位和几何形状的地质统计模型。2004年，Jaco利用水槽实验对沉积构型进行了分析（Jaco，2004）。2005年，Weber和Ricken首次提出了成岩构型相的概念，强调了新理论在构型研究中的应用（Weber and Ricken，2005）。2007年，李阳发表了"我国油藏开发地质研究进展"，指出构型是油藏描述的关键技术之一（李阳，2007a）。2008年，吴胜和等提出了储层构型的层次分析、模式拟合和多维互动分析法，总结并丰富了储层构型的研究方法（吴胜和等，2008）。2009年，于兴河和李胜利指出储层构型是未来储层沉积学的重要发展方向之一，也说明了储层构型研究的重要性（于兴河和李胜利，2009）。2010年，Backert等将航空磁测技术引入储层构型的描述，丰富了储层构型的研究工具，提出了新颖的研究方法（Backert et al.，2010）。2014年，胡光义等在论文"渤海海域S油田新近系明化镇组曲流河相复合砂体叠置样式分析"中，针对曲流河相点坝储层厚度低于地震分辨率的先天缺陷，在地震资料可识别尺度的基础上对曲流河相储层进行了详细的分析，创立并发展了适合海上油田经济开发尺度的"复合砂体构型理论"（胡光义等，2014）。"复合砂体构型理论"的提出，标志着储层构型由理论研究逐渐转入更加关注其应用效果的研究，意味着储层构型理论发展进入了一个全新的阶段，这也是将该理论向未来推进的必经之路。近年来，储层构型研究得到了长足发展。

5. 构型发展方向及趋势

随着老油田产量逐渐步入衰退期，油气开发不断深入，砂体内部储层结构对剩余油分布的控制越来越显著，挖掘剩余油和开发井调整逐渐成为油田开发的主要目标（赵翰卿等，2000；于兴河，2002；李阳，2007a）。储层非均质性的研究成为油田开发关注的焦点，主要集中在层内非均质性、层间非均质性、平面非均质性及微观非均质性等方面；而准确地表征储层内部非均质性，弄清渗透层与非渗透层的物理特性与空间分布，是储层构型研究的核心目标，最终落实到分析剩余油，从而合理调整开发井的部署。

1）地下储层构型描述方法

由于地下储层的内部薄夹层数量多、厚度规模小，单期储层砂体厚度常常低于地震资料的分辨率。因此，受限于资料局限性，地下储层构型精细研究存在着很大的困难。而传统的储层构型研究方法是在野外露头和现代沉积储集体研究的基础上，综合运用岩心、录井、测井、地震和油田动态等资料揭示地下储层的构型特征。在 100m 以上的井距条件下，对储层构型单元开展井间预测的难度很大。同时，针对海上油田相对大井距的条件，储层内部构型的空间分布预测亦缺乏行之有效的研究方法。因此，目前储层构型的研究重点是如何定量化表征各级次的构型要素，并建立相应的储层地质模型。

面对这样的发展形势，包括探地雷达、高精度三维地震、驱动地震建模和井间地震等新技术手段在地下储集层中的运用，必将对储层构型发展起到巨大推动作用。

2）地震响应及解释方法研究

地震沉积学（地貌学）的发展为应用三维地震资料开展地下储层构型解释开辟了有效的新途径。然而，不同沉积构型单元的地震响应特征和地震多属性分析成果仍然是解释的关键。充分挖掘地震资料隐藏的地质信息，通过将地质模式与地震资料相结合，发展出一套井震结合的油藏精细描述方法是当前油田开发所亟须解决的难题。地震信息通常只能识别大尺度的构型单元，对于识别小尺度的构型单元存在一定难度，因此要加强能够反映薄层空间连续性的地震信息相关特征属性的研究。

这就需要对地质体的三维空间的成因体进行解释，以地质规律和地质模式弥补地震反射信息的不足。一方面，级次化解释方法有助于对不同规模和沉积成因的地层单元进行地质成因约束；另一方面，根据沉积单元的规模和成因不同，采用针对性的解释技术和尺度范围。"复合砂体构型"的建立是在地震可识别基础上，将有成因联系、不同期次、不同微相、多期单砂体的组合体从地震信息中进行识别，从而建立基于复合砂体构型样式的地震响应特征模板，实现低于地震分辨能力的储层表征（图 1.4）。

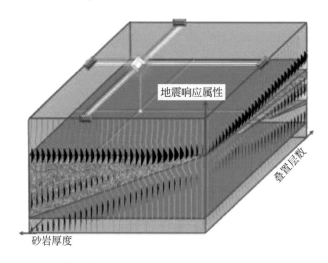

图 1.4　储层构型地震响应解释方法（据胡光义等，2019）

3）构型研究的动态响应

储层构型是储层非均质性的直观量化，构型研究与生产动态关系模糊，使构型研究结果很难直接解决生产实践问题，这也在很大程度上限制了储层构型研究的迅速发展。不同构型在开发过程中的动态响应特征，开发措施对构型界面的影响特征，以及对构型界面的动态改造所产生的不同构型单元的剩余油响应特征，都直接影响到油气藏开发效果，如何进行精细复合砂体构型表征关系到能否正确描述剩余油分布和量化开发指标，进而完善注采井网、提高加密调整井的成功率。因此，不同级次构型单元的动态响应注定是将来的热点方向之一。

4）储层构型与合理井网井距的研究

随着开发程度的提高，我国大多数主力油田进入开发后期阶段，以高含水为特征，注采矛盾日益突出，注采井网不完善，使地下油水运动复杂，剩余油富集区厚度薄、物性相对较差、规模小且分散，剩余油的分布也越来越复杂。碎屑岩油气储层构型的研究直接影响到油气藏开发效果，如何进行精细构型表征关系到合理井网井距的部署。不同的储层构型模式其定量规模差别较大，相应的储层之间的连通性差别较大，这必然决定了合理的井距井网部署。

储层构型理论是油藏描述的研究核心内容之一，对于储层沉积学完善具有划时代意义。伴随钻井、三维地震等资料精度的不断提高及技术的不断进步，储层构型研究将持续快速发展，尤其是适合稀疏井网条件下海上油田经济开发尺度的"复合砂体构型"必将是未来的研究热点。储集层构型分析将应用于不同类型的油田，对合理完善井网和井距、大幅度提高油田采收率起到至关重要的作用。

1.2.2　曲流河储层构型研究进展

1977 年 10 月，在加拿大卡尔加里召开了第一届国际曲流河沉积学会议，这次会议的召开是传统曲流河沉积学研究和曲流河沉积构型学研究的一个分水岭，在这次会议上，Allen（1977）首先提出了"fluvial architecture"（河流相储层构型）的概念，初衷是强调曲流河层序中河道沉积和溢岸沉积几何形态的差异及其内部结构的级次性，并引起了当时国际诸多曲流河沉积学专家的共鸣，成为当时会议的主要议题，标志着曲流河储层构型的雏形被第一次引入沉积学领域。1985年，Miall 发表 "Architectural-element analysis: a new method of facies analysis applied to fluvial deposits" 一文，标志着储层构型学由此诞生。在后续曲流河沉积学家的不懈努力下，储层构型在曲流河沉积学领域形成了专业分支，其中一些研究领域还在不断发展和完善中。

1. 现代曲流河沉积与露头研究

"将今论古"是沉积学研究的基础思想。不论是古代还是现代，曲流河在地表流动过程中，具有相同地貌气候条件、相似的河型与水动力条件，其沉积动力学过程应遵循相同的物理搬运和化学沉淀规律，应具有可比性。基于这种思路，从现代沉积抽提、概念化出来的沉积模式，结合古代沉积"残片"等反映古代水动力环境与地貌形态学的证据链，就有可能实现古代曲流河沉积结构及地貌形态学的重建。同样，露头研究在储层精细描述中具有重要作用，尤其是利用研究区目的层露头，为建立逼近地下地质真实的地质概念提供了优越条件。

近几十年来，随着科技不断进步，关于现代曲流河沉积研究已从原来的野外实地考察测量发展到高分辨率卫星历史照片与野外、实验模拟结合定量研究，为现代沉积学的深入研究提供了便利、精确的研究条件。例如，石书缘等（2012）、乔辉等（2015）通过 Google Earth 卫星遥感影像建立了曲流河地质知识库。Abad 等（2013）对亚马孙河及其支流的迁移演化做了研究，综合典型曲流河的高分辨率卫星历史照片，将曲流河形态学演化过程分为颈项取直、串沟取直、河道复活、决口改道与分流、决口废弃等。Guneralp 等（2012）根据卫星遥感照片所提供的曲流河演化历史图像，提出了一些新的曲流河形态恢复和解剖的方法，很多学者也开始从传统的现代曲流河沉积学转移到曲流河的迁移规律和形态演化研究中（Hickin，1974；Brice，1974；Gutierrez and Abad，2014；Schwendel et al.，2016；Arrospide et al.，2018）。其中用到的方法主要是历史图像过程分析和数值模拟拟合分析（Abad and Garcia，2006；Frascati and Lanzoni，2009；Kasvi et al.，2015；冯文杰等，2017a；张可等，2018），最有代表性的是林志鹏等（2018）以额尔齐斯河和诺威特纳河两条典型天然曲流河道为研究对象，结合 Google Earth 和 ACME Mapper 技术获取高分辨率卫星遥感历史图像，通过地貌形态学与曲流河沉积学的学科交融，实现曲流河道迁移构型表征的定量过程学分析。通过对 12 条优选典型河曲的构型刻画，表征 6 种迁移结构：对称扩张、上游旋转扩张、下游旋转扩张、对称收敛、上游旋转收敛和下游旋转收敛，归纳出 9 种迁移模式（图 1.5），并结合地貌过程学定量表征思路，构建了不同沉积体系下曲

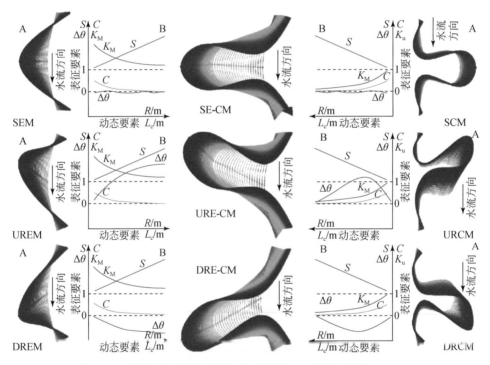

图 1.5　理想条件下曲流河道地貌迁移模式（据林志鹏等，2018）

SEM 为对称扩张迁移模式；UREM 为上游旋转扩张迁移模式；DREM 为下游旋转扩张迁移模式；SCM 为对称收敛迁移模式；URCM 为上游旋转收敛迁移模式；DRCM 为下游旋转收敛迁移模式；SE-CM 为对称扩张–收敛迁移模式；URE-CM 为上游旋转扩张–收敛迁移模式；DRE-CM 为下游旋转扩张–收敛迁移模式。A 为河道迁移过程简化示意图；B 为迁移结构表征参数随河道迁移的变化趋势示意图。S 为弯度指数（指研究河道范围内，中心线长度与曲流带轴向线长的比值）；C 为曲率（曲率半径的倒数，表示河弯的弯曲程度，曲率越小，表示河弯程度越大，反之则越小）；K_M 为扩张系数（指单一曲流环长与曲率直径的比值）；$\Delta\theta$ 为顺流偏差角（指上游偏转角与下游偏转角的差值，用以反映河弯对称性）；R 为河弯曲率半径；L_c 为河道中心线长度

流河迁移构型模式分布特征（图 1.6）。此外，探地雷达技术越来越广泛地应用到地面浅表地层中曲流河沉积构型的恢复与重建（Franke et al.，2015；Okazaki et al.，2015；Shan et al.，2015；陈飞等，2018），多波束测深仪用于现代河床几何形态学与地貌动力学的分析和描述中（Konsoer and Kite，2014）。上述现代曲流河沉积学研究结合翔实可信的卫星遥感历史图像，为曲流河形态分类、构型样式、演化规律和成因机理奠定了研究基础。

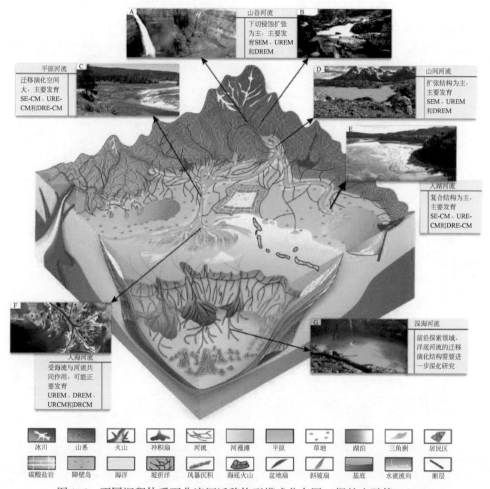

图 1.6　不同沉积体系下曲流河迁移构型模式分布图（据林志鹏等，2018）

曲流河露头照片源于现代 4K 超高清分辨率图像截取。A、B 摄于冰岛；C 摄于美国黄石国家公园；D 摄于阿根廷巴塔哥尼亚高原；E 摄于智利孔吉利奥国家公园；F 摄于美国密西西比河三角洲；G 摄于墨西哥尤卡坦半岛

曲流河沉积露头研究具有直观性、精确性、相对完整性、可对比性和可检验

性等优点。储层精细表征及储层构型研究过程中，野外露头研究对储层预测方法的探索、检验及地质模型精度的提高具有重要作用。油田生产实践也证实，利用地面露头研究成果结合钻井资料、地震资料等预测油田地下相似沉积环境的储层分布规律更具有优势。国外学者一直将曲流河沉积露头研究视为重中之重，比较经典的曲流河相露头包括英国约克郡侏罗系曲流河沉积地层和土耳其博亚巴德盆地始新统曲流河沉积地层。Ielpi 和 Ghinassi（2014）根据英国约克郡侏罗系曲流河露头的研究，将点坝分为扩张型点坝、下游迁移型点坝和顺流迁移型点坝，建立了曲流地貌动力单元，分析了其平面和剖面结构特征（图 1.7）。Ghinassi 等（2014，2016）利用土耳其博亚巴德盆地始新统曲流河露头剖面，实现对沉积构

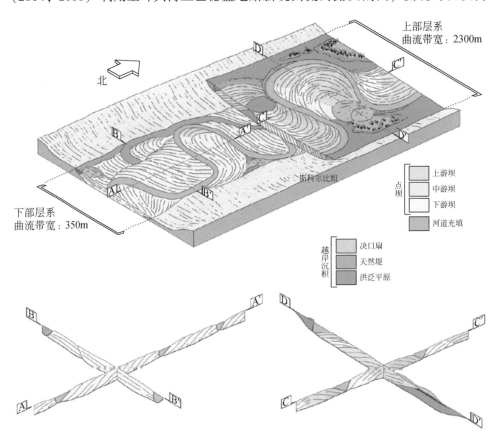

图 1.7　英国约克郡侏罗系斯科尔比组原始地貌形态和地层结构理想化示意图

（据 Ielpi and Ghinassi，2014）

上、下两套地层发育的曲流河沉积所在的河谷类型不同，下部层系的曲流带横向扩张受限，因此点坝向下游迁移，结构栅状图见 A—A′和 B—B′剖面，而上部层系的曲流带演化因不受河谷限制，因此点坝得以在洪泛平原区域进行横向扩张，表现为扩张型点坝，其结构栅状图见 C—C′和 D—D′剖面

型的恢复与重建，其恢复过程全部依赖露头的观察和测量。他们将曲流带演化模式分为扩张模式、平移模式、旋转模式和加积模式，通过露头研究探讨了不同曲流带演化模式的剖面特征、平面结构和发育控制因素（图1.8）。国内关于曲流

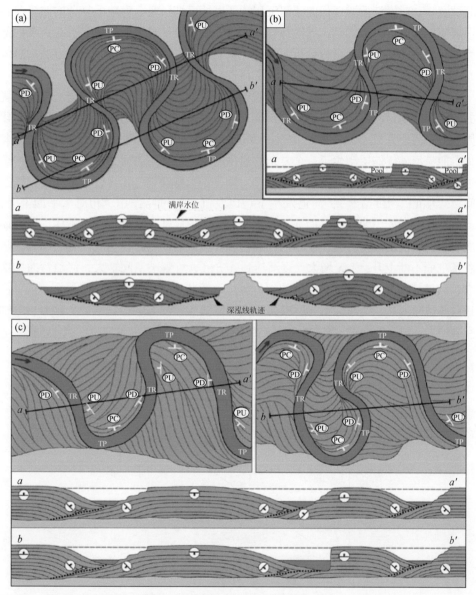

图1.8　博亚巴德盆地曲流河露头剖面结构和平面结构恢复示意图（据 Ghinassi et al.，2014）

（a）为扩张模式；（b）为扩张+旋转模式；（c）中 a—a'为平移模式；（c）中 b—b'为平移+旋转模式。带箭头的虚线为深泓线，在浅滩区以加积为主，而在深潭区非加积，一旦河道有加积倾向时，深泓线将逐级上升。

PU 为点坝上游坝；PC 为点坝中游坝；PD 为点坝下游坝；TR 为浅滩区；TP 为深潭区；Pool 为河坑

河相露头研究始于 20 世纪 90 年代，比较著名的包括薛培华（1991）对拒马河岸点坝露头进行观察描述，提出了点坝沉积模式；王俊玲和任纪舜（2001）以嫩江现代沉积露头为例，利用探槽、探坑及钻井获取的野外露头资料及室内各种微观分析测试资料，对嫩江下游现代曲流河沉积特征进行详细研究，为地下复杂的曲流河相地层识别提供了一个实例；周银邦等（2009）依据露头构型研究成果，对点坝内部侧积层倾角的控制因素进行分析，探讨了识别地下古河道侧积层倾角的方法。总体而言，国内关于曲流河相露头的研究资料较少，落后于国外研究。

　　往往，曲流河复合砂体对应的地貌单元是阶地。阶地是对构造运动、气候环境的响应，阶地是河道系统在不同时段堆积与切割过程中形成的。在一个水平面变化周期内，河道系统水量、搬运物质、水道沉积等发生规律性变化。随着水平面变化，曲流河砂体储层产生了一个复杂的演化过程，包括曲流河的下切、充填、河道过路和土壤形成。基准面上升早期，相对湖平面开始下降，$A/S<1$（A 为可容纳空间，S 为沉积物供给量），河道发生下切以及沉积物过路作用。相对水平面上升，河道迁移摆动能力变强，平面连片、垂向上叠置形成堆叠复合型河道砂体。不同期次、不同级次的砂体叠置，砂体内部发育各种形式的冲刷面，形成泛连通结构。随着基准面不断上升，A/S 增大，逐渐达到 $A/S>1$，可容纳空间增大，河道弯曲度增大，河道规模变大，砂体变厚，河道砂体呈透镜状发育于细粒泛滥平原沉积内，河道砂体彼此孤立，连通性差，形成迷宫状砂体结构（图 1.9）。简言之，随着可容纳空间增大，河道砂体通常发生下切孤立型—堆叠型—侧叠型—孤立型的演化过程。

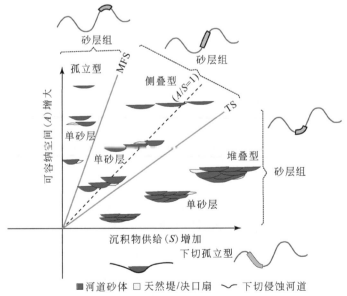

图 1.9　曲流河砂体演化特征（据胡光义等，2018）

MFS 为最大湖泛面；TS 为湖侵面

2. 物理模拟与数值模拟研究

精细的储层露头观察和描述、多井地下储层预测、地震资料解释等都是基于原型沉积体数据进行恢复和重建的，而恢复和重建的准确与否，除了受资料品质及人为认知水平的制约外，还受研究区原型地质模型认知准确度影响和控制。地质概念模型的建立对于深埋地下数千米的储层而言，是不可能直观地窥其全貌的。为了间接恢复和重建原型地质模型，利用实验室内物理实验模拟或利用计算机数值模拟成为辅助构建地质概念模型的一个选择。

1) 物理模拟曲流河沉积过程

沉积物理模拟始于 20 世纪初期。最初，Gilbert（1914）设计并制作了一个玻璃水槽装置，利用该装置观察并描述了泥沙运动形成的波痕。此后的半个多世纪，Einstein（1950）、Brooks 和 Taylor（1965）、Bagnold（1954）等也进行了一系列的水槽实验，都是以描述现象的小型实验为主，理论研究方面并没有太多升华。直到 60 年代，Simons 和 Richardson（1960）针对水槽实验编写了系统的研究报告，并引起了沉积学界专家的关注，这篇研究报告加深了人们对沉积模拟实验的认识，推动了沉积模拟实验的发展。60～80 年代，随着实验设备和技术的不断完善，实验现象的观察与描述已经不能满足研究人员的需求，人们纷纷投入到沉积机理的研究，将沉积理论与物理模拟实验更好地融合。Williams（1971）用水槽实验研究了凹凸不平的底床对流量变化的反映。Bridge（1988）研究了室内水槽实验各类底形的生长情况。这一时期的物理模拟实验在促进沉积学理论发展的同时，也为后期砂体的演化过程研究打下了基础。80～90 年代，沉积模拟研究以研究砂体形成过程和演化规律为主，更加关注于解决油气勘探中的实际问题。这一阶段由原来的小型水槽实验开始向大型湖盆模拟进行转换，为了更好地进行模拟实验，沉积学家开始设计并建立适合湖盆模拟的大型实验室，其中较为出名的有 3 个，分别为科罗拉多州立大学的大型流水地貌实验装置、瑞士联邦工业学院的模拟实验室和日本筑波大学的模拟实验室。90 年代之后，由于计算机技术的发展迅速，沉积学家纷纷将计算机技术与沉积模拟实验有效结合，加上对储层预测精度的要求不断提高，沉积模拟实验逐渐由原来的定性化描述向半定量化或定量化研究转换，更加注重沉积模拟实验在油气田开发中的应用（Rinaldi et al.，2008；Bocchiola，2011）。

国内沉积模拟实验研究起步较晚，最早的沉积模拟实验室是在 70 年代末由长春地质学院建立的小型玻璃水槽，90 年代之前所做的水槽实验主要集中于水利水电研究方面。随着石油勘探开发的数量日益增加以及石油勘探的精度越来越高，水槽实验的需求量也日益增大，为了更好地解决储层预测中的实际问题，长江大学湖盆沉积模拟实验室由此而生，它的建立推动了国内沉积模拟实验研究的快速发展，目前国内水槽实验主要集中于三角洲、冲积扇和曲流河方面的研究（曹耀华等，1990；刘忠保等，1995；何宇航等，2012；王俊辉等，2013；冯文杰等，2017b；印森林等，2017）。

2）数值模拟曲流河沉积过程

沉积数值模拟是采用数值近似的计算方法模拟研究对象的自然现象和动力地貌演变过程，数学模型的可重复性及条件因素的多选择性可为我们分析不同动力因素的个体特征和彼此的耦合效应提供便利，且数学模型的解析解对于理解系统的特征有其特有的作用。数值模拟具有获得过程和机理分析结果、指导理论和实际操作的作用，通过数值模拟可以实现获得模拟对象的空间分布、时间演化或两者兼有的目的。由于数值模型具有可以在较大的时空范围内迅速地获得计算结果，并且可以在模拟中考虑众多影响因素的特点，因此它最强的功能是探索系统过程、形成工作假说、指导现场观测等，通过数值模拟研究可以在这些方面取得丰硕的研究成果。与物理模拟相比较，数值模拟具有经济、快速、修改方便、易操作、不受比尺的限制等优点。伴随着近些年计算机技术的迅速发展和水动力学及泥沙运动力学理论的不断完善，数值模拟在河口海岸的研究领域中取得了较快发展，尤其在河口海岸工程治理的可行性研究中获得了广泛的应用。应用数值模拟可有效指导工程运作方向，缩短工程工期，节省大量人力、物力及财力，避免因人为因素引起的不必要的误差。

沉积数值模拟技术脱胎于物理模拟技术。随着20世纪中叶计算机技术的起源，Bruce等（1953）模拟了一维气相不稳定径向和线性流，将数值模拟技术用来模拟油藏流体，之后即被拓展到沉积水动力模拟。20世纪80~90年代，二维均深水动力（2DH）模型被开发出来，de Vriend等（1993）使用2DH模型模拟了中期的海岸地貌演化；作为2DH模型的扩展，quasi-3D模型被Akira等（1986）用于模拟滨岸过程，如回流、床底坡度变化等。作为一种成熟的模型，2DH模型目前在大尺度范围上的模拟已经有比较好的效果。随着计算机技术的不断发展，2DH模型已经可以模拟10年内滨岸地貌的动力演化过程，如Steijn等（1998）对荷兰北部海岸所做的中长期动力地貌演化模拟，以及Wang等（1998）针对河口区泥沙混合组分的动力地貌模拟。一维和二维的泥沙输运模型通常用来预测航道泥沙的冲刷与沉积，并取得了较好的效果，然而在不能忽略二次流影响的环境背景下（如河弯段、河道分流等），则必须采用三维模型。Gessler等（1999）开发了一个三维数值模型来解决上述问题，并通过对密西西比河航道的模拟检验了模型的准确性。经过十几年的发展，目前quasi-3D及3D模型已取得长足的进步，在曲流河工程领域已经获得了良好的效果。

在国内，前人在数值模拟方面也做了相关研究。李国胜等（2005）利用 ECOMSED 模型对黄河入海泥沙输运及沉积过程进行了数值模拟。崔冬（2007）采用丹麦水力学研究所研发的 MIKE 21 软件对灌河口拦门沙航道的治理进行了泥沙数值模拟研究。谢东风等（2012）在充分调研杭州湾水文地质条件的基础上，建立了底质均一、不考虑底部黏性沉积物固结作用的杭州湾黏性沉积物运输的数值模型，该模型进行了杭州湾 4 个分潮的潮差与相位的验证，分析了杭州湾的水动力特征，并认为河口湾沉积物运输的宏观特征与地貌演变密切相关。廖庚强（2013）基于 Delft3D 的方法，建立了柳河彰武新城段的二维平面模型，并分析了在不同河水径流条件下的河水水动力及泥沙特征，计算了大流量及高含沙情况下建坝与塌坝的泥沙淤积情况，从而分析了橡胶坝工程对天然河道水动力特征及泥沙运移的影响，为工程建设和调度运行提供参考。王杨君等（2016）基于自然界真实的浅水湖盆三角洲，设置了可行的理论参数，建立了河控三角洲沉积体系的 Delft3D 理论模型，通过对该模型的模拟结果分析，得出了河控三角洲的演化过程和沉积体展布特征，进而预测了河控三角洲砂体发育的有利部位。冯文杰等（2017a）在曲流河浅水三角洲沉积过程与沉积模式的研究中，建立了鄱阳湖赣江三角洲现代沉积的 Delft3D 数值模型，并在此技术上分析了浅水曲流河三角洲的生长演化过程及空间结构特征，通过对模型的沉积物厚度进行切片分析与现代沉积体的对比，揭示了浅水三角洲的沉积过程、沉积特征及沉积模式。张可等（2018）在统计露头及雅鲁藏布江等多个常年流水的现代砂质辫状河后，得出了辫状河河道的基本形态，并建立了砂质辫状河河道的理论模型，通过对模拟结果的解剖，分析了心滩坝的生长演化过程及发育演化模式，并确定了心滩坝生长演化与水动力之间的关系。

3. 地下曲流河相储层构型研究

传统的地下曲流河相储层研究，首先是进行岩心观察，了解岩性粗细及颗粒大小、韵律、层理结构及古生物类型，确立沉积环境发育模式。将建立的沉积模式与传统经典的沉积模式进行对比，结合测井相建立的相识别图版，应用到未取心的勘探开发区块中，从而完成对研究区块沉积相的恢复和预测。随着地下曲流河相储层研究的深入，传统沉积相研究已不能满足需要，需要从成因机理深入探讨曲流河相储层构型特征。李庆忠（1998）认为曲流河在平面迁移摆动过程中是不断通过改道将沉积物卸载在平原低洼地带的，而盆地的沉降速率相对于曲流河沉积过程却十分缓慢，另外，曲流河道在平坦地貌条件下具有侧向迁移性，导致沉积物不停地被搬运、侵蚀和改造，从而造成埋藏的地下河道缺乏完整性。赵翰卿等（1995）利用长期积累的精细沉积相研究经验，以及对曲流河沉积的深刻认识，充分利用大庆油田密井网资料的优势，应用精细地层对比方法准确识别出古代曲流河砂体，逐级对砂体构型进行解剖，从而建立了精细地质模型，为客观地恢复和重建地下各类河道砂体的本来面貌、正确认识古代曲流河砂体成因及平面展布规律提供了可靠理论依据。曾洪流和朱筱敏等采用90°相位转换技术和三维地震数据切片技术，实现了对河道砂体空间分布的预测，建立了地震沉积学的相关理论和技术方法（Zeng et al., 1998；Zeng and Hentz, 2004；Zeng and Backus, 2005；曾洪流等，2012；朱筱敏等，2019）。吴胜和等（2012）在前人研究的基础上，提出了一套系统的井间构型模式预测思路和方法，即层次约束、模式拟合和多维互动。所谓层次约束，就是分层次对储层进行逐级构型解剖，一般采用由大到小、由粗到细的研究思路；模式拟合，就是用油田生产动态资料校准构型模式边界，使构型结果既与经典吻合，又符合沉积学地质概念模式；多维互动，就是采用一维切二维、二维切三维的检验思路，将一维经典资料置于二维剖面或平面中，进行交叉验证，同理将二维置于三维体中，反复交替验证最终达到构型结果无限逼近地下真实的目的。之后的研究主要侧重于地下构型模式的定量化，如单敬福等（2015）利用对子井揭示了泥质夹层倾角，并结合空间关系，换算出了点坝侧积体间距的经验公式，为曲流河砂体的构型与定量表征提供了理论基础。

近十几年来，尽管地下储层构型表征技术取得很大发展，依然有许多问题有待进一步研究攻关。笔者认为以下几个方面是未来储层构型表征技术发展需要考虑的问题：①储层定量构型模式需要进一步完善，包括构型单元规模定量化，构型级次精细化；②地震资料解释在储层构型表征中适用性的问题；③多井模式拟合方法的创新；④砂泥岩差异压实对地下储层构型分析的影响；⑤古水动力条件和古环境对曲流河相砂体赋存模式的影响和制约。

4. 曲流河相定量地质知识库

曲流河砂体储层是我国陆相油气田重要的储层类型，占有极高的比例（刘为付等，1998）。该类储层具有横向变化快、非均质性强、采收率低等特点。进入油田开发中后期，基于储层构型研究正确认识曲流河砂体的形态和规模，对于分析储层非均质性和剩余油分布规律具有重要意义和价值。但大部分砂体储层深埋于地下，依靠目前的测井和地震资料难以对其进行直观表征，尤其是针对单砂体特征。而采用"将今论古"的方法，建立储层定量地质知识库，然后将其应用于地下砂体规模的定量预测，不失为一个十分有效的思路。

根据水槽实验和水利资料分析，曲流河的形成和演化遵循一定的水动力学和形态规律，国内外曲流河学家对曲流河的几何形态特征和砂体定量规模研究均给予了大量的关注和高度的重视。他们依据大量现代沉积和野外露头数据，总结拟合了丰富的经验公式，并用于指导地下类似储层构型的研究。Schumm（1963）分析研究了北美大平原上 50 个单河道的特征，依据弯曲度（k）将曲流河道划分为 5 种类型，包括顺直型、过渡型、规则弯曲型、不规则弯曲型和扭曲型，并拟合了弯曲度与河道宽深比之间的定量关系式；Leeder（1973）在整合前人工作的基础上，指出高弯度曲流河（$k>1.7$）满岸宽度与满岸深度具有良好的线性相关性，且点坝厚度大致等于河道的满岸深度；随后 Lorenz 等（1985）通过对现代曲流河数据的统计分析，提出满岸宽度与曲流带宽度的定量关系。此外，根据调研，还有很丰富的河道宽深与河道横断面积、河水流量、流速、沉积物粉泥质含量等参数相关关系的研究成果（Schumm，1963；Costa and Williams，1984；Williams，1986；Leopold，1959；Carlston，1965）。

Google 公司于 2005 年推出了以网络为平台的地图服务系统——Google Earth，该软件在地学领域数据库建立和路径识别上具有较好的实用性。曲流河研究方面，Google Earth 具有宏观观察曲流河形态、定量测量曲流河规模的能力。国内学者基于此做了大量有益的工作，涉及曲流河参数定义及测算（张斌等，2007）、典型曲流河河道宽度与点坝长度定量关系及其对地下点坝砂体构型分析的指导（岳大力等，2007；李宇鹏等，2008）、曲流河砂体定量知识库的初步构建等（石书缘等，2012）。

曲流河的形成和演化受控于物源供给量、地形坡度、水动力条件、旋回基准面变化等多种因素，任何单一因素的改变都会影响其形态和规模。描述砂体规模的两个或多个参数间具有高相关性的同时也存在不确定性，而目前的定量研究成果集中体现在理论值的刻画，忽视了其可能的变化空间。同时，现有定量表征的经验公式多源于对现代曲流河沉积的研究和总结，将其用于地下砂体定量预测时，往往忽视砂体埋藏过程中的体积变化，或简单采用常数 1.1 作为压实系数进行厚度校正，导致结果偏差。

利用可直接观测的现代沉积进行曲流河砂体的定量表征研究，充分考虑其实际可能性，并建立现代沉积物与地下砂体间的定量联系，对地下砂体进行定量预测，其结果可为储层构型研究和地质统计学反演等工作提供定量依据。

1) 曲流河定量表征的可行性分析

曲流河是自然界中重要的河流类型，其沉积环境、沉积物特征、水动力条件和几何形态等均具有特殊性，有别于辫状河等其他河型，这也正是其定量表征的可行性基础。

a. 曲流河河型成因

在相对稳定的地形条件下，床沙质量和河岸抗冲性是决定河型的主要因素（钱宁，1985）。相对于辫状河等，曲流河多形成于相对平坦的地形条件。

曲流河的形成是其自动调整的结果，在河水流量和泥沙含量一定的情况下，曲流河将调整其坡降比、形态、河床物质组成等，最终调整河型，使得上游的水和泥沙能够通过下游河段下泄，保持相对平衡，并使能量不断消耗，整体分布遵循一定的统计规律（钱宁，1987）。

输沙平衡的要求决定河型之间的演变。对于曲流河的输沙能力，河水含沙量约与流量成正比。假设支流与干流的含沙量基本一致，当支流汇入干流后，则干流的含沙量基本不变，而水量增加，即相对于含沙量，从水量考虑的输沙能力是曲流河调整的主要因素。也就是说，越到下游，随支流汇入和水量增加，含沙量相对水量来说越来越小，曲流河趋于平衡，河道坡降比将不断减小，以降低河水流速，进而减小流量。这种坡降比的调整有一部分是通过河道弯曲、加长流路实现的，河型即向曲流河转化（钱宁，1985）。

曲流河自身调整以趋于输沙平衡为目的，以水流做功最小为约束。水流做功最小指单位重量的水在单位时间内所消耗的能量力求达到当地具体条件（如地形坡度、物源供给、水动力强度等）所允许范围内的最小值（Yang，1971）。结合曼宁公式，以及流量与河道断面面积的关系，得到公式：

$$U_j = n^{-0.6} Q^{0.4} j^{1.3} B^{-0.4} = \min$$

式中：n 为曼宁糙率系数；Q 为流量；j 为水流能坡，可用地形坡度代替；B 为河道横断面的水面宽度。其中 Q 为外在条件，其余三者则为曲流河能够调整的自由变化因素，可通过三种方式或其组合来满足水流做功最小，即加大河床和堤岸阻力，减小河道坡降比以及增加河宽。若最终调整的结果是以增加河道长度、减小河道坡降比为主，则河流发展为曲流河（钱宁，1987）。

此外，堤岸的抗侵蚀能力是决定河型的另一重要因素。尤联元等（1983）曾统计了国内多条曲流河的河岸情况及其他因素对河型的影响，将河岸与河床的相对可动性定量为河床床沙粒度中值与河岸粉泥质含量的相对关系，认为河岸为二元结构，粉泥质厚度大于砂砾质，粉泥质含量大的情况下，易形成曲流河。

对输沙平衡、能量分配和河岸物质组成等影响河型的因素分析表明，在相对平坦的地形条件下，通过河道弯度和加长流路来实现河道坡降比减小，以趋于输沙平衡且做功最少，同时河岸主要由细粒物质组成，河型向曲流河转化且弯曲度不断增大。

b. 曲流河平面几何形态

在成因条件约束下，曲流河的平面几何形态也具有独特性，河道由一系列河弯（即曲流段，也称蛇曲段）和与之相连的直段组成。

　　坡降比形成的重力势能为曲流河的形成提供动力条件，从上游向下游搬运泥沙沉积物。沿河谷方向的两点之间，在保持相同坡降比时，河水可流经不同的流路，在所有可能的流路中间，必然有一条具有最大可能性，且在该流路上河水做功最小。Langbein 和 Leopold（1996）研究认为，这条最可能出现的流路可以通过随机游移的模式确定，该模式决定了曲流河河道的几何形态。

　　假设曲流河沿流路前进 Δx，相应地河道偏离原来方向的角度为 $\Delta \varphi$［图 1.10（a）］，$\Delta \varphi$ 出现概率为 p，同时假设该偏离角度具有正态分布，即该随机游移模式可确定多种不同的流路，其中出现概率最大的流路相当于：

$$\sum \left(\frac{\Delta \varphi}{\Delta x}\right)^2 = \min$$

　　满足上述条件的角度应是沿着流路距离的正弦函数，即

$$\varphi = \Omega \sin \frac{2\pi x}{L}$$

式中：φ 为距离 x 处的方向角；L 为河弯长度；Ω 为流路与河谷方向的最大夹角［图 1.10（b）］。图 1.10（c）为 $\Omega=40°$、$90°$ 和 $110°$ 时的流路，其本身不是正弦曲线，而是由正弦函数派生出来的曲线，将其称为正弦派生曲线，即在理想模式下

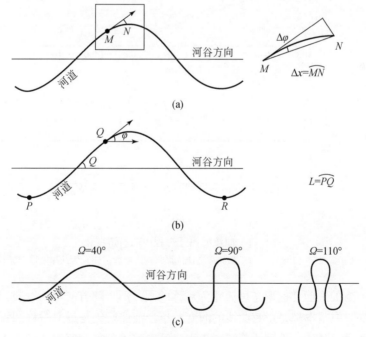

图 1.10　曲流河河道平面几何形态

（a）、（b）为曲流河流路游移模式；（c）为不同夹角的曲流河流路，据钱宁（1987）

或者受外界影响较小时，河道的平面形态呈正弦派生曲线。在此基础上，加入河道发展稳定性以及河道变化扰动周期分析，以模拟天然曲流河，其结果与实际曲流河具有良好的相似性（Parker et al.，1983；Ferguson，1976）。

曲流河的演化是一个蚀凹增凸、河道逐渐废弃的过程，其河道形态也随之演变。在洪水期的曲流段内，由于河道断面凹岸陡、凸岸缓的不对称性以及科里奥利力的作用，河道内水流形成不对称流速场，即横向环流与沿程纵向水流构成螺旋流，控制着河道迁移与点坝形成，是曲流河侧向侵蚀与点坝沉积的根本原因（姜在兴，2003）。

曲流河的螺旋流将凹岸侵蚀形成的沉积物不断搬运到凸岸堆积，蚀凹与增凸在数量上近似相等，故河道在河谷内做迁移摆动，其横断面几何形态变化不大（图1.11），因此，曲流河河道在演化过程中保持良好的规律性。以加拿大比顿河为例，河道开始由顺直变弯曲时，曲率半径较大，在河道发展过程中曲率半径与河宽的比值不断降低至最低值（约2.08）。此后一直在该值附近变化（均值约2.19），该曲流河其他10个河段的演化也表明，曲率半径与河宽的比值最终稳定在2~3（Hickin，1974）。

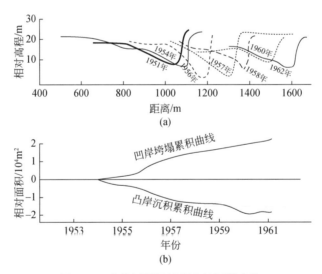

图1.11　曲流河侧迁过程中的河道变化

下荆江来家铺，据钱宁（1987）。（a）为河道侧迁位移和断面形态；（b）为河岸垮塌与沉积累积曲线

实际河弯的平面几何形态可简化为对称的圆弧形。随着河弯的发展，其形态随之发生改变，但基本都是正弦曲线的演变，单个河曲段仍是近似对称圆弧形，可归纳为以下几类：延伸、平移、旋转、扩大、反向移动和复杂变化（图1.12）。河弯的发展过程是渐进的，当河道弯曲度较小时，发展较快；随着弯曲度变大，河道

接近河道带的边缘，河湾发展速度逐渐减慢；当河湾发展到极限时，则截弯取直，形成废弃河道。

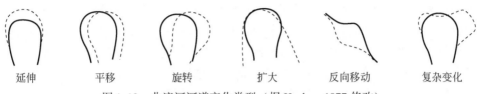

延伸　　平移　　旋转　　扩大　　反向移动　　复杂变化

图 1.12　曲流河河道变化类型（据 Hooke，1977 修改）

　　分析表明，曲流河的形成和演变是一个受动力学和形态因素控制的过程，具有较强的规律性，对其砂体规模的定量分析具有可行性。

　　2）曲流河定量知识库构建

　　在可行性分析的基础上，结合曲流河相储层构型理论的分级表征思路，实测和调研了大量典型的高弯度曲流河，如国外的亚马孙河、密西西比河、马兰比吉河，以及国内的荆江、松花江、拉林河、伊敏河、海拉尔河、额尔古纳河、嫩江等，厘定不同级次砂体规模的参数，选取合适的置信水平，构建经验公式对参数间的相关性和不确定性进行描述。

　　a. 定量表征参数

　　油田开发进入中后期时，储层构型成为重要的研究内容。曲流河砂体储层构型研究具有层次性，包括复合曲流带、单一曲流带、点坝、侧积体等级次。其中复合曲流带规模较大，大于地震分辨率，以井震结合的方式可对其进行有效表征，本节主要定量分析单一曲流带、活动河道、点坝和侧积体等级次的参数，涉及单一曲流带宽度 W_m、河道满岸宽度 W、河道满岸深度 h、河弯曲率半径 R_c、点坝长度（或称跨度）L、侧积层水平宽度 W_L、侧积层倾角 β 以及河道弯曲度 k（图 1.13）等，数据来源于 Google Earth 软件实测和已发表成果。

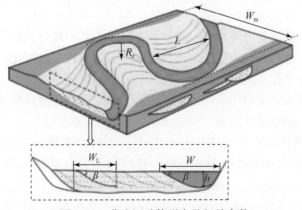

图 1.13　曲流河砂体形态及相关参数

河道弯曲度 k 指河道长度与河谷长度的比值，是定义曲流河类型的重要参数之一，曲流河以单河道和 $k>1.5$（也有人定为 1.3）为特征。前人在实际测量中多利用某点坝弧长与点坝跨长的比值作为该段河道的弯曲度 k（石书缘等，2012）。但是高弯度的曲流河形态复杂，往往出现单个点坝内发育大量侧积体，点坝跨长（平行于河谷方向）远小于点坝宽度（垂直于河谷方向）的情况，或者出现在较短的河谷距离内多个曲流段嵌套的情况，该方法计算的 k 值偏小；而对于低弯度的曲流河，相邻点坝间可能发育平行于河谷方向的较长直段河道，该方法计算的 k 值偏大。鉴于此，本次实测数据至少包含 3 个相邻曲流段的河道长度与该段河谷长度的比值为弯曲度 k，该方法更符合统计学意义。

在相对稳定的沉积背景下，曲流河河道不断侧向迁移，伴随弯曲度 k 变大，点坝砂体逐渐形成，河道最终废弃。Schumm（1963）通过研究一系列混合负载型曲流河（相当于曲流河）的弯曲度，发现 $k=1.7$ 是这些曲流河弯曲度的中值。根据研究经验，以 $k=1.7$ 为高弯度（$k>1.7$）与低弯度（k 为 1.5～1.7）曲流河的界限（Leeder，1973；Lorenz et al.，1985）。高弯度曲流河道侧向迁移能力强，沉积物侧向加积，粒度较细，多为砂泥质；而低弯度曲流河道侧向迁移弱，除侧向加积外，伴有顺流前积，水动力较强，沉积物粒度较粗，含砂砾质。随地形高差、曲流河演化阶段等变化，高、低弯度曲流河可相互转化。

研究表明，高弯度曲流河的宽度、深度、点坝长度等参数间具有良好的相关性（Leeder，1973；李宇鹏等，2008），并且曲流河河道废弃后点坝砂体逐渐沉积于地下，形成油气储层，最终呈现的也多是高弯度形态，因此本书以高弯度曲流河为研究对象。

b. 基于不确定性分析的经验公式构建

可行性分析表明，曲流河在形成演化过程中，其几何形态和砂体规模保持良好的规律性，高弯度曲流河参数之间具有高相关性。同时需要注意，实际曲流河在形成过程中，除受到地形坡度、沉积物供给量、水动力条件、沉积旋回变化等因素影响外，还受气温、降水量、植被发育情况等多种地理条件制约，其中任何一个影响因素或外界条件的变化均可导致曲流河砂体规模的变化，其参数间具有高相关性的同时也存在不确定性。此外，不确定性还源于以下两个方面：①砂体测量中产生的误差；②对于调研数据，不同学者对某参数的理解可能存在细微差异，从而导致数据结果的误差。

基于统计学置信水平的分析，根据大量实测和调研数据，采用最小二乘法拟合经验公式描述参数间的相关性，同时选取较低的 75% 置信水平拟合经验公式，获得可信度较高的砂体规模变化空间（即置信区间），以描述其不确定性。

①单一曲流带

曲流河蚀凹增凸，曲流河演化的结果是河道侧向迁移，凸岸位置形成点坝，沿河谷方向一系列点坝构成曲流砂带。

单一曲流带宽度 W_m 受河道规模和河道弯曲度 k 等影响，在 $k>1.7$ 的情况下，单一曲流带宽度 W_m 与河道满岸宽度 W 呈正相关关系。图 1.14 是全球多条 $k=1.7\sim2.7$ 的曲流河 W_m 与 W 散点图，利用最小二乘法拟合两参数间的经验公式为

$$W_m = 7.00W^{1.06} \quad (R^2 = 0.90)$$

同时考虑到砂体规模的不确定性，选取 75% 的置信水平，确定 W_m 相对于 W 的上限 A 与下限 B。

$$A: W_m = 8.69W^{1.11}$$

$$B: W_m = 5.64W^{1.01}$$

以河道满岸宽度 $W=100\mathrm{m}$ 为例，相应单一曲流带宽度 W_m 的理论值约为920m，其上限约为1440m，下限约为590m。

此前 Lorenz 等（1985）也曾开展类似工作，得到单一曲流带宽度 W_m 与河道满岸宽度 W 的相关关系：

$$W_m = 7.44W^{1.01} \quad (R^2 = 0.93)$$

随后，该式得到广泛应用。显然，就绝大多数曲流河而言，以 Lorenz 等的公式计算得到的单一曲流带宽度要小于本次理论值经验公式的结果，原因在于 Lorenz 等用于拟合的部分数据收集于低弯度曲流河（$k<1.7$），其曲流带宽度略小。

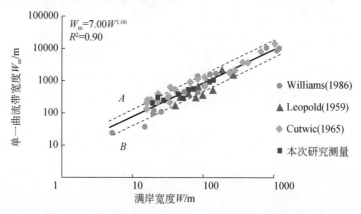

图 1.14　单一曲流带宽度 W_m 与满岸宽度 W 的相关性

②活动河道

活动河道涉及的参数主要是河道满岸宽度 W 和满岸深度 h。满岸宽度与满岸深度广义上指洪水退去之前的河道宽度与深度的最大值，会随着洪水过程的复杂程度而改变。在现代曲流河研究中，普遍认为满岸宽度是指点坝顶部到侵蚀岸的水

平距离，满岸深度的测量方向与满岸宽度垂直，在河道深泓线（即沿曲流河方向最大水深处的连线）上，一般认为砂质沉积物的厚度（即点坝厚度）近似为满岸深度。

Leeder（1973）收集和测量了 104 组现代曲流河的满岸宽度与满岸深度数据，曲流河弯曲度 $k=1.0\sim2.5$，即从顺直河到高弯度曲流河，整体而言两者相关性较差；对于高弯度曲流河（$k>1.7$）而言，两者相关性较好。本次研究选取 Leeder 公式的 57 组原始数据（$k>1.7$），以最小二乘法拟合得到满岸宽度 W 与满岸深度 h 间的相关关系（图 1.15）：

$$W=8.94h^{1.40} \quad (R^2=0.83)$$

同样选取 75% 的置信水平，确定 W 相对于 h 的上限 A 与下限 B。

$$A：W=10.96h^{1.49}$$
$$B：W=7.25h^{1.30}$$

以满岸深度 $h=5\mathrm{m}$ 为例，相应满岸深度 W 的理论值约为 85m，其上限约为 120m，下限约为 60m。

基于相同的基础数据，本次建立的理论值经验公式与 Leeder 公式 $W=6.8h^{1.54}$ 计算结果基本一致，公式表达形式略有差异。

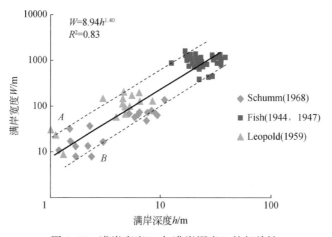

图 1.15　满岸宽度 W 与满岸深度 h 的相关性

③点坝

受曲流河侵蚀下切的影响，点坝的空间形态以顶平底凸为特征，平面形态受河弯限制，在靠近凹岸处点坝呈圆弧形，在曲流河演化最终阶段具有相对固定的原点和曲率半径 R_c，同时点坝长度 L 受河弯起点与末端的两个直段河道控制，R_c 与 L 均可度量。

典型高弯度曲流河的满岸宽度 W 与河弯曲率半径 R_c 的散点图（图 1.16）显

示，两个参数间具有良好的相关性，利用最小二乘法拟合其经验公式：

$$R_c = 2.11 W^{1.04} \quad (R^2 = 0.92)$$

以 75% 的置信水平，确定 R_c 相对于 W 的上限 A 和下限 B。

$$A：R_c = 2.57 W^{1.09}$$

$$B：R_c = 1.73 W$$

以满岸宽度 $W = 100\mathrm{m}$ 为例，相应河弯曲率半径 R_c 的理论值约为 $250\mathrm{m}$，其上限约为 $390\mathrm{m}$，下限约为 $170\mathrm{m}$。

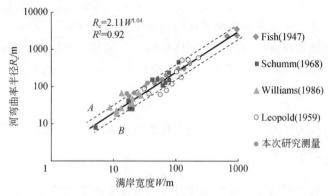

图 1.16　河弯曲率半径 R_c 与满岸宽度 W 的相关性

典型高弯度曲流河河道满岸宽度 W 与点坝长度 L 的散点图（图 1.17）显示，两者间也具有良好的相关性，利用最小二乘法拟合其经验公式：

$$L = 7.02 W^{0.92} \quad (R^2 = 0.90)$$

以 75% 的置信水平，确定 L 相对于 W 的上限 A 和下限 B。

$$A：L = 8.13 W^{0.95}$$

$$B：L = 6.06 W^{0.89}$$

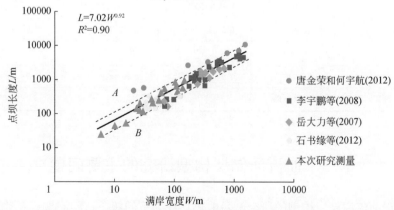

图 1.17　点坝长度 L 与满岸宽度 W 的相关性

以满岸宽度 $W=100\mathrm{m}$ 为例，其点坝长度 L 的理论值约为 485m，其上限约为 645m，下限约为 365m。

④侧积单元

随储层构型理论的提出和应用，以及油田开发后期对剩余油研究的深入，点坝内部的非均质性逐渐引起人们的重视。点坝内存在多种成因的夹层，以洪水后河道内悬浮沉积的泥质侧积层为主。侧积层的形成与单次洪水事件有关，每一次洪水造成曲流河凹岸侵蚀、凸岸沉积，洪水末期能量衰减，洪水携带的细粒泥质在点坝砂体上披覆沉积，形成薄层的泥质沉积物，即侧积层，侧积层之间的砂体单元称为侧积体，显然侧积体是点坝内部重要的构成单元。

相对于曲流带和点坝级次，侧积体规模要小得多，且易被后期洪水破坏，其数据的采集存在较大困难，如 Allen（1970）在采集的 231 个泥盆系样品中，只有 11 个相关数据。数据的稀缺和测量的困难，导致对于侧积体规模的研究较薄弱。

目前普遍认为，侧积层在水平面的投影宽度 W_L 大致等于河道满岸宽度 W 的 2/3（Allen，1965），即

$$W_\mathrm{L}=2/3W$$

侧积层的倾向可通过点坝的侧积过程以及废弃河道的位置确定，侧积层总是向废弃河道方向倾斜，其倾角 β 大致与河道横断面中河床与水平面的夹角相等：

$$\tan\beta=\frac{h}{2/3W}$$

以上即为高弯度曲流河不同级次的砂体规模参数间的相关性及不确定性，据此构建定量知识库（表 1.2）。

表 1.2　高弯度曲流河砂体规模定量知识库

$y=f(x)$	理论值	上限 A	下限 B	相关系数
$W_\mathrm{m}=f(W)$	$W_\mathrm{m}=7.00W^{1.06}$	$W_\mathrm{m}=8.69W^{1.11}$	$W_\mathrm{m}=5.64W^{1.01}$	$R^2=0.90$
$W=f(h)$	$W=8.94h^{1.40}$	$W=10.96h^{1.49}$	$W=7.25h^{1.30}$	$R^2=0.83$
$R_\mathrm{c}=f(W)$	$R_\mathrm{c}=2.11W^{1.04}$	$R_\mathrm{c}=2.57W^{1.09}$	$R_\mathrm{c}=1.73W$	$R^2=0.92$
$L=f(W)$	$L=7.02W^{0.92}$	$L=8.13W^{0.95}$	$L=6.06W^{0.89}$	$R^2=0.90$
$W_\mathrm{L}=f(W)$	$W_\mathrm{L}=2/3W$	—	—	

1.3　曲流河储层构型研究的主要问题

关于曲流河储层构型的研究，目前仍存在如下问题，这些问题正是本次研究

攻关的重点。

（1）储层构型级次划分缺乏"复合砂体"这一级次。自然界中，砂体的"复合性"是普遍存在的规律，但是目前储层构型研究过于强调模式的理想化，反而缺乏了针对"复合砂体"这一级次构型特征的研究。

（2）关于复合砂体构型级次，缺乏定量规模的研究。储层构型研究强调规模定量化，传统针对储层构型规模定量化研究的一般是对卫星遥感照片或野外露头进行实测，得到的定量数据取决于测量点的实际情况，具有一定的局限性，缺乏大数据样本的定量规模统计。

（3）关于复合砂体构型级次，缺乏成因类型和演化规律的研究。复合砂体成因类型解释和演化规律的研究，对于指导资料欠缺的未知区域储层的预测具有重要意义，但是目前研究多针对复合砂体特征描述并进行分类，缺乏相关的系统成因研究和具有成因意义的分类。

（4）目前缺乏针对海上油田资料基础的储层构型分析技术。海上油田具有井距大、井网稀、资料相对较少的特点，针对资料无法表征的构型级次特征，需要创新表征思路，建立不同类型复合砂体构型特征大数据资料库，指导表征工作。

（5）目前缺乏复合砂体构型单元和井网井距关系的研究。关于复合砂体布井工作，大多还是依据经验，缺乏定量化指导标准。

1.4　典型曲流河研究区

1.4.1　地下实例区

1. 渤海中南部地区地质概况

渤海海域是华北含油气盆地的组成部分，渤海中南部地区是海域地质构造单元的主体，而秦皇岛 32-6 油田则是其中的一部分，沉积背景具有一致性。经历了古近纪断陷和新近纪拗陷两个演化阶段（龚再升和王国纯，1997；邓运华，2009）。古近纪断陷期，断裂活动频率高，强度大，形成了凸凹相间的构造格局，边界断裂活动的间歇性和活动强弱变化的周期性导致了古近纪-新近纪裂谷盆地演化的阶段性和沉积充填的多旋回性（图 1.18）。

渤海湾盆地新近系沉积时，盆地处于拗陷期，在湖平面下降、上升交替进行的沉积背景下，加之受新构造运动（龚再升等，2000；肖国林和陈建文，2003）的影响，地形高差较大，大于 1000m。明化镇组处在拗陷阶段的后期，此后出现

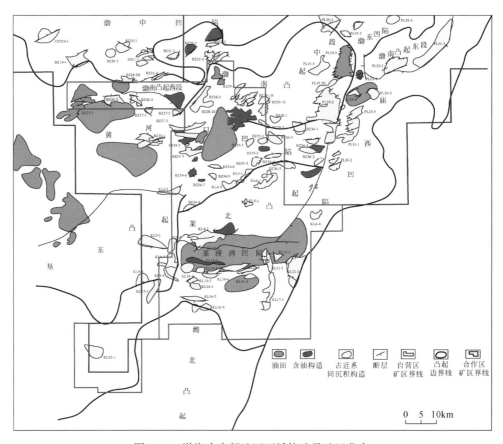

图 1.18　渤海中南部地区区域构造及油田分布

裂后加速沉降（米立军，2001；林畅松等，2003；贾承造等，2004；郭兴伟等，2007；汤良杰等，2008）。物源主要来自北面的燕山褶皱带和西面的太行山隆起（肖国林和陈建文，2003；邓运华和李建平，2007）。从明化镇组的沉积来看，物源主要来自东北部，其次为西北部、西部和南部（何仕斌等，2001）。

新近纪拗陷期，断裂活动逐渐减弱，地层坡降比小，比较平缓，由于物源供给条件的变化，形成多期的、不同规模的沉积旋回。此时盆地整体热沉降，形成更开阔的拗陷盆地，沉积中心转入渤中地区。走滑构造活动减弱，形成了大量的浅层断层东西向的次级断层，呈北东向或北北东向以及近东西向展布，少量为北西向（蔡东升等，2001；侯贵廷等，2001），同时叠加有其他构造作用的影响。

勘探实践表明，渤海海域小规模的低凸起比大规模的高凸起更有利于油气富集（邓运华，2000），低凸起、凹中隆和凸起构造带油气探明储量最多，分别占总探明储量的 45.3%、24.9% 和 22.0%（刘小平等，2009）。纵向上，61.0% 的已探明石油储量和55.0%的已探明天然气储量集中分布于新近系中，其中明化镇组和馆陶组探明储量目前已占总探明储量的70%以上（肖国林和陈建文，2003；刘小平等，2009）。

2. 秦皇岛 32-6 油田地质背景

秦皇岛 32-6 油田是 1996 年发现的过亿吨级大型复杂曲流河相油田，位于渤海中部海域，东南距 427 油田约 20km，东距 428 西油田 42km，西北距京唐港约 20km。地处石臼坨凸起，周边被渤中、秦南和南堡 3 大富油凹陷环绕，是渤海海域有利的油气富集区之一（葛丽珍和张鹏，2005）（图 1.19）。

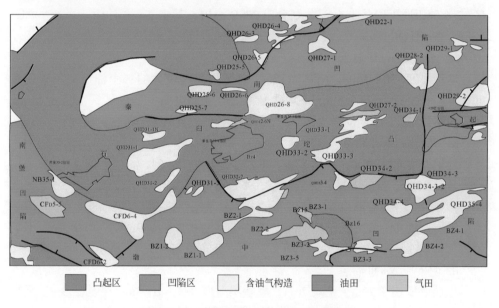

图 1.19　秦皇岛 32-6 油田区域位置图

1）区域构造特征

秦皇岛 32-6 油田构造是在前古近系古隆起背景上发育并被断层复杂化的大型披覆构造，形成于古近纪，定形于新近纪。其轴向近北东–南西向，南北宽近 12km，东西宽约 13km，构造面积近 110km²。在工区南北两侧的近东西向基底断裂带，成为秦皇岛 32-6 油田构造主体的边界。同时在油田内还发育了一组近北东东向的次级断层，将油田主体部位分割成几个区块，从而构成了本区内堑垒相间的基本构造格局。该油田构造幅度比较平缓，构造面积约 110km²，含油面积 39.7km²。

本次以秦皇岛 32-6 油田北区为重点研究对象，该区块位于油田东北部，含油面积 9.5km^2，平均有效厚度 26.6m。断层较少，以南北两个边界断层控制形成南北高、中间低的鞍状构造，油层也是南北靠近断层部位厚，东西以砂体尖灭或油水界面为界。地质储量为 5231×10^{4}t，储量丰度为 550×10^{4}t/km^2，属于高丰度区。油田北区明化镇组油层为一套独立的开发层系，储量主要集中在 Nm Ⅰ、Nm Ⅱ 油组，分别占全区 31% 和 40%。其中，Nm Ⅱ 油组是本次研究的重点目标。

2）区域地层特点

实例区钻遇地层平均厚度为 482m，区域上分布比较稳定。主要含油层系发育于新近系明化镇组（Nm）下段（明下段），并进一步细分为 Nm 0、Nm Ⅰ、Nm Ⅱ、Nm Ⅲ、Nm Ⅳ 和 Nm Ⅴ 共 6 个油组。在油组划分的基础上，评价阶段秦皇岛 32-6 油田明下段从上至下共划分出 28 个小层，其中 Nm 0 油组 8 个，Nm Ⅰ、Nm Ⅱ、Nm Ⅲ 油组各 4 个，Nm Ⅳ 油组 3 个，Nm Ⅴ 油组 5 个。

a. 明下段 Nm 0 油组

地层厚度 120~140m，平均 135m，是地层厚度较大的一个油组。单砂层厚度 0.1~26.3m，平均 3.5m。平均砂岩含量 18%。纵向上呈砂泥不等厚互层，平面分布不稳定。

b. 明下段 Nm Ⅰ 油组

地层厚度 48~68m，平均 57m。单砂层厚度 0.2~21.7m，平均 3.9m。平均砂岩含量 22%。纵向上呈砂泥岩互层，平面分布较稳定。

c. 明下段 Nm Ⅱ 油组

地层厚度 44~67m，平均 56m。单砂层厚度 0.2~19.9m，平均 5.1m。平均砂岩含量 43%。纵向上呈砂泥岩互层，平面分布稳定。

d. 明下段 Nm Ⅲ 油组

地层厚度 61~79m，平均 70m。单砂层厚度 0.3~16.4m，平均 2.9m。平均砂岩含量 13%。纵向上呈泥岩夹砂岩特征，平面分布不稳定。

e. 明下段 Nm Ⅳ 油组

地层厚度 64~87m，平均 74m。单砂层厚度 0.2~21.4m，平均 2.8m。平均砂岩含量 18%。纵向上呈砂泥岩不等厚互层，平面分布不稳定。

f. 明下段 Nm Ⅴ 油组

地层厚度 74~118m，平均 90m。单砂层厚度 0.2~26.8m，平均 4.4m。平均砂岩含量 48%。纵向上呈砂泥岩互层，平面分布较稳定。

3）储层特征

储层物性好，属高孔高渗储层。岩性主要为中-细砂岩及粉砂岩，泥岩呈灰绿色，以曲流河沉积为主，正韵律和复合韵律河道沉积砂体发育。

岩石类型为长石砂岩，其中石英含量为 30%~49%，长石含量为 40%~

56%，岩屑含量为11%～36%（图 1. 20）。砂岩颗粒结构成熟度较低，分选性及磨圆度都较差，一般为次棱角状或次圆状 – 次棱角状；颗粒的最大粒径为 2. 5mm，个别达到 4mm，粒径主要在 0. 1～0. 6mm，平均为 0. 34mm。颗粒接触以游离 – 点接触及点接触为主；填隙物主要为机械成因的杂基，杂基和胶结物含量为1%～20%，平均含量为14%。其中杂基以泥质为主，偶见高岭土及水云母。胶结物成分为成岩早期阶段形成的菱铁矿，含量一般在1%以内。

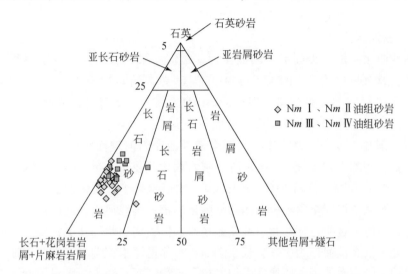

图 1. 20 秦皇岛 32-6 油田明化镇组曲流河砂岩岩石成分图（马尚福，2007）

储层物性良好，孔隙度、渗透率区间分布较广。孔隙度为25%～45%，平均为35%；渗透率介于 100×10^{-3}～$11487\times10^{-3}\mu m^2$，平均值为 $3000\times10^{-3}\mu m^2$，属高孔高渗储层。明下段 $NmⅠ$、$NmⅡ$ 油组渗透率测井解释成果统计表明，两个油组层间渗透率变异系数一般小于 0. 5，突进系数小于 2，非均质程度较弱。

油藏类型为受岩性影响的构造油藏，地下原油黏度在 22～260mPa·s。主要含油层系为新近系明化镇组下段和馆陶组，油藏埋深浅（海拔为 – 1600～ –900m），储层胶结疏松，油水关系非常复杂，底水油藏储量占40%。

1.4.2 主要对比模型区

基于原型模型研究的构型模式可以对地下实例区储层构型表征进行指导。原型模型的选取需要遵循一些原则：①原型模型区与地下实例区具有类似的盆地类型、构造条件和沉积类型等地质特征；②原型模型区地质现象清晰典型、植被覆盖少、人为改造少；③原型模型区具有丰富的前人研究成果和可参考的数据；④原型模型应从多个研究角度考虑选取。本次研究对象为曲流河复合点坝储层，所选取的对比模型包括现代沉积卫星照片、激光卫星照片、野外露头、类似油田地下储层、水槽实验、数值模拟实验等资料。经过反复对比，本次研究重点参考的原型模型包括密西西比河下游段复合点坝沉积和加拿大艾伯塔盆地下白垩统McMurray组地层复合点坝储层，其中密西西比河下游段复合点坝为现代沉积，加拿大艾伯塔盆地下白垩统 McMurray 组地层复合点坝储层为地下沉积储层。这两个实例区均为目前国际曲流河点坝研究的热点区域，各类研究数据资料丰富，其他特征均符合以上选取原型模型的原则。

1）密西西比河

密西西比河是北美洲最大的曲流河，是世界第四长河，发源于落基山脉东部，全长 6020km，年平均流量为 16972m³/s，最高流量达 86791m³/s，一般最大流量出现在 3～5 月，低流量出现在 8～10 月。密西西比河河域面积 3224600km²，主河道汇集了共约 250 多条支流，形成一个庞大的水系，占美国 48 个相邻省份的 41%。其中有 4 条大型支流，占现今密西西比河河域面积的 90% 以上，这些支流包括：密苏里州支流（≈45%）、密西西比州支流（≈17%）、俄亥俄州支流（≈15%）和阿肯色州支流（≈15%）。水道蜿蜒于有众多湖泊和沼泽的乡间低地。上游从圣保罗至密苏里州圣路易附近的密苏里河河口。此段流经石灰岩峭壁之间，沿途经过明尼苏达州、威斯康星州、伊利诺伊州和艾奥瓦州，自密苏里河汇入处至俄亥俄河口为中段，长 322km。密苏里河水流湍急，泥沙混浊，尤其在泛滥期，给清澈的密西西比河不但增加了流量，而且输入了大量泥沙。俄亥俄河在伊利诺伊州开罗汇入后，为密西西比河下游，该段河水丰满，河道宽广，两岸之间往往宽度达 2.4km，成一棕色洪流，缓缓奔向墨西哥湾。本次研究的原型模型区集中于密西西比河下游段，该河段为典型的曲流河段，且泛滥平原广阔，在泛滥平面的卫星遥感照片上清晰可见大量废弃河道和废弃的复合点坝，废弃复合点坝内部构型特征规模大、形态完整，易于定量测量。前人关于密西西比河下游段亦有大量研究资料（Penland and Suter，1989；Blum et al.，2000；Falcini et al.，2012；Heitmuller et al.，2017）。

密西西比河下游段河谷地表河泛平原以第四系黄土沉积为主，覆盖了大部分盆地。河谷东部发育一条南北走向的大断裂，限制了河道向东迁移，主河道路线几乎是沿着断裂线，绝大多数的废弃河道和复合点坝发育于主河道西侧广泛的泛滥平原。

在地质历史时期，密西西比河下游河道变化较快，在卫星遥感照片上，至少可以清晰识别出地质历史时期河谷内 6 条较完整的废弃曲流带，每条曲流带长度达数百公里，河道在较长的历史时期（约一万年）频繁迁移，形成了大量大规模的复合点坝。同时，当今人类活动如修建人工堤坝、建立水库、曲流截流、分洪蓄洪、堤岸植树、航道建设等在一定程度上固化了河道，使河道不再大规模迁移对复合点坝破坏，并且在泛滥平原复合点坝内沿着侧积体进行农业活动，这些因素反而保护了已形成的复合点坝的形态和内部侧积体结构，使这些特征在卫星遥感照片上清晰可辨，易于直接测量（图 1.21）。

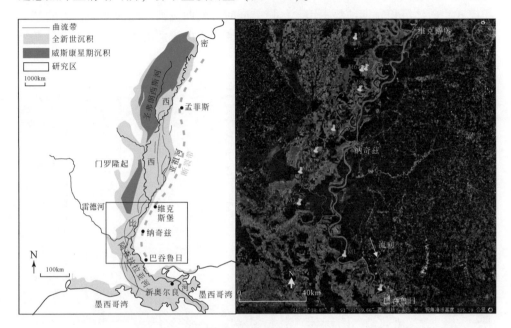

图 1.21　密西西比河下游段地质概况图（据 Holbrook et al., 2006）

2）加拿大艾伯塔盆地下白垩统 McMurray 组地层点坝沉积

加拿大艾伯塔盆地是落基山造山带东侧的一个前陆盆地，面积为 170×10^4 km^2。盆地东北边界为元古宙加拿大地盾结晶基底，西南部以科迪勒拉褶皱冲断带为界，西北边界为 Tathlina 隆起，南部边界为鲍艾兰隆起。盆地沉积区由于远离西南部造山带，且东北部紧邻结晶基底，构造相对简单，整体为南西-北东向单斜构造，地层倾角平缓，不发育断层。

下白垩统 McMurray 组地层包含连续的曲流河、三角洲平原和潮控河口湾沉积。早白垩世早期，沉积盆地处于由南向北倾斜平缓的构造背景之上，沉积物供应充足。北部由于临近 Boreal 海，海相沉积比南部更多，因而地层上部为海洋进积的沉积产物。主曲流河沉积系统呈漏斗状沿北北西-南南东向主下切河谷低地发育，主下切河谷在前白垩系层面上被上升的 Boreal 海所淹没。随着水体向南进积，河口湾和咸水湾在盆地南部发育。随着陆相沉积的不断后退，河口湾不断发育，沿着河口湾边缘，咸水湾、潮坪、潮汐河道和垂向叠加河道也进一步发育。

前白垩系的不整合面最高处与 McMurray 组最终沉积高度基本持平。

　　根据盆地过程中构造发育特征、物源供给情况，结合 McMurray 组地层发育情况，可以总结出油砂矿区在白垩纪发育以海侵过程为主的曲流河–三角洲平原和潮控河口湾沉积体系。基于此，分别建立了 McMurray 组下、中、上 3 段的沉积模式。砂体沉积时期地势平坦，区域上同时受到曲流河和潮汐两大营力的共同作用。河口湾内带区域大量碎屑物的沉积主要来自曲流河的搬运，形成大量点坝复合砂体（图 1.22）。

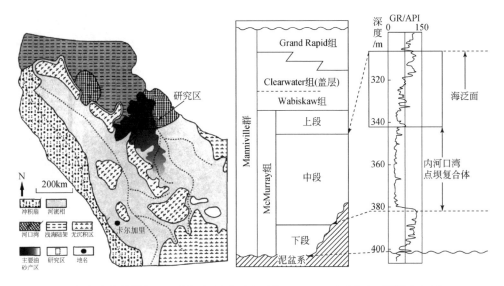

图 1.22　加拿大艾伯塔盆地区域沉积图及下白垩统 McMurray 组剖面（据胡光义等，2018）

第 2 章　复合砂体的概念及内部构成级次

残缺砂体"复合"是自然界普遍存在的规律，相对于单一构型单元，研究砂体的"复合性"符合真实自然规律，而且针对海上大井距油田开发更具备实际应用意义。海上油田不同于陆上油田，受限于客观条件，通常开发井距大，一般密井网也在 350m 以上。所以，开发井距往往超过了需要解剖的单个点坝规模，无法对曲流河单砂体进行有效表征。寻求适用于海上油田大井距开发的构型尺度是目前研究面临的难点。"十一五"以来，海上油田组织了多个国家科技重大专项以及中国海洋石油集团有限公司科技攻关项目，开展了大量包括现代沉积、野外露头等在内的基础研究，以及探地雷达、航拍图像等新技术的应用探索，创新了研究思路和方法，首次提出了复合砂体构型概念，形成了与之配套的适用于海上大井距油气田高效开发的研究方法及技术体系。本章将系统论述复合砂体构型的概念、类型、级次特征及科学意义。

2.1　复合砂体的背景与概念

2.1.1　复合砂体的提出背景

海上油田具有井点少、井距大、井网稀和资料相对较少的特点，这对油田认识造成了很大的局限性和制约性（周守为，2009；胡光义等，2013a；范廷恩等，2018）。油田现场最直接的资料是钻录井资料，陆相曲流河单砂体侧向规模一般小于 100m，随着加密调整陆上油田井距，一般可以达到控制这些储层单元的能力（吴胜和等，2012）。但是，对于海上稀井网油田，即使油田处于开发中后期，井距一般也有 350~400m，这种大井距已经超出了单个点坝范围，给油田地质研究带来了非常大的困难。所以，仅依靠单井资料，由传统井震结合描述储层进行研究是不够的。

海上油田资料少，地质研究条件苛刻，同时，海上砂岩油田沉积环境复杂，砂体特征多样。陆相砂体储层非均质性强、内部结构复杂、相变快。对于陆相复杂储层沉积，陆上油田往往是对基于 50m 小井距的开发实验区块进行构型探索和研究的（李阳，2007b）。同时，受开发周期和完井费用的限制，生产过程中钻井资料再收集和再研究的程度有限，导致海上油田整体研究程度相对陆上油田较低（陈伟等，2013；安桂荣等，2013；胡光义等，2014）。

但是，海上油田往往能够采集到更高品质的地震资料，充分挖掘地震资料信息，通过地质与地震的结合（范廷恩等，2012；井涌泉等，2014；胡光义等，2014，2017；陈飞等，2015；孙立春等，2014），发展井震结合的油藏精细描述方法是海上油田开发的未来出路。地震信息通常只能识别大尺度构型单元（复合砂体），对于小尺度构型单元（单砂体）识别存在一定难度。目前海上高品质地震主频范围在 20～40Hz，理论可分辨 10～20m 的地层（井涌泉等，2014），即使高分辨率地震资料最多只能达到 3～5m 分辨率。在面向开发尺度的曲流河储层研究中，地震资料分辨率之下的沉积单元和沉积界面的识别是亟须解决的重要问题，而这也正是海上油田构型研究的难题。

同时，针对陆上油田致力于解决的单期砂体构型解剖的方法及需求，在海上油田开发生产环境下，既不可能，也无意义。而单砂体某种级次复合体的刻画反而适应海上开发尺度，即海上开发应致力解决某一级次砂体复合体（而不是单砂体）更具有意义。

2.1.2　复合砂体的概念

复合砂体源于复合点坝的研究。前人在研究曲流河沉积储层时建立了复合点坝的概念，进而推广到其他沉积砂体，形成了复合砂体的概念。

复合点坝指河道内多期点坝镶嵌拼合而成，形成了由若干侧向排列，呈一定角度堆叠的点坝拼合体，相互叠置的点坝构成了河道骨架砂体。点坝间存在泥质薄夹层，复合点坝间被废弃河道分割，是现代沉积的现存河道（一级阶地）所限范围。

针对储层厚度低于地震分辨率的先天不足，对成因相联系的多期点坝所构成的复合点坝在地震可识别尺度上进行分类。通过对现代点坝精细解剖，识别精细的构型界面，建立复合点坝三维构型定量模式，依据其沉积结构构造、几何形态和增生迁移方式，形成不同类型的复合点坝构型样式与叠合结构。进一步推广到其他沉积相类型，将地质与地震有机结合，形成海上开发尺度"复合砂体构型"的理论体系，有助于适应海上大井距条件下的储层构型研究。

所谓复合砂体，是指某一段地质时间内由若干具有空间成因联系的亚单元组成的砂体组合；复合砂体具有级次性，每一级次复合砂体均是由次一级次的砂体及隔夹层共同组合而成。海上油田开发中的复合砂体多指厚度不高于地震分辨率，经过针对性的地震处理可识别的单砂体复合体。以曲流河沉积为例，曲流河复合砂体为与曲流河水动力成因相联系的、不同级次单砂体的组合体。低级次复合砂体由若干高级次复合砂体或单砂体构成，具体包括复合河道带、单河道带以及复合点坝、单一点坝等各级次砂体。其中，复合点坝级次砂体是水道在河谷内迁移摆动形成多个残缺点坝的复合体，其内部点坝不断重复"沉积—迁移侵蚀—沉积"的地质过程，每一次水道摆动形成一个复合点坝砂体。与同一条曲流河相关的若干复合点坝砂体构成了单河道带砂体；具有相同沉积环境的若干单河道带砂体构成了复合河道带级砂体。

　　复合砂体构型则是单砂体及其组合在空间上的沉积样式及叠置关系的总称，既反映了亚单元内部三维地质体的特征，也强调了亚单元之间的接触关系，使得以相对概念研究某一尺度的地质体成为可能。构成复合砂体构型的不同级次砂体的接触关系以界面的形式存在，反映了一个地质体与另一个地质体之间的分隔。

　　理论上复合砂体对应于一个单一的复合地震反射相位。这个最小地震可分辨厚度所对应的储集层被称为最小可分辨沉积单元，该单元也许是单砂层、小层或砂层组，取决于地震分辨率大小。实际上指地震资料空间可识别的、成因相联系的、不同期次、不同微相、多期单砂体的组合体。本书"可识别"指接近和低于地震分辨率的砂体，可模糊分辨出来。由曲流河的迁移摆动形成，受可容纳空间与沉积物供给控制，空间上呈堆叠型、侧叠型和孤立型等，对应于现代沉积的活动河道带，是三级河流阶地所限范围，相当于砂层组-小层级别，在油田开发中作为一个独立开发单元。在海上大井距条件下，以构型要素分析方法为指导，以地震信息为主井震联合，研究复合砂体内部不同构型单元的级次、形态、规模、方向、物性及其空间叠置关系。构型单元在开发中作为一个独立开发单元，对油田高效开发具有重要意义。

2.2　复合砂体构型级次

　　沉积地质体是一定地质时期内形成的沉积体组合，是异成因与自成因因素综合作用的产物。异成因因素（如构造沉降、湖平面升降等）主要从较大范围内控制着沉积体的分布，表现为不同级次的异旋回地层结构，如不同级次的层序结构（构型）；而自成因因素则在较小范围内（如沉积环境）影响沉积体的分布，表现为异旋回地层内不同级次的自成因沉积体，其在垂向上的最大规模即为最大自旋回规模。从本质上讲，层序地层结构（构型）单元与沉积环境内形成的岩性体是不同时段形成的"沉积体"，其中，地层结构单元形成的时段较长（数万年至数亿年），具有地质年代意义，而岩性体（如河道沉积体）的形成时段较短（数万年以内），两者（异成因地层与自成因岩性体）可整合为一个包含不同时段"沉积体"的、统一的层次结构体系。两者的整合在于层序界面与沉积岩性体界面的衔接，而衔接的关键在于确定最大自成因旋回所对应异成因旋回的匹配点。

以河流沉积体系为例，最大的自成因旋回厚度不超过河流的满岸深度，即单河道沉积厚度。若在沉积剖面中发现两期河道的垂向叠置，意味着受到异成因因素的控制，代表了两期异成因旋回。因此，单河道沉积为最大自成因旋回。这一最大自成因旋回所对应的异成因旋回，相当于高分辨率层序地层学派的超短期基准面旋回，或经典层序地层学的 6 级层序单元（层组），大体相当于油层对比单元中的单层。这一级次的异成因旋回实际上为地层记录中可识别并横向对比的最小异成因旋回。在本书提出的碎屑沉积体构型分级方案中，将 6 级层序单元作为层序构型与岩性体构型的衔接点。

层次结构分级的序列有两种不同的方案，即正序分级方案和倒序分级方案。两类方案各有特点和优劣性。正序分级方案是从小到大的开放性系统，数序与级次相同，数字越大，界面级别越大，即将小级别单元作为 1 级（或 0级），随着单元级别的增加，数序增大且可随时增加序号，如 Miall（1996）的构型分级方案。正序分级方案适用于地面地质研究，如露头观察描述，或地下钻井取心的岩心观察。倒序分级方案为从大到小的开放性系统，数字与级次相反，数字越小，界面级别越大，即将大级别单元作为 1 级，随着单元级别的降低，数序增大且可随时增加序号，如经典层序地层的分级方案。倒序分级方案适用于地下地质研究，即从宏观入手，从大级次单元研究依此到小级次单元研究，并且进行层次约束，如应用地震和多井资料进行井间构型预测。油气地质研究主要为地下地质研究，因此，从地下地质预测的角度，本书采用倒序分级方案对沉积体构型进行分级，将沉积盆地内的层次界面分为 13 级（表 2.1）。复合砂体构型要素包括构型级次、构型单元、岩相、微相等描述砂体结构和属性的系列参数。下面以曲流河沉积为例，介绍复合砂体各级次构型要素的特征。

1 ~ 6 级界面为层序构型（结构）界面，其限定的单元（可称为 1 ~ 6 级构型）对应于经典层序地层学的 1 ~ 6 级层序单元。6 级构型为最小级次的层序构型单元，在垂向上与最大自成因旋回（如单河道沉积）相当。

7 ~ 10 级界面为异成因旋回内沉积环境所形成的成因单元界面（图 2.1、图 2.2），对应于 Miall（1988）的 5 ~ 3 级界面，其限定的单元即为 Miall（1988）所称的构型要素（architectural elements），本质上为相构型（facies architecture），反映了沉积环境形成的沉积体的层次结构性（Galloway，1991；Shanley and Mccabe，1991；van Wagoner，1995）。

表 2.1　复合砂体构型级次分级表

界面类型	构型界面级别	构型单元	时间跨度/a	界面标志	沉积过程	尺度 垂向厚度	尺度 横向分布	Miall 界面分级	Vail 层序地层分级	Cross 高分辨率层序分级	油层对比单元分级	地貌单元
层序构型界面	1 级	叠合盆地充填复合体	10^8	全球板块运动不整合面	板内沉积旋回	几千至上万米	几百至几千平方千米		巨层序			
	2 级	盆地充填复合体	$10^7 \sim 10^8$	区域不整合面同断面	区域性沉积	几千至上万米	几百至几千平方千米		超层序			
	3 级	盆地充填体	$10^6 \sim 10^7$	不整合面和与其相应的整合面	盆地内沉积	几十至几千米	几百至几千平方千米	8	层序	长期	含油层系	
	4 级	体系域	$10^5 \sim 10^6$	沉积相间	米兰科维奇旋回	几米至上百米	几十至几千平方千米	7	准层序组	中期	油层组	
	5 级	叠置曲流河沉积体	$10^4 \sim 10^5$	沉积亚相间	米兰科维奇旋回	几米至几十米	几十至几千平方千米	6	准层序	短期	砂组-小层	河谷（三级阶地）
	6 级	复合河道带	$10^4 \sim 10^5$	泛滥平原沉积相间	米兰科维奇旋回	几米至几十米	几十至几百平方千米					
相构型界面	7 级	单一河道带	10^4	河道间界面	米兰科维奇旋回	$1 \sim 30\text{m}$	几十平方千米	5	层组	超短期	单层	活动河道带（二级阶地）
	8 级	复合点坝	$10^3 \sim 10^4$	砂层组界面	点坝叠置	$1 \sim 20\text{m}$	几平方千米	4	层			现存河道（一级阶地）
	9 级	单一点坝	$10^2 \sim 10^3$	沉积微相间	河道曲流及坝体迁移	$0.5 \sim 5\text{m}$		3				河床
	10 级	侧积体	$10^0 \sim 10^1$	侧积层	季节洪水	$0.3 \sim 1\text{m}$		2				
层理组系界面	11 级	层系组	$10^{-2} \sim 10^{-1}$		脉动水水流	$0.03 \sim 0.1\text{m}$		1				
	12 级	层系	$10^{-3} \sim 10^{-5}$			$0.001 \sim 0.01\text{m}$			纹层组			
	13 级	纹层	10^{-6}					0	纹层			

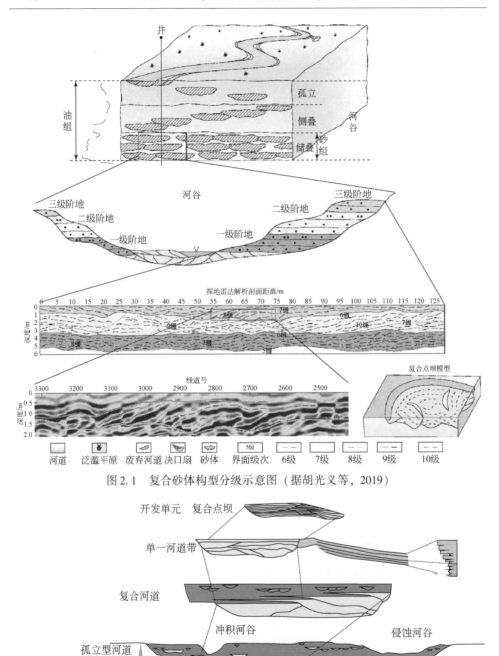

图 2.1　复合砂体构型分级示意图（据胡光义等，2019）

图 2.2　曲流河复合砂体构型级次划分

11～13级界面为层理组系界面，这一级次反映了沉积环境内沉积底形的层次结构性，对应于 Miall（1988，1996）分级系统中的2～0级界面。

该方案与经典层序地层学分级方案不同的是，在6级层序之下划分出了6个级次的构型单元，替代了原有的层组级别之下的层、纹层组和纹层3个级次的结构单元。本书与吴胜和等（2013）分级方案不同的是，在原7级界面与8级界面之间增加了一个级次，即本书所定义的8级复合点坝级次界面，原8级界面及以下级次界面均向下顺延一个级次，一共13个界面级次。以下将详述各级界面及其限定的构型单元特征。

1级界面：为限定巨层序或1级层序（Vail，1977）的界面。界面为明显的区域不整合面，其形成受控于全球性板块运动的最高级别的周期；界面间沉积时间跨度一般大于50Ma（Vail et al.，1977），如渤海湾盆地古近纪、新近纪等。1级层序为叠合盆地充填复合体。垂向厚度可达几千至上万米，横向分布范围为几百至几万平方千米，覆盖整个盆地。

2级界面：为限定2级层序（Vail，1977）的界面。界面为明显的区域不整合间断面，受盆地的构造演化阶段控制。界面间沉积时间跨度为10～100Ma（Vail et al.，1977），我国东部裂陷盆地古近纪裂陷期可以划分出3～4个裂陷幕，与之相应的地层单元为2级层序。2级层序为盆地充填复合体，垂向厚度可达几千至上万米，横向分布范围为几百至几万平方千米，覆盖整个盆地。

3级界面：为限定3级层序（Vail，1977）的界面。界面之间为不整合面和与其相应的整合面，且不整合面多分布于盆地的边缘部位，此种不整合常常是低角度的侵蚀不整合。界面间沉积时间跨度为1～10Ma（Allen and Fielding，2007）。3级层序为盆地充填体，与 Cross 和 Baker（1993）的长期基准面旋回大体相当，亦与油层对比单元的一个或几个含油层系相当，如渤海湾盆地济阳拗陷新近系馆陶组上段即为一个3级构型单元，同时亦为一套含油层系。垂向厚度可达几十至上千米，横向分布范围为几百至几万平方千米，覆盖整个盆地。

4级界面：为限定4级层序（Vail，1977）的界面。界面主要为海（湖）泛面及其对应的界面。界面间沉积时间跨度为0.1～1Ma（Vail et al.，1977），可比于米兰科维奇旋回的一个地球公转轨道偏心率变化周期。多数情况下，4级层序仅与一个体系域或准层序组相当，大体相当于 Cross 和 Baker（1993）的中期基准面旋回或油层对比单元中的一个油组。垂向上通常限于一个沉积体系，侧向上则发育多个沉积体系，如在一个高水位体系域中，侧向上可发育多个冲积扇-曲流河-三角洲-浊积扇沉积体系，在近源部位则发育扇裙。垂向厚度为几米至上百米，横向分布范围为几十至几千平方千米，覆盖盆地的一部分。

5级界面：为限定5级层序即准层序（Vail，1977）的界面。界面主要为洪

（海、湖）泛面及其对应的界面。界面间沉积时间跨度为 0.01 ~ 0.1Ma（Vail et al., 1977），可比于米兰科维奇旋回的一个地球黄道与赤道交角变化周期。五级层序与 Cross 和 Baker（1993）的短期基准面旋回大体相当；在油田区，大体相当于油层对比单元的一个砂组或小层（含多个单砂层）。侧向上，在同一沉积体系内部具有较好的可对比性和等时性，而两个相邻沉积体系的对比难度大。在曲流河沉积地层中，5 级层序为一个河谷或多期曲流河沉积的垂向叠置体。垂向厚度可达几米至几十米，横向分布范围为几十至几千平方千米，覆盖盆地的一部分。

6 级界面：为准层序内部的最小一级异旋回间界面，相当于层组（Vail, 1977）或超短期基准面旋回（郑荣才等，2001）界面。沉积时间跨度为数万年，可比于米兰科维奇旋回的一个岁差周期（自转轴倾角变化一个周期）。在油田区，大体对应于油层对比单元的单层（吴胜和等，2011）；侧向上在同一沉积体系内部具有较好的可对比性和等时性，而两个相邻沉积体系的对比难度大（郑荣才等，2001）。对于曲流河沉积而言，6 级构型在垂向上为单期曲流河沉积，其纵向跨度为曲流河的满岸深度，侧向上有多个河道（组成河道带）及溢岸沉积，构成一个曲流河体系（图 2.1）。在溯源和顺源方向，可发育冲积扇及三角洲沉积体。6 级界面在曲流河体系多为泛滥平原沉积面，在三角洲及海（湖）相地层中则表现为海（湖）泛面。

7 级界面：为一个最大自成因旋回对应的主体成因单元的界面，如河道砂体底界面（图 2.1），相当于 Miall（1988）的 5 级界面。界面围限的构型单元的沉积时间跨度约为一万年。在曲流河体系中，7 级构型大体相当于单一曲流带或单一辫流带沉积体。在三角洲体系内，移动型分流河道形成的复合砂体、单一分流河道形成的朵叶复合体等沉积单元为 7 级构型。冲积扇辫流带、障壁岛、陆架砂脊（Liu et al., 2007）、海底扇水道沉积体等亦为 7 级构型单元。

8 级界面：为一个曲流河中复合点坝的规模，是河道与溢岸沉积复合体的边界，以局部冲刷充填和底部滞留泥砾为特征，相当于当前活动河道及溢岸沉积体，受米兰科维奇旋回影响，是油田开发的基本地层单元。河道内部可以识别出多期点坝，界面向下微凹或者相对平坦，侧向上与泥质泛滥平原或废弃河道相连。在垂向上为几期曲流河沉积，侧向上由河道及溢岸沉积构成（图 2.2）。

9 级界面：为限定一个大型底形（macroforms）的界面，如点坝或心滩坝顶界面，相当于 Miall（1988）的 4 级界面。大型底形为一个较长时间形成的微地貌沉积成因单元（Allen, 1983），相当于成型淤积体（钱宁，1987），沉积时间跨度约为一百年至千年。在曲流河体系内，9 级构型相当于单一微相，如点坝、天然堤、决口扇、决口水道、牛轭湖沉积等。Miall（1988）提出的曲流河构型要素如侧向加积体（LA）、顺流加积体（DA）、砂质底形（SB）、砾质坝与底形（GB）等均属于 8 级单元。在三角洲体系中，移动型分流河道中的单一点坝、固定型单一分流河道、单一河口坝（朵叶体）等亦为 9 级构型单元。

10 级界面：为大型底形内部的增生面，如点坝内部的侧积面（图 2.2），对应于 Miall（1988）的 3 级界面。10 级构型的沉积时间跨度约为一年至十年。主要为突发性作用所形成，如曲流河体系中的大洪水、陆架中的大风暴、沙漠中的大沙暴等。在曲流河体系中，点坝内部的侧积体、泥质侧积层（薛培华，1991）、心滩坝内部的增生体、心滩坝顶部的沟道充填体均为 10 级构型。在三角洲前缘，河口坝内部的前积层亦为 10 级构型。

11 级界面：为增生体内部层系组的界面，对应于 Miall（1988）的 2 级界面。层系组由两个或两个以上岩性基本一致的相似层系或性质不同但成因上有联系的层系叠置而成，其界面指示了流向变化和流动条件变化，但没有明显的时间间断，界面上下具有不同的岩石相。一个层系组由中型底形（如沙丘）迁移而成，其规模则取决于底形的规模，如沙丘的大小。沉积时间跨度为数天至数月。

12 级界面：为层系组内部一个层理系的界面，对应于 Miall（1988）的 1 级界面。层理系由许多在成分、结构、厚度和产状上近似的同类型纹层组成，它们形成于相同的沉积条件下，是一段时间内水动力条件相对稳定的水流条件下的产物。一般地，交错层理发育的岩层，可以根据一系列倾斜纹层组成的斜层系进行划分，而对于水平层理、平行层理或波状纹层的组合，由于缺乏明显的层系标志，划分层系比较困难。一个层系由微型底形（如波痕、沙丘内部增生体）迁移而成。层系厚度差别也较大，大型层理的层系厚度大于 10cm，中型层理为 3 ~ 10cm，小型层理小于 3cm。对于曲流河沉积而言，层系厚度与曲流河水体深度具有正相关关系。沉积时间跨度为数小时至数天。

13 级界面：为层理系内一个纹层界面，对应于 Miall（1996）的 0 级界面。纹层为组成层理的最基本单元，是在一定条件下，具有相同岩石性质的沉积物同时沉积的结果。纹层厚度较小，一般为数毫米。沉积时间跨度为数秒至数小时。

对于地下沉积体而言，上述构型界面的识别和追踪对比主要依据地震、测井和岩心资料。在测井资料较少时，构型界面主要依据地震资料，其解释精度主要取决于地震资料的垂向分辨率。以 35Hz 主频的常规三维地震资料为例，若目的层波速为 3000m/s，则波长为 86m，垂向上界面分辨率为 86m，地震极限分辨率（1/4 波长）为 20m 左右。在此情况下，沉积地质体层序界面的分辨级别一般可达到 4 级，当沉积体规模较大时，可达到 5 级。海上油田地震资料品质好，可达到 55Hz，可以识别出 6 ~ 7 级构型界面，采用地震正演、反演、分频属性融合等技术甚至可以识别出 8 级构型界面。这是目前技术上对地下油气研究所能识别的最小构型级别。陆上老油区可通过开发井网资料的对比识别出更精细的构型级次，且随着井网密度的增加，可对比的界面级别越高。在油田开发初期的基础井网（数百米井距）条件下，对比的界面级别一般为 5~6 级；在开发中后期的密井网（大于 100 井/km²）条件下，对比的界面级别可达 7~10 级。当然，地下构型解剖可达到的最小单元级别不仅受资料情况（井网密度、地震分辨率）的影响，而且与构型单元的绝对规模密切相关。11~13 级构型单元的规模较小，对于地下沉积体而言，只能在岩心中识别或应用成像测井（或高分辨率地层倾角测井）资料进行解释，而难于进行井间对比。

2.3　复合砂体构型要素

　　曲流河复合砂体的构型要素共分为 4 个级次，第一级次为复合曲流带级次，由数条单一曲流带组合而成（通过地层对比已完成该级次构型研究）；第二级次为单一曲流带级次，包括曲流河道、溢岸和泛滥平原；第三级次属于作为一个开发单元的微相组合体，以复合点坝为主；第四级次属于成因微相，以单一点坝和废弃河道为主。曲流河的构型要素见图 2.3。

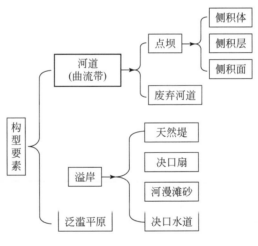

图 2.3　曲流河的构型要素

2.3.1　曲流带

1. 点坝

　　在曲流河砂岩储层中，点坝砂体是最主要的河道沉积单元。作为重要的砂岩储集单元，点坝砂体呈典型正韵律，并具有典型的二元结构，表现为向上粒度变细、沉积构造规模变小的特征，厚度一般大于 2m。点坝砂体下部由冲刷面（图 2.4）、槽状交错层理、板状交错层理、平行层理（图 2.5）、爬升层理、波纹层理等组成，顶部由具水平层理的泥岩构成。自然伽马曲线表现为低值；自然电位曲线具钟形、箱形及钟形–箱形组合型；深侧向及浅侧向的电阻率曲线幅度差较大（图 2.6）。

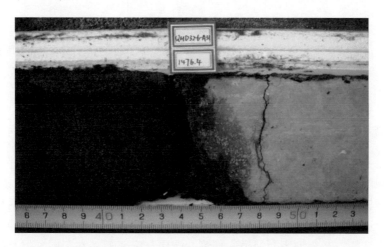

图 2.4　冲刷面岩心特征（A31 井，NmⅣ-1，1476.4m）

图 2.5　平行层理岩心特征（A31 井，NmⅣ-1，1475.5m）

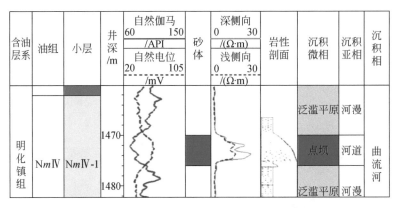

图 2.6　实例区河道砂体测井响应图（A31 井，NmⅣ-1）

2. 废弃河道

平面上，废弃河道表现为新月形或蛇曲形，其位置一定与点坝相邻，反映了一次点坝沉积的结束；剖面上，废弃河道主要呈非对称弧形，且凹岸坡度较陡、凸岸坡度较缓（图 2.7）。废弃河道成因机理可分为突弃型和渐弃型两种。突弃型废弃河道测井曲线在底部呈钟形或箱形响应特征，在上部则表现为趋近基线的测井响应特征；渐弃型废弃河道底部测井响应与突弃型基本相同，但其上部则表现为砂泥互层的锯齿状测井响应特征。

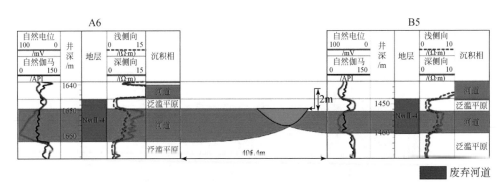

图 2.7　实例区废弃河道剖面图

2.3.2　溢岸

溢岸属于曲流河沉积体系中较为次要的储层类型，包括天然堤微相、决口扇微相和河漫滩砂微相等类型，且由于这三类微相测井响应相似度较高，单井识别难度很大，且需要同时与剖面、平面互动加以区分，故本次研究在单井上只识别到溢岸。

1. 天然堤

天然堤是指在洪水期的河水越岸后，其携带的碎屑物质在岸边快速沉积形成的。其垂向上为正韵律且泥质隔夹层发育；岩性以粉砂岩为主，并含有泥质粉砂岩和粉砂质泥岩（图 2.8）；层理构造以水平层理、爬升波纹层理及小型波状交错层理为主。平面上，天然堤以楔形窄条状、垛状及豆荚状分布于曲流河的凹岸及河道砂体边部；剖面上，天然堤呈楔状，且厚度向远离河道方向变薄，最终过渡为河漫滩沉积和泛滥平原。天然堤自然电位等测井响应呈指形或齿化钟形（图 2.9），物性差于河道。

图 2.8　砂泥岩互层特征（A31 井，Nm I-3，1290.5m）

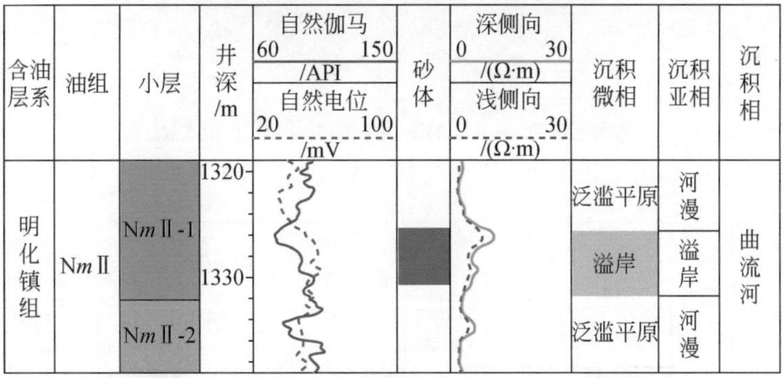

含油层系	油组	小层	井深/m	自然伽马 60 150 /API	砂体	深侧向 0 30 /(Ω·m)	沉积微相	沉积亚相	沉积相
				自然电位 20 100 /mV		浅侧向 0 30 /(Ω·m)			
明化镇组	Nm II	Nm II-1	1320 1330				泛滥平原	河漫	曲流河
							溢岸	溢岸	
							泛滥平原	河漫	
		Nm II-2							

图 2.9　溢岸测井响应特征（A31 井，Nm IV-1）

2. 决口扇

决口扇是指在洪水期间，具有较强能量的曲流河在冲裂河岸后流入河间洼地并向前推进过程中，其携带的碎屑物质沉积下来而形成的扇形沉积体，常与天然堤共生。秦皇岛 32-6 油田目的层的决口扇岩性与天然堤类似，其粒度介于河道砂体与天然堤砂体间，垂向上呈正韵律或反韵律特征；决口扇的厚度一般小于

2m，以发育小型交错层理为主；垂直河道方向决口扇剖面呈楔形，且远离河道方向其厚度与粒度变小。决口扇自然电位等测井响应主要呈齿化漏斗形、顶底突变及快速渐变的低幅度钟形，且幅度差较小。

3. 河漫滩砂

河漫滩砂是指洪水中的碎屑物质被越岸水流携带至低洼处滞留，并在枯水期按重力分异作用沉积而成。河漫滩砂厚度通常小于 2m，并因地貌变化而呈不规则圆形；其自然电位等测井响应以指形及齿化钟形为主，曲线幅度差小。

2.3.3　泛滥平原

泛滥平原主要是指洪泛平原细粒沉积，岩性以灰绿色泥岩为主（图 2.10）；其测井响应表现为自然伽马较高、自然电位接近基线（图 2.11）。作为曲流河沉积体系中粒度最细的沉积单元，泛滥平原泥岩是本次研究的重要隔层。

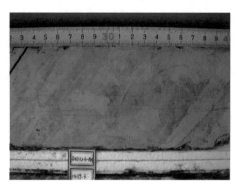

图 2.10　灰绿色泥岩岩心特征（A31 井，NmⅥ-1，1479.3m）

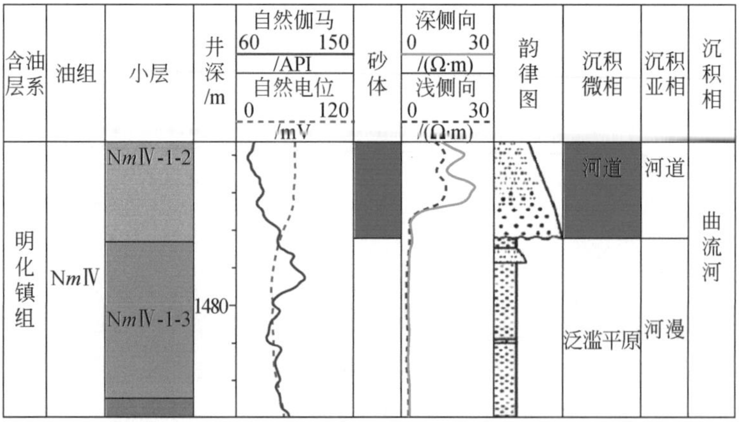

含油层系	油组	小层	井深/m	自然伽马 60 150 /API　自然电位 0 120 /mV	砂体	深侧向 0 30 /(Ω·m)　浅侧向 0 30 /(Ω·m)	韵律图	沉积微相	沉积亚相	沉积相
明化镇组	NmⅣ	NmⅣ-1-2						河道	河道	曲流河
		NmⅣ-1-3	1480-					泛滥平原	河漫	

图 2.11　泛滥平原泥岩测井响应（A31 井，NmⅣ-1-3）

2.4　本章小结

　　本章从砂体的"复合性"出发，首先系统阐述了复合砂体构型理论提出的背景、基本概念。在此基础上厘定了复合砂体的构型级次，将沉积盆地内的层次界面分为 13 级，本书重点关注相构型界面级次的特征、分类和成因，包括 8 级复合点坝级次、9 级单一点坝级次、10 级侧积体级次构型单元。

第3章 复合砂体构型样式的分类

复合砂体构型样式分类是规模特征和成因机理研究的基础。本章讨论复合河道带级次、复合点坝级次和侧积体级次构型单元的分类，其中复合河道带级次主要参考了胡光义等（2014）的研究成果，复合点坝和侧积体级次构型单元分类是本次研究的重点。复合砂体构型样式形态各异，仅依靠长度、宽度、厚度等数据，无法对各级次的形态进行有效表征，并且形态又无法简单用定量数据表示。因此，本章力求建立一种涵盖自然界所有复合点坝、侧积体类型且具有成因含义的分类，对不同类型进行编号，实现数字化，建立数据库，从而实现形态定量化表征。

3.1 复合河道带级次构型样式的分类

曲流河复合河道带级次砂体划分为 3 种砂体类型、7 种构型样式，分别为堆叠型、侧叠型和孤立型 3 种砂体类型，形成紧密接触型、疏散接触型、离散接触型、下切侵蚀河道、决口扇、孤立河道和堆叠型 7 类构型样式（图 3.1）。

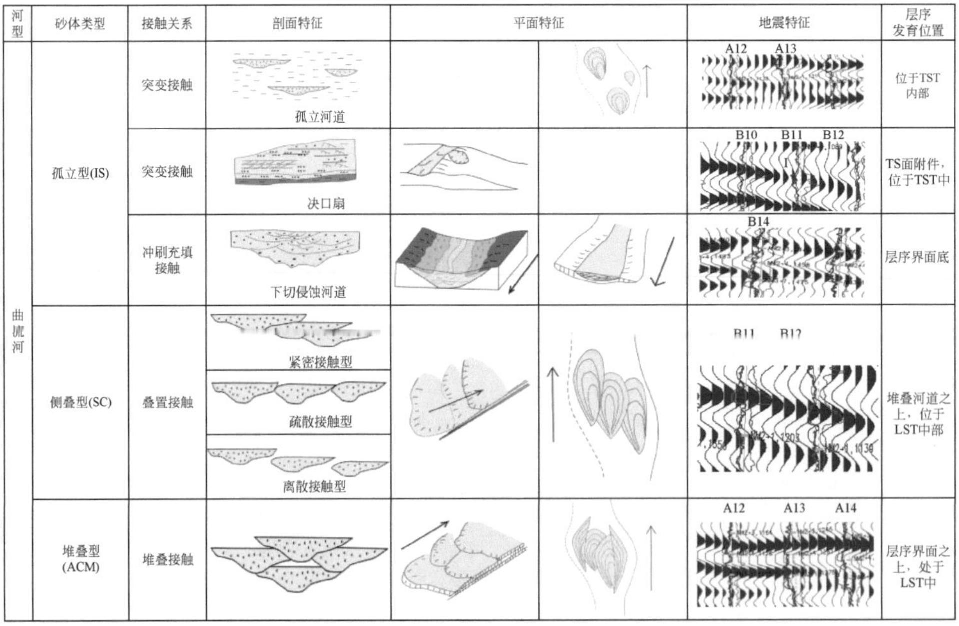

图 3.1 复合砂体构型分类（据陈飞等，2015）

TST 为海进体系域；LST 为低水位体系域；TS 为体系域

　　在岩心上，不同构型样式的砂体由单期河道垂向和侧向叠置而成，单期河道垂向上具有粒度向上变细、沉积构造规模向上变小的典型正韵律特征，厚度一般大于 2m。横向上河道砂体迁移，侧向上河道叠置内部发育不同冲刷界面，河道呈堆叠或侧叠样式。底部为冲刷面，冲刷面之上见泥砾沉积，向上由细砂岩变为粉砂岩至纯泥岩，表现为明显的二元结构；下部具槽状和板状交错层理、平行层理、爬升层理、波纹层理；顶部为水平层理的泥岩（图 3.2）。自然电位测井曲线以钟形为主，也有箱形、钟形–箱形组合型，自然伽马曲线呈低值，深浅双侧向曲线幅度差大。

(a) 堆叠砂体，中砂岩，NmⅣ-1，
1476.4m，Q油田

(b) 堆叠砂体，中细砂岩，
NmⅢ，1690.5m，B油田

(c) 侧叠砂体，砂–泥岩，
NmⅣ-1，1475.5m，Q油田

(d) 孤立河道砂体，粉细砂岩，
NmⅣ，1703.28 m，B油田

图 3.2　渤海油田复合砂体构型单元岩心特征

1) 堆叠型特征

　　多期河道砂体在侧向和垂向上彼此切割、叠置，呈现"多层楼"的形态。整体呈河道复合体，河道砂体以中粗砂岩为主，内部发育槽状交错层理、楔状交错层理和平行层理。不同期次、不同级次砂体相互叠置，内部发育各种形式的冲蚀–充填界面，局部夹有泥质夹层。河道频繁迁移摆动，砂体垂向厚度较大，横向延伸较远。测井曲线为箱形、箱形–钟形；地震上呈现强振幅，连续性较好，波形表现为拉伸变形（图3.3）。

2）侧叠型特征

河道规模变大、弯曲度增大，河道呈大规模冲刷充填结构，砂体呈透镜状、板状，以侧向迁移增生为主，底界面为河道侵蚀面。河道横向环流能力变大，横向迁移摆动能力较强，砂体横向延伸较大，形成连片状河道砂体，剖面上呈侧向叠置分布。侧向连通性较好，河道砂体依次相互搭接，砂体横向规模变化大，反映了河道横向迁移能量强。地震剖面上反射同相轴相连，但是波形有所变化，电阻率测井上可以看出有明显上下分布特征，形成钟状尖峰型高阻。

依据侧向迁移的分布状态和连通关系又分为以下3种类型。

（1）紧密接触侧叠型砂体，此时可容纳空间相比其他亚类小，河道规模变化较小，砂体侧向连通性较好，河道砂体依次相互切割。砂体呈侧向切叠式，表明了在相对小的可容纳空间下砂体的强烈侧向迁移（图3.4）。

（2）疏散接触侧叠型砂体，可容纳空间相对增加，河道横向环流能力变小，河道坡度变小，更加接近下游，侧向迁移能力变弱，砂体与砂体之间有泥质隔夹层存在。河道砂体平面上呈宽条带状分布，侧向连通性变差（图3.5）。

（3）离散接触侧叠型砂体，随着相对湖平面继续上升，可容纳空间变大，A/S接近1，曲流河由加积逐渐转变为退积。河道流量变小，更加趋于下游分布，河道砂体彼此相对孤立，连通性变差，形成迷宫状砂体结构（图3.6）。

3）孤立型特征

随着基准面的不断上升，A/S增大，河道趋于下游，坡度变得更加平缓。河道规模变小，砂体规模变小，泛滥平原泥岩沉积增加，河道砂体呈孤立式分布。砂体彼此孤立，地层表现为弱退积–加积特征，测井曲线以钟形为特点，地震剖面上出现以弱反射为背景的不连续强振幅反射。

依据沉积特征又分为以下两种类型。

（1）下切侵蚀河道。河道下切侵蚀能力变强，河道流量增大。剖面上下切河谷充填的砂体具有冲刷充填结构。这种河道充填砂体在下切侵蚀河谷内频繁摆动迁移，填充粗粒物质，形成孤立河道砂体结构类型，构成各类储集砂体和岩性圈闭。渤海海域秦皇岛32-6油田明化镇组在1340m的下切河谷内至少有3期河道填充，充填河道从H4井向H5井方向迁移。下切侵蚀河道垂向厚度变化较大，在H2井下切侵蚀厚度为4.6m，在H4井下切侵蚀厚度变化为17.8m，下切侵蚀最厚处位于H10井附近，厚度达到36m左右，宽度达到3500m左右（图3.7）。

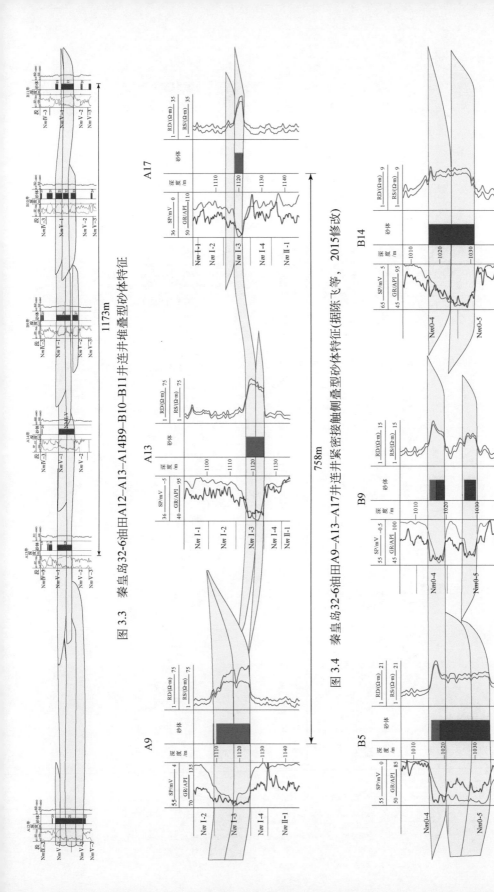

图 3.3　秦皇岛 32-6 油田 A12–A13–A14B9–B10–B11 井连井堆叠型砂体特征

图 3.4　秦皇岛 32-6 油田 A9–A13–A17 井连井紧密接触侧叠型砂体特征(据陈飞等，2015修改)

图 3.5　秦皇岛 32-6 油田 B5–B9–B14 井连井疏散接触侧叠型砂体特征(据陈飞等，2015修改)

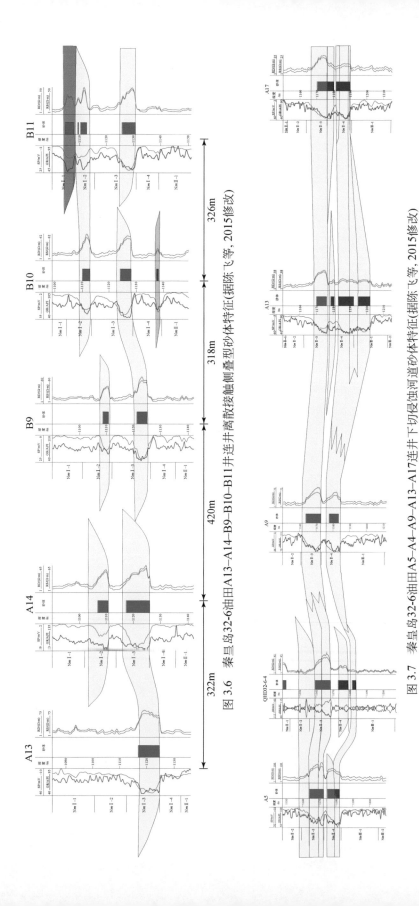

图 3.6　秦皇岛32-6油田A13–A14–B9–B10–B11井连井离散接触侧叠型砂体特征(据陈飞等, 2015修改)

图 3.7　秦皇岛32-6油田A5–A4–A9–A13–A17连井下切侵蚀河道砂体特征(据陈飞等, 2015修改)

（2）孤立河道和决口扇。可容纳空间达到较大范围，曲流河流量变小，河道弯曲度增大，宽深比较大，河道呈孤立状，厚度变薄，延伸变小。河道砂体粒度向上变细，分选性变好，形成分布广泛的孤立河道砂体，有时还伴有决口扇出现。孤立型砂体往往存在于河道发育程度不高，水动力较弱的沉积环境，且砂体厚度、规模一般较小。

3.2　复合点坝级次构型样式的分类

曲流河蜿蜒曲折，是陆地表面最为重要的河型之一，其平面演化与其他河型相比更复杂。复合点坝是曲流河沉积作用的重要产物，不同复合点坝既有大相径庭的轮廓形态，又有复杂多变的内部结构。对曲流河复合点坝进行系统分类和定量化描述，具有重要意义，且可以在不同的曲流河系统中进行对比，这项工作具有较高难度和较强的挑战性。笔者通过对大量复合点坝的卫星遥感照片、现代沉积描述和测量，发现复合点坝主要有对称型、非对称型、长条型、闭合型、马蹄型、半圆型、耳型、弯月型、弯弓型等类型。为了使分类更具定量化意义，提出了一个新的参数——似圆值（QR）来量化和分类复合点坝形态。同时统计复合点坝的长宽比数据。将复合点坝的似圆值和长宽比投点到二维坐标系，根据数据所处的区间范围对复合点坝进行分类。这一分类方法建立了复合点坝定量参数和成因之间的关系，体现了复合点坝的形成过程。同时也进一步展示了复合点坝形态与侧积体类型的关系。基于该分类原理，选取了全球 13 条不同环境下的典型曲流河中 260 个复合点坝进行分析，最终将复合点坝划分为 4 组类型，分别是敞开非对称型、棱角型、闭合型和敞开对称型。4 类复合点坝的参数在坐标上呈离散分布。在此基础上，将 4 类复合点坝进一步细分为 25 个亚类。

复合点坝分类分案的数据来源于 13 条典型曲流河段，具体包括奥克泰迪河（巴布亚新几内亚）、塞内加尔河（塞内加尔）、墨累河（澳大利亚）、勒拿河（俄罗斯）、科尔维尔河（美国）、卡斯科奎姆河（美国）、密西西比河（美国）、普鲁斯河（巴西）、额尔齐斯河（俄罗斯）、科雷马河（俄罗斯）、布拉索斯河（美国）、林波波河（莫桑比克）、阿巴拉契科拉河（美国）。每条曲流河选取了 20 个复合点坝进行定量化参数统计。关于 13 条典型曲流河的详细介绍见第 4 章相关内容。该分类方案在全球曲流河研究中具有通用性、可对比性、可重复性，并使曲流河复合点坝成为可定量、可视化的模式类型。由此产生的复合点坝成因演化图版可用于解释曲流河在不同控制因素下如何演化，并且可用于分析地下复合点坝储层的构型表征。

3.2.1　前人关于点坝的分类研究

　　分类是沉积地质学研究的重要工作。关于点坝的分类，21 世纪之前学者主要从岩性角度去考虑，研究对象主要是河道带级次，单独针对点坝级次的分类资料极少。例如，Miall（1985）对曲流河沉积模式进行总结，提出了 5 种类型的曲流河发育模式，分别是砾石质曲流河、砂砾质曲流河、砂质曲流河、间歇性流水的砂质曲流河和泥质、细粒沉积载荷曲流河。近年，Guneralp 等（2012）提出了一些新的曲流河形态恢复和解剖方法，另外一些研究也开始从传统的沉积学转移到曲流河的迁移规律和形态演化中（Hickin，1974；Brice，1974；Hook et al.，1984；Hooke，2003；Gutierrez and Abad，2014），其中用到的方法主要是过程学分析和数值模拟分析（Frascati and Lanzoni，2009；Kasvi et al.，2015）。这种以迁移演化模式为思路的分类方法反映了曲流河的成因，建立了曲流河、点坝与侧积体三者之间的关系，相比岩性分类方案更有益于储层构型研究，因此成为目前曲流河分类研究的主流方向。本节梳理了曲流河迁移演化模式分类研究的历年文献，在此基础上建立了一套新的点坝分类方案。

　　迁移演化模式分类最早由 Brice 于 1974 年将点坝形态分为 16 种类型，这种分类的原理是：随着曲流河演化，弯曲度不断增大，直至截弯取直。之后，这种分类方案得到进一步发展，特别是 21 世纪后，以扩张型、传递型和旋转型为基础进行组合的迁移演化分类方案屡见文献资料（Allen et al.，1983；Bridge，2003；Ielpi and Ghinassi，2014）。然而，这一分类方案一般从点坝的形态进行分析，缺乏定量化数据。同时，多数点坝由于多期叠置复合，形态极为复杂，难以分析研究，因此需要将这种分类方案更加细化（图 3.8）。

　　本节从迁移演化模式这一思路入手，首先描述复合点坝的多种几何参数，根据这些参数将复合点坝和侧积体进行分类，建立一套新的分类方案。这套分类不仅能够反映所有复合点坝的不同特征，而且能够解释复合点坝的成因演化意义，进一步可以指导复合点坝储层的分析和表征，具有创新性、实用性和广泛性。

3.2.2　描述曲流河的相关术语

　　曲流河道可以看成是复合点坝的包络线，它的形态与复合点坝的形态具有一致性。目前，文献内对于描述曲流河的相关术语不统一，多数研究者根据自己的习惯使用术语，有时甚至会造成误读。因此，在对复合点坝进行分类之前，需要对易误用的相关术语进行统一说明，对于已有明确含义的术语则不再赘述。

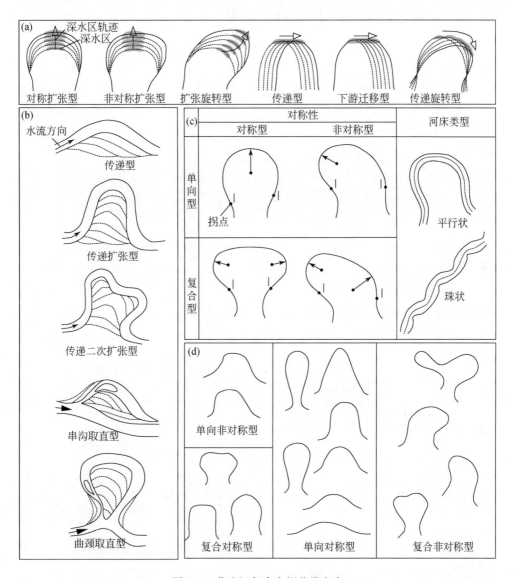

图 3.8　曲流河复合点坝分类方案

（a）据 Ielpi and Ghinassi, 2014；（b）据 Bridge, 2003；（c）据 Allen et al., 1983；（d）据 Brice, 1974

1. 深潭区

深潭区（pool）是指下沉水流的聚敛带，是曲流环中水体最深的区域，由下沉水流掏蚀作用形成，其与曲流环的顶点毗邻。一般深潭区是河床中水体最深的部位，且遭受侵蚀的程度也最深。一般自然界中的曲流河，深潭区与深潭区的间距大约 5 倍单一活动水道的宽度（图 3.9、图 3.10）。

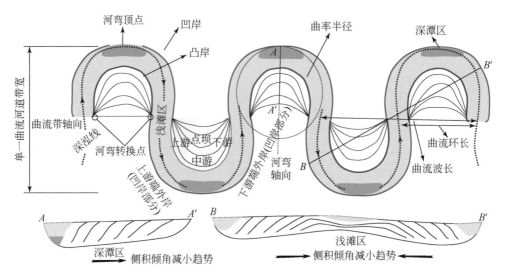

图 3.9　单一曲流带平面形态的基本概念和术语（据 Ielpi and Ghinassi，2014 修改）

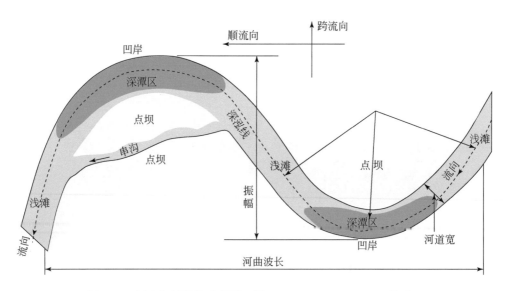

图 3.10　河床解剖结构示意图（据 Ielpi and Ghinassi，2014 修改）

2. 浅滩区

浅滩区（riffle）位于曲流环相对平直段，是水流方向调整转换地带，在此区域，单向横向环形水流流向曲流浅滩区而逐渐分化为两支非对称的异向单向环流。上游段的浅滩内岸一侧单向环形水流弱于浅滩外岸一侧的单向环流，当跨过深潭区后，水流分布规律反转。单向平行水流继续前行，下蚀能力最弱，水流载荷能力降低，粗碎屑难以继续搬运而滞留，缺乏侧向掏蚀碎屑物质的供给，导致该处砂体沉积累积厚度较薄。层理结构多以波状或小型交错层理为主，一般浅滩区为河床中水体最前的部分，该部位常发育粗粒沉积。与深潭区类似，浅滩区与浅滩区的间距大约 5 倍单一活动水道的宽度（图 3.9、图 3.10）。

3. 河弯转换点和河弯顶点

河弯转换点是指曲流带中轴线与曲流环交切位置，与曲流带中轴线重合，大致位于浅滩区中心。通过河弯转换点后，曲流带中轴线的曲率由凹转凸，或反之。河弯顶点是曲流带方向发生转换的临界点，一般位于深潭区中心，也是复合点坝的顶点位置，是河床中水流方向转换的临界位置（图 3.9）。

4. 上游坝和下游坝

根据河弯顶点，将曲流段对应的复合点坝分为上游坝和下游坝（图 3.9）。

3.2.3 描述复合点坝的参数

根据文献调研，针对曲流河地质学和地貌学的研究，都会将其简化为抽象的几何形状，用以描述曲流河特征并分析演化历史（Leopold and Wolman，1966；Chitale，1973；Ferguson，1975；Sylvester et al.，2019）。通过简化抽象后，就可以用几何参数定量化描述曲流河和复合点坝，特别是可以直接用计算机数值模拟，系统复原曲流河的沉积演化过程（Hooke，1977；Geleynse et al.，2011）。曲流河河道可以看成是复合点坝的二维轮廓形态。总体看来，曲流河的几何形态类似于正弦曲线（Andrle，1994）或半圆弧，用于描述其特征的几何参数包括弯曲度、曲率半径等，复合点坝类似于半圆面，用于描述其特征的几何参数包括对称性、长度、宽度、长宽比、周长、面积等。为了更好地利用定量化参数分析复合点坝的特征，本节定义了似圆值（QR）的概念。

1. 曲流河的弯曲度、曲流波长和曲率半径

弯曲度和曲率半径是最广泛使用的评定曲流河地貌形态特征的可量化参数，曲流波长一般出现于计算曲率半径的经验公式中，较少使用。

弯曲度是指某河段的河道长度与河谷长度的比值，弯曲度可以判断曲流河的类型。1.5 是临界值，等于或小于 1.5 为低弯度河，大于 1.5 为高弯度河

［图 3.11（b）］。

　　曲流波长为同向水流浅滩区的间距，也可以理解为点坝的宽度（平行曲流带方向）。如图 3.11 所示，相当于沿着曲流带长轴方向的点坝宽度。一般发育成熟的曲流河，其曲流波长大于 10 倍的单一曲流带宽度［图 3.11（c）］。

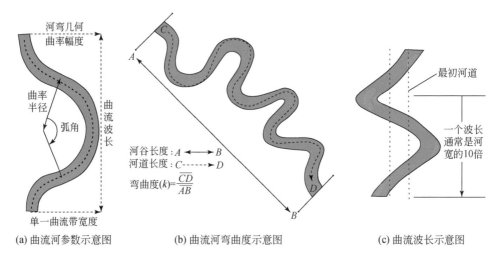

(a) 曲流河参数示意图　　　　　(b) 曲流河弯曲度示意图　　　　　(c) 曲流波长示意图

图 3.11　曲流河参数、曲流河弯曲度、曲流波长示意图

　　曲率半径主要用来描述曲线上某处曲线河弯变化的程度，圆形半径越大，弯曲程度就越小，也就越近似于一条直线。曲率半径与曲流河的加积迁移有关（Hudson and Kesel，2000），可以用于估算曲流河的满岸宽度和深度（Williams，1986；Bhattacharyya et al.，2015）。Leopold 和 Wolman（1966）将曲率半径定义为曲流段两端连线的中心点到河道段中心的距离。如果曲流段不对称，定位河道段中心点的位置就很困难，因此 Nanson 和 Hickin（1983）对此方法进行了改进，在曲流段两个拐点之间对多个点进行测量，最后求出平均值。如果曲流段出现多个拐点，该方法也较难应用。Williams（1986）采用经验公式计算曲流段的曲率半径，该公式需要测量曲流段的弯曲度和波长。Williams（1986）认为经验公式只能较好地应用于较规则的曲流带形状，但是多数曲流河形状并不规则，形态复杂，使用该方法效果不好。因此将曲率半径作为描述曲流河的定量参数具有实际的测量困难［图 3.11（a）］。

　　2. 复合点坝的对称性

　　对称性可以在一定程度上反映复合点坝的演化阶段、内部的储层结构和非均质性，是研究复合点坝的定量几何参数之一。研究者多通过歪斜度定量分析复合点坝的对称性（Parker et al.，1983；Posner and Duan，2012）。根据统计，一般情况下曲流河上游段复合点坝的对称性较差，但下游也会出现较大的不对称性（Gilvear and Bradley，2000；Seminara，2001；Zolezzi and Seminara，2001；Seminara，2006；Perucca et al.，2007；Xu et al.，2011）。严格来说，没有绝对对称的复合点坝，同时复合点坝在演化过程中变化迅速，所以对称性采用相对标准去评价。为了量化复合点坝的对称性，可以将对应的曲流段分为上游段和下游段两部分。Parker 等（1983）通过河弯转换点和河弯顶点定义上游段和下游段，认为河道中的浅滩对应于曲流河的河弯转换点，深潭区对应于曲流河的河弯顶点，河弯转换点是曲流段的起点和终点，河弯顶点是上游段和下游段的分界点，但有时不一定完全对应。此外，曲流河多期改道叠置，会形成多个浅滩-深潭区序列，这都会使识别上下游段十分困难。本节定义的一个新的参数——似圆值（QR），可指导复合点坝对称性研究。

3. 复合点坝的长度、宽度与长宽比

长度 L、宽度 W 是复合点坝最重要也最易于测量的几何参数。为了明确定义，首先建立曲流河中心线（aL）的概念。河道中心线指活动河道的中点连线，在中心线上，可以找到复合点坝宽度的起点和终点。如果中心线在上游和下游的切线为同一直线，中心线上的切点则为复合点坝宽度（W）的起点和终点，两点之间的距离为复合点坝的宽度 [图 3.12（a）、（b）]。需要注意的是，复合点坝大部分情况下都是多期点坝互相叠置，可以将曲流河中心线分解为多段，形成多条切线测量点坝的宽度 [图 3.12（c）]。

曲流波长有时在数值上等于复合点坝的宽度。但是需要注意，并不是所有复合点坝的宽度都可以用曲流波长代替。曲流波长表示河弯顶点之间的连线，仅形态规则的单点坝宽度可以用曲流波长代替，复杂的多期复合点坝宽度则没有对应的曲流波长可以代替。采用切线法得到的宽度不受复合点坝形态的限制，可以应用于任一复合点坝的形态，并且不同研究人员对同一点坝多次测量后，结果具有一致性，不会因为人为观测原因产生错误结果，具有可重复性。

复合点坝内的侧积体反映了早期河道的位置，将侧积体对应的早期河道的河弯顶点定义为生长点（GP）。生长点一般对应于侧积体最宽的部位，或者是单一侧积体离复合点坝宽度连线最远的点，这个位置不一定与最大曲率的位置一致。对于有植被覆盖的复合点坝，生长点的植被密度通常小于复合点坝其他位置。如果单一侧积体上有多个生长点，可以取它们在侧积体上的中点代替。生长点可以认为是曲流段上游段和下游段的分界点。复合点坝的长度定义为复合点坝内部各侧积体生长点的轨迹连线，亦可以理解为河道演化时深潭区的连线，这条连线是

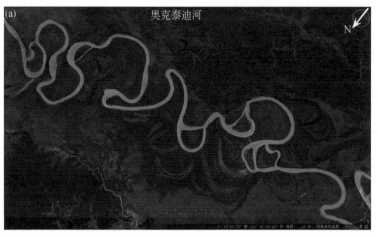

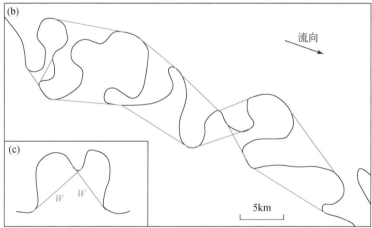

图 3.12　奥克泰迪河（巴布亚新几内亚）卫星照片（a）及复合点坝宽度定义（b）（c）

直线或曲线（图 3.13）。如果侧积体被破坏残缺，应尽可能根据残缺的部分追踪出侧积体生长点，使复合点坝长度连线首尾终结于宽度连线和河弯顶点。

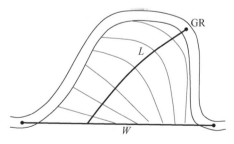

图 3.13　复合点坝宽度、长度示意图

以上严格定义了复合点坝的长度和宽度，长度与宽度的比值称为长宽比（$L:W$）。长宽比可以反映复合点坝的抽象形状，是定量划分复合点坝类型的理想参数。

4. 复合点坝的似圆值

笔者在对复合点坝形态规模统计时，发现复合点坝虽然形态各异，但是总体上是以半圆弧为基本形态进行拉伸扭转。有的复合点坝呈较标准的圆弧形态；如果侧向迁移率很高，则呈现拉长的椭圆形态；如果扭转度很高，则呈现不对称倒转的豆荚状；如果河道即将被截弯取直，则呈现闭合形态；在一些特殊限制型地形条件下，复合点坝可能具有棱角。不同的形态反映了复合点坝形成时具有不同的水动力成因、地貌条件等因素，复合点坝内部往往具有不同的非均质性。因此，笔者产生了研究复合点坝与标准圆弧相似程度的思路，以探讨复合点坝的科学分类。

1）似圆值的定义和计算方法

顾名思义，似圆值是指图形与标准圆形的相似程度。一个标准圆形，其面积和周长都与半径有确定的关系，即 $L=2\pi r$，$S=\pi r^2$（r 为圆形半径，L 为圆形周长，S 为圆形面积），所以周长与面积也有确定的关系，即 $L^2=4\pi S$。对于一个标准圆形，$4\pi S/L^2=1$。由于在同等周长下，圆形是面积最大的图形，所以其他图形的 $4\pi S/L^2<1$，且该图形越偏离标准的圆形，该值越小。我们将一个图形 $4\pi S/L^2$ 定义为该图形的似圆值，用 QR 表示似圆值，表达式为

$$QR=4\pi S/L^2$$

2）一些常见图形的似圆值

似圆值是本次复合点坝分类新定义的一个参数，反映了图形与圆形的相似程度。一个标准圆形的似圆值为 1，其他图形的似圆值均小于 1，与圆形偏离程度越大似圆值越小。为了对似圆值这个参数有基本的了解，在对复合点坝样本计算统计似圆值前，首先计算了一些典型基本图形的似圆值（图 3.14）。

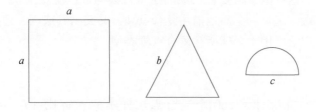

图 3.14　一些典型基本图形的似圆值求取示意图

a. 正方形

假设正方形边长为 a ，其面积 $S=a^2$ ，周长 $L=4a$ ，似圆值为

$$QR = 4\pi S/L^2 = 4\pi a^2/(4a)^2 \approx 0.79$$

b. 等边三角形

假设等边三角形边长为 b ，其面积 $S=\sqrt{3b}^2/4$ ，周长 $L=3b$ ，似圆值为

$$QR = 4\pi S/L^2 = 4\pi(\sqrt{3b}^2/4)/(3b)^2 \approx 0.60$$

c. 半圆形

假设半圆形半径为 c ，其面积 $S=\pi c^2/2$ ，周长 $L=(\pi+2)c$ ，似圆值为

$$QR = 4\pi S/L^2 = 4\pi(\pi c^2/2)/[(\pi+2)c]^2 \approx 0.75$$

根据计算，三种图形中，正方形似圆值最大，为 0.79，与圆形最相似；半圆形似圆值居中，为 0.75；等边三角形似圆值最小，为 0.60，与圆形偏离度最高（表 3.1）。

表 3.1　一些典型图形的似圆值

图形	似圆值
正方形	0.79
等边三角形	0.60
半圆形	0.75

3.2.4　复合点坝构型样式的分类

分类是地质学研究的重要方法，通过地质体的不同属性进行分类，可以有效地找寻其规律性。本次研究充分调研了前人关于点坝的分类。在此基础上，选取了 13 条典型曲流段 260 个复合点坝样本进行分析统计，选取了合适的参数，将样本点的统计参数投点在平面坐标图上。依据样本点分布特征，将复合点坝构型样式分为 4 类，25 小类。该分类综合考虑了复合点坝的规模、开口程度、对称性、似圆值等，这些因素与复合点坝的定量规模与成因类型有关。根据该分类，可以直观、客观、定量、全面地描述复合点坝，并突出其成因，建立起其演化历史，该分类可广泛应用于全球所有复合点坝类型。

1. 分类依据

本次分类研究统计了 260 个复合点坝样本的长宽比（$L:W$）与似圆值（QR）。以长宽比（$L:W$）为横坐标（对数坐标），似圆值（QR）为纵坐标，将 260 个复合点坝样本点绘制于平面坐标图上。观察样本点主要有 4 个密集区：

①中 QR 密集区 (0.4<QR<0.7，0.4<$L:W$<0.7)；②低 $L:W$ 密集区 (0.3<QR< 0.6，0.3<$L:W$<0.4)；③高 $L:W$ 密集区 (0.5<QR<0.8，0.7<$L:W$<1.7)； ④高 QR 密集区 (0.8<QR<1，0.3<$L:W$<0.7)。以这 4 个样本点密集区为基础，考虑其他样本点的分布情况，并参考复合点坝的实际特征，大致将样本点分为 4 个区域，形成包络线，即将复合点坝分为 4 类。这 4 类复合点坝是敞开非对称型复合点坝（M1 型复合点坝）、棱角型复合点坝（M2 型复合点坝）、闭合型复合点坝（M3 型复合点坝）、敞开对称型复合点坝（M4 型复合点坝）。M1 型复合点坝包络线呈现中 $L:W$ 中 QR；M2 型复合点坝包络线呈现较低 $L:W$ 较低 QR 或中 $L:W$ 中 QR；M3 复合点坝包络线呈现高 $L:W$ 高 QR 或高 $L:W$ 中低 QR；M4 型复合点坝包络线呈现低 $L:W$ 低 QR 或中 $L:W$ 高 QR（图 3.15）。

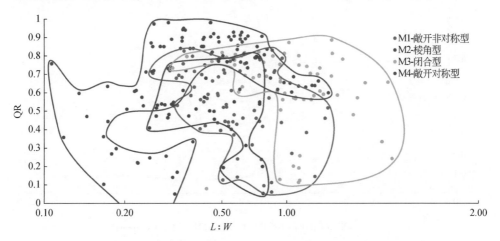

图 3.15 复合点坝长宽比（$L:W$）、似圆值（QR）散点分布

每类复合点坝仍然具有多种形态特征，因此进一步划分了 25 个亚类。亚类的划分依据主要包括：①进一步定量细化长宽比，特别是 M1、M2、M3 型复合点坝长宽比多有重叠；②顶点的圆滑程度，分为圆缓状、扁平状和尖角状等；③两翼的对称程度，如两翼平行或一翼垂直一翼弯曲；④坝尾开口的敞开程度，主要针对 M3 型复合点坝；⑤其他一些特殊形态，如倒转。

根据以上划分依据，将 M1 型复合点坝分为 9 个亚类，M2 型复合点坝分为 4 个亚类，M3 型复合点坝分为 7 个亚类，M4 型复合点坝分为 5 个亚类，以小写字母后缀进行标示。将每类复合点坝样本单独投点于坐标平面，根据亚类划分将样本点按不同颜色标示，形成不同亚类的包络线。各类复合点坝样本分类特征详述如下。

（1）M1 型复合点坝：M1 型复合点坝样本点多，不同亚类的样本点分布复杂，重叠区域多。M1a 型复合点坝仅有 2 个样本点，$L:W$ 趋近于 1；M1b 型复合点坝样本点分布呈扁三角状，$L:W$ 范围为 0.45 ~ 0.60，QR 范围为 0.40 ~ 0.45；M1c 型复合点坝样本点分布呈长条状，$L:W$ 范围为 0.28 ~ 0.56，QR 约为 0.70；M1d 型复合点坝样本点分布呈斜三角状，$L:W$ 范围为 0.48 ~ 0.68，QR 范围为 0.55 ~ 0.75；M1e 型复合点坝样本点分布呈伞状，$L:W$ 范围为 0.80 ~ 1.52，QR 范围为 0.06 ~ 0.78；M1f 型复合点坝样本点分布呈扇状，$L:W$ 范围为 0.53 ~ 0.60，QR 范围为 0.40 ~ 0.77；M1g 型复合点坝样本点分布呈三角状，$L:W$ 范围为 0.35 ~ 0.52，QR 范围为 0.53 ~ 0.82；M1h 型复合点坝样本点分布呈印章状，$L:W$ 范围为 0.60 ~ 0.75，QR 范围为 0.31 ~ 0.50；M1i 型复合点坝样本点分布呈箭矢状，$L:W$ 范围为 0.55 ~ 1.34，QR 范围为 0.10 ~ 0.72（图 3.16）。

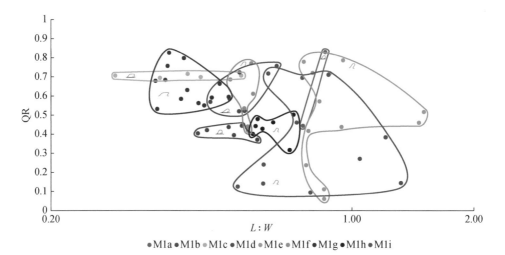

●M1a ●M1b ●M1c ●M1d ●M1e ●M1f ●M1g ●M1h ●M1i

图 3.16　M1 型复合点坝长宽比（$L:W$）、似圆值（QR）散点分布

（2）M2 型复合点坝：M2 型复合点坝样本点少，分布相对离散，亚类中 M2c 型复合点坝与 M2d 型复合点坝重叠区域大。M2a 型复合点坝样本点分布呈帆状，$L:W$ 范围为 0.55 ~ 0.82，QR 范围为 0.05 ~ 0.80；M2b 型复合点坝仅有 3 个样本点坝，$L:W$ 约为 0.50，QR 约为 0.70；M2c 型复合点坝样本点分布呈长条状，$L:W$ 范围为 0.27 ~ 0.51，QR 约为 0.47；M2d 型复合点坝样本点分布呈口哨状，$L:W$ 范围为 0.30 ~ 0.49，QR 范围为 0.46 ~ 0.74（图 3.17）。

（3）M3 型复合点坝：M3 型复合点坝样本点多，但亚类重叠区域并不大，亚类样本点分布以长条状为主。M3a 型复合点坝样本点分布呈倒三角状，$L:W$ 范围为 1.05 ~ 1.59，QR 范围为 0.70 ~ 0.88；M3b 型复合点坝样本点分布呈长条状，$L:W$ 范围为 0.34 ~ 0.90，QR 约为 0.80；M3c 型复合点坝样本点分布呈长条状，$L:W$ 范围为 0.50 ~ 1.00，QR 约为 0.80；M3d 型复合点坝样本点分布呈

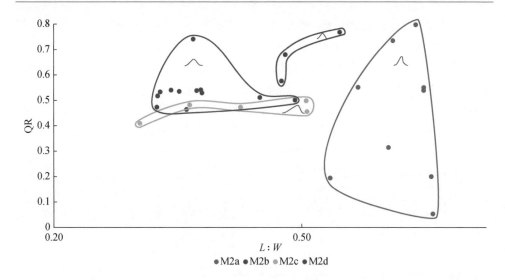

图 3.17　M2 型复合点坝长宽比（$L:W$）、似圆值（QR）散点分布

长凳状，$L:W$ 范围为 0.62 ~ 1.57，QR 范围为 0.60 ~ 0.75；M3e 型复合点坝样本点分布呈长条状，$L:W$ 范围为 0.65 ~ 1.67，QR 约为 0.57；M3f 型复合点坝样本点分布呈箱状，$L:W$ 范围为 0.96 ~ 1.28，QR 范围为 0.11 ~ 0.80；M3g 型复合点坝样本点分布呈礼帽状，$L:W$ 范围为 1.75 ~ 2.81，QR 范围为 0.24 ~ 0.78（图 3.18）。

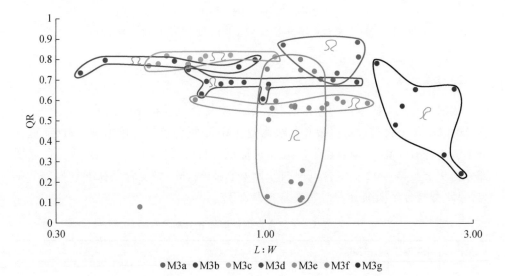

图 3.18　M3 型复合点坝长宽比（$L:W$）、似圆值（QR）散点分布

（4）M4 型复合点坝：M4 型复合点坝样本点多，但亚类样本点分布区域规律性强，重叠区域小，仅 M4b 型复合点坝与 M4c 型复合点坝重叠。M4a 型复合点坝样本点分布呈平行四边形状，$L:W$ 范围为 0.87 ~ 1.52，QR 范围为 0.60 ~ 0.68；M4b 型复合点坝仅有 4 个样本点，$L:W$ 范围为 0.64 ~ 0.90，QR 约为 0.80；M4c 型复合点坝样本点分布呈倒三角状，$L:W$ 范围为 0.54 ~ 0.83，QR 范围为 0.62 ~ 0.93；M4d 型复合点坝样本点分布呈椭圆状，$L:W$ 范围为 0.28 ~ 0.56，QR 范围为 0.38 ~ 0.98；M4e 型复合点坝样本点分布呈椭圆状，$L:W$ 范围为 0.11 ~ 0.42，QR 范围为 0.05 ~ 0.76（图 3.19）。

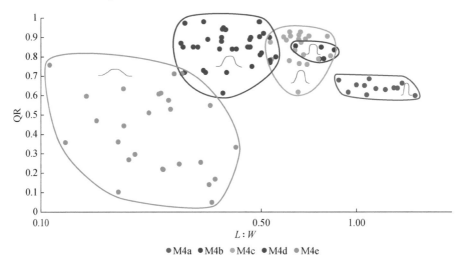

图 3.19　M4 型复合点坝长宽比（$L:W$）、似圆值（QR）散点分布

2. 分类结果

依据复合点坝样本点的分布情况，最终将复合点坝构型样式分为 4 个大类、25 个亚类。4 个大类包括：敞开非对称型（M1）复合点坝、棱角型（M2）复合点坝、闭合型（M3）复合点坝、敞开对称型（M4）复合点坝。M1 型复合点坝细分为 9 个亚类，M2 型复合点坝细分为 4 个亚类，M3 型复合点坝细分为 7 个亚类，M4 型复合点坝细分为 5 个亚类（表 3.2）。

表 3.2　复合点坝构型样式分类

大类样式	亚类编号	样式	典型特征	长宽比（$L:W$）
敞开非对称型（M1）	M1a		河道两翼连线垂直于曲流带一侧	1 : 1

大类样式	亚类编号	样式	典型特征	长宽比（$L:W$）
敞开非对称型（M1）	M1b		河道两翼连线垂直于曲流带一侧	2:3
	M1c		河道两翼连线垂直于曲流带一侧，顶平直，形似箱状	1:2
	M1d		河道两翼连线垂直于曲流带一侧，顶圆弧	1:2
	M1e		曲流带一侧倒转，两侧近似平行	2:1
	M1f		曲流带一侧倒转，一侧斜度大于另一侧	1:1
	M1g		曲流带一侧倒转，横卧状	1:2
	M1h		曲流带一侧倒转，两侧近似平行	1:1
	M1i		斜倚状，顶点圆缓状	1.5:1
棱角型（M2）	M2a		顶点尖状，夹角小	1:1
	M2b		两侧对称，夹角近似90°	1:1
	M2c		非对称，有明显夹角	0.5:1
	M2d		对称，有明显夹角	0.5:1

续表

大类样式	亚类编号	样式	典型特征	长宽比（$L:W$）
闭合型 （M3）	M3a		两侧对称，顶端圆缓	2：1
	M3b		顶端圆缓，箱状	1：1
	M3c		顶端扁平，南瓜状	2：3
	M3d		非对称，顶端圆球状	2：1
	M3e		轻度非对称，顶端平直	2：1
	M3f		斜倚状，曲流带一侧平直	2：1
	M3g		曲流带一侧倒转，顶部圆状	3：1
敞开对 称型 （M4）	M4a		曲流带两侧近平行，拉长状	3：1
	M4b		曲流带两侧近平行，顶端平直	1：1
	M4c		顶部圆缓	1：1
	M4d		呈正态分布，半圆弧状	0.5：1
	M4e		扁舟状	0.25：1

敞开非对称型（M1） 复合点坝两翼呈不对称状，其中一翼与复合点坝宽度

连线夹角为 90°或钝角。根据长宽比和一翼与宽度连线夹角的不同将 M1 型复合点坝细分为 9 个亚类，具体特征见表 3.2。

棱角型（M2）复合点坝河弯顶点具有明显的夹角，这种类型的复合点坝在自然界中较少见。根据其长宽比、一翼与复合点坝宽度连线夹角大小及两翼对称性将 M2 型复合点坝分为 4 个亚类，具体特征见表 3.2。

闭合型（M3）复合点坝坝尾开口呈闭合状，曲流带两翼切线在曲流环内相交，易发生截弯取直现象。根据其长宽比、对称性、河弯顶点圆滑程度、曲流带一翼与宽度连线夹角的不同将 M3 型复合点坝细分为 7 个亚类，具体特征见表 3.2。

敞开对称型（M4）复合点坝两翼对称，且两翼与复合点坝宽度连线夹角为锐角。根据其长宽比、河弯顶点的圆滑程度将 M4 型复合点坝细分为 5 个亚类，具体特征见表 3.2。

3. 演化模式

为了重构各类型复合点坝的演化历史，笔者根据卫星遥感照片、野外考察、实验模拟等资料，建立了复合点坝成因演化图版。该演化图版详细展示了不同类型复合点坝之间的演化过程。

通过对全球大量曲流河的研究考察以及对前人文献的充分调研，笔者认为复合点坝的演化有 5 种模式：延长模式、传递模式、扩张模式、旋转模式和闭合（截弯取直）模式。复合点坝通过这 5 种模式进行转化，转化过程可以是 1 种模式，也可以是 2~3 种的复合模式。本小节先对 5 种模式进行简要介绍，然后根据 5 种模式具体解析演化图版。

（1）延长模式：延长模式是曲流河演化过程中最基本的模式，是通过增加河道弯曲度和加长流路实现的，其河弯顶点沿着曲流带垂直方向有规律地迁移。这种模式曲流环对称且侧积方向较为固定，如果把曲流河视作波，其波长保持不变，而波的振幅随时间有规律增大，上游坝和下游坝曲流环的转折端处，侧积泥岩夹层在此有规律地收敛于一点，上游坝没有明显地遭受侵蚀和切割。延长模式通常发育在水动力较弱，流量变化较平缓的河段，通常与其他模式复合。此外，延长模式一般易诱发颈项取直作用（图 3.20）。

（2）传递模式：传递模式指曲流河曲率保持不变，河弯顶点平行于曲流带长轴方向朝着下游方向迁移，即波长和振幅保持不变，相位发生平移。具体表现为晚期曲流环平行于曲流带纵轴方向有规律地迁移，上游坝被晚期的点坝侵蚀切割，下游坝被超覆叠置，发育反向坝。坝上游端侧积泥岩夹层平整剪切呈平行发散状，坝下游端侧积泥岩夹层彼此平行，转折端依次叠覆。这种模式的形成控制因素包括以下几个条件：①堤岸的抗冲蚀能力较弱；②持续稳定的强水动力；③沉积物粒度偏细；④水浅流急；⑤稳定物源的供给等（图3.20）。

（3）扩张模式：扩张模式是指河弯顶点、河弯转换点均有规律地向外移动，河道流路加长、复合点坝规模增大，但河道弯曲度变化不大。在前人文献中（Ielpi and Ghinassi, 2014），通常将扩张模式简单归入延长模式，笔者通过大量研究，认为有必要将扩张模式从延长模式中独立出来。延长模式在一般仅是单向延伸，河道迁移轨迹呈一维线性变化；而扩张模式是多向延伸，河道迁移轨迹呈二维面相扩展。扩张模式在一定程度上"拉直"了河道，减缓了曲流河截弯取直的过程（图3.20）。

（4）旋转模式：旋转模式是指河弯顶点有规律地做圆周运动。旋转模式分为顺流向旋转和逆流向旋转两种模式，顺流向旋转表现为河道向下游方向旋转迁移，逆流向旋转表现为河道向上游方向旋转迁移，这两种旋转模式会产生不同的侧积结果。顺流向旋转会造成上游坝的侧积泥岩夹层向上游方向分散，下游坝的侧积泥岩夹层收敛。上游坝遭受侵蚀切割，下游坝不断增生，但凹岸被掏蚀，形成反向坝。通常下游坝比上游坝旋转幅度大，同时也增加了下游坝河段发生颈项取直的概率。这种模式与堤岸两侧不均衡的抗冲蚀能力有关，即上游坝凹岸抗冲蚀能力强，下游坝抗冲蚀能力弱。逆流向旋转表现为曲流环在向下游生长的同时，曲流环有向上游旋转的趋势，除了发育反向坝外，上游坝的侧积泥岩夹层一次叠覆收敛，弱化了上游坝侧积泥岩夹层向上游方向发散的幅度，而下游坝的侧积泥岩夹层收敛速度因逆流向旋转而变慢，收敛距离拉长。由于逆流向旋转作用，上游坝与下游坝发育的规模极为不对称，上游坝更发育。坝的逆流生长与凹岸抗冲蚀能力不均衡有关，下游抗冲蚀能力更强，导致曲流环会旋转抗冲蚀能力的方向拓展。旋转模式是自然界中曲流河演化最常见的模式（图3.20）。

（5）闭合模式：闭合模式是指曲流环转折端在曲流河演化过程中，随着河道弯曲度的逐渐增大，上游转折端与下游转折端靠拢的过程。闭合模式会引发曲流河段截弯取直，当上游转折端与下游转折端距离突破某一临界值后，曲流环两侧的河道不再舍近求远而直接汇合，形成主河道。原来的河弯遭废弃，形成牛轭湖。闭合模式与曲流河的单向环形螺旋水流密切相关，水流在转折端凹岸处下沉，造成凹岸不断被掏蚀，曲流河向凸岸扩张，扩张结果的直接表现形式是曲流河路径加长，河道弯度增大。在有限空间内，这种增长必然是有限的增长，即曲流环两侧上下游转折端距离趋近于0时，便发生了截弯取直作用。这种截弯取直作用也可以提前，如洪水期，随着流量和流速的增大，曲流河的前驱力和惯性力必然增强，由此具备了水流冲破曲流环转折端狭窄薄弱带的条件，而直接与下游河段汇合，提前发生截弯取直作用。闭合模式有对称和非对称两种形式，非对称闭合模式上下游坝增生规模不同。

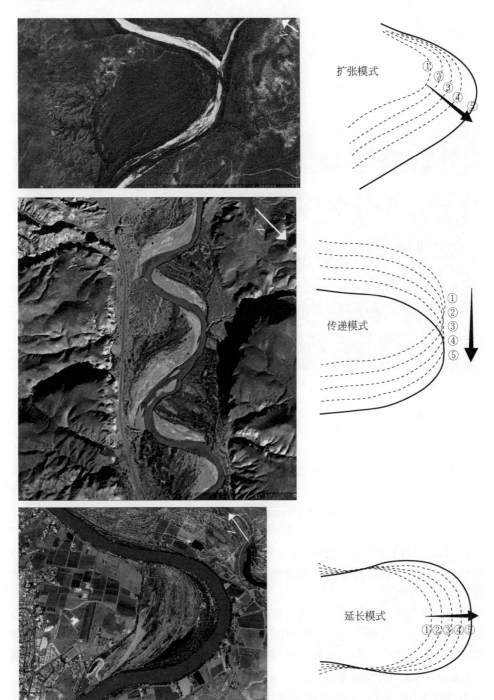

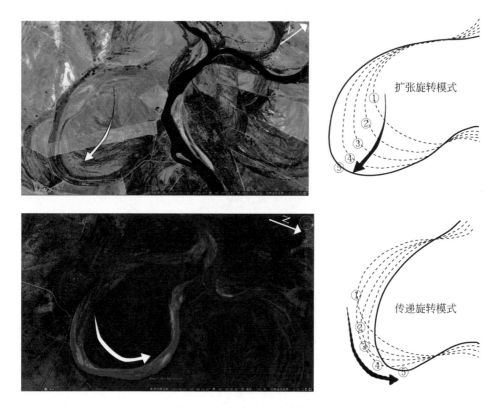

图 3.20　复合点坝演化模式

（6）复合模式：大部分情况下，曲流河演化表现为上述几种模式的复合。常见的有延长传递、延长旋转、延长扩张、扩张旋转、闭合扩张、闭合扩张旋转、闭合延长扩张、闭合延长旋转等复合类型（图 3.20）。复合模式中的单个类型与前述特征一致，不同点在于其表现为 2 种或 3 种模式同时发生，如延长传递模式表现为在沿着垂直曲流带长轴方向延长的同时，曲流环整体平行曲流带长轴方向向下游迁移，曲流波长基本保持不变，且相位顺水流平移，上游坝和下游坝侧积泥岩夹层的分布规律类似传递模式，同样上游坝被侵蚀而下游坝向下游方向增生，发育反向坝。复合模式是自然界中复合点坝发育的常态模式，相反单一模式的点坝不常见。

不同的复合点坝类型通过以上 5 种模式或复合模式进行转换，形成了复合点坝成因演化图版（图 3.21）。该图版详细展示了某种类型向另一种类型复合点坝的演化历程。往往一种类型复合点坝既是演化起始点，又是演化产物。仅作为演化起始点的复合点坝类型有 M1c、M3b、M3c、M4e，仅作为演化产物的复合点坝类型有 M1g、M3g，M2b 类型的演化历程尚不清晰，在自然界中也较少见。复合点坝成因演化图版相当于建立了复合点坝的"谱系"，通过该"谱系"，依据复合点坝的形态即可重构出演化历史，解释复合点坝的增生模式，也可以用于判断复合点坝储层内部的非均质性（见第 6 章），具有重大的理论意义和应用意义。

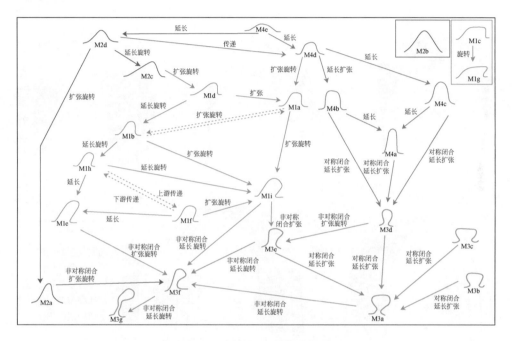

图 3.21　复合点坝演化规律图版

3.3　侧积体级次构型样式的分类

复合点坝内部由侧积体组成，侧积体反映了河道的迁移过程，正是河道的侧积作用，一定程度上造成了复合点坝储层内部的非均质性。因此，侧积体级次的构型样式和成因类型也是本次研究的重点内容之一。

3.3.1　河道迁移类型与侧积体的形成

侧积体是河道演化的遗迹产物。通常一个侧积体就是某一期河道的地质沉积记录，因此侧积体也具有河道的特征，如呈现拉长的曲线形态，同时，由于后期河道的截断，侧积体一般呈现楔形。鉴于河道改道的破坏以及保存的不完整性，侧积体的宽度很少能达到该处复合点坝的宽度。侧积体的形成与河道迁移类型具有密切关系，探讨其间的关系，有助于分析侧积体的特征、成因，建立合理的侧积体构型样式分类方案。

　　通过卫星遥感照片、河道历史演化图集和水槽实验等资料，考虑河道的迁移类型，同时考虑侧积体的组合形态和顶点位置，将侧积体初步分为 5 类，这种初步分类主要体现了河道的迁移规律对侧积体形成的影响（图 3.22）。

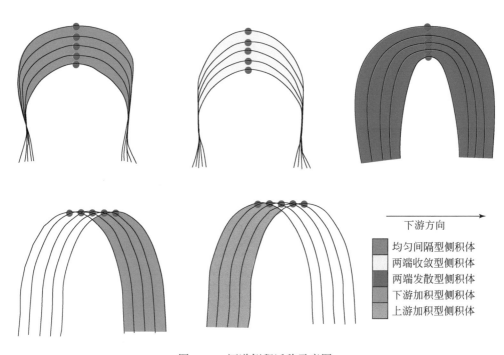

图 3.22　河道侧积迁移示意图

　　（1）均匀间隔型侧积体：侧积体的间隔宽度从河弯顶点处延伸至两翼较为均匀，最大间隔宽度与最小间隔宽度之比小于 2.5，通常此类侧积体延伸距离较远，能达到复合点坝总宽度的 2/3 以上。

　　（2）两端收敛型侧积体：侧积体顶点处的间隔宽度大，从顶点向两翼逐渐变细收敛，最大间隔宽度通常大于平均间隔宽度的 1/3，此类侧积体延伸距离较小，一般小于复合点坝总宽度的 1/2。

　　（3）两端发散型侧积体：侧积体顶点处的间隔宽度小，从顶点向两翼逐渐加宽发散，最大间隔宽度通常大于平均间隔宽度的 1/3。

　　（4）下游加积型侧积体：侧积体顶点不断向下游方向迁移，侧积体的最大间隔宽度位于复合点坝靠下游位置。

　　（5）上游加积型侧积体：侧积体顶点不断向上游方向迁移，侧积体的最大间隔宽度位于复合点坝靠上游位置。

　　本节对全球不同环境下曲流河段复合点坝卫星遥感照片进行侧积迁移规律分析和统计（研究样本参照 4.3 节）（图 3.23、图 3.24、图 3.25）。统计结果表明，两端收敛型侧积体在自然界中占比最大，约占 50%，其次是下游加积型侧积体（约占 25%）和均匀间隔型侧积体（约占 18%），两端发散型侧积体（约占 5%）和上游加积型侧积体（约占 2%）在自然界中较少见。

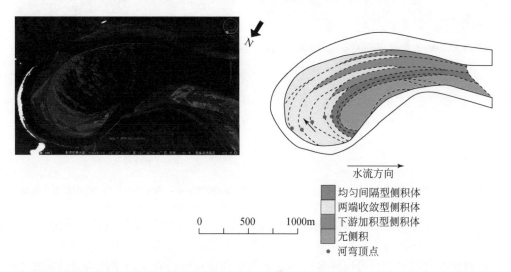

图 3.23　科尔维尔河（美国）复合点坝 6（69°53′36.35″N，151°44′54.39″W）侧积迁移解剖图

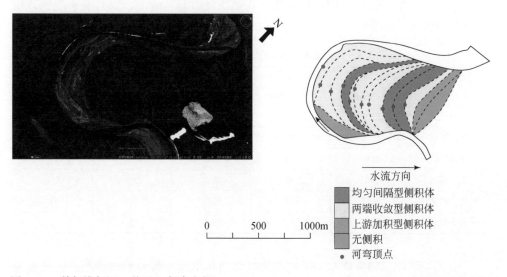

图 3.24　科尔维尔河（美国）复合点坝 5（69°53′46.86″N，151°45′36.25″W）侧积迁移解剖图

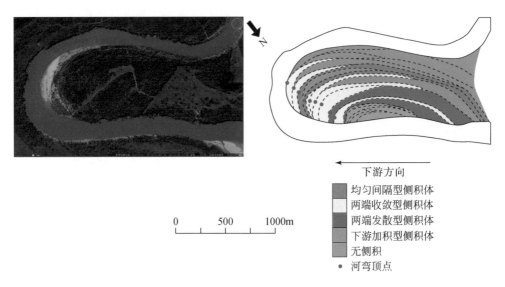

下游方向

■ 均匀间隔型侧积体
□ 两端收敛型侧积体
■ 两端发散型侧积体
■ 下游加积型侧积体
■ 无侧积
● 河弯顶点

0　　　500　　　1000m

图 3.25　布拉索斯河（美国）复合点坝 19（30°8′29.84″N，96°10′42.84″W）侧积迁移解剖图

　　笔者已将河道的迁移演化模式分为 6 种类型，分别是延长模式、传递模式、扩张模式、旋转模式、闭合模式和复合模式。这 6 种河道迁移演化模式与侧积体类型具有密切关系，可以从定性和定量两个角度进行分析。由于闭合模式和复合模式是其他 4 种模式的复合体，其形态组合多样，成因和规律较为复杂，难以定量分析，所以笔者在对 6 种迁移演化模式定性分析的基础上，仅对前 4 种模式进行定量分析（表 3.3）。

表 3.3　河道迁移演化模式中各侧积体类型的占比情况

河道迁移演化模式	均匀间隔型侧积体	两端收敛型侧积体	两端发散型侧积体	下游加积型侧积体	上游加积型侧积体
延长模式	13%	72%	4%	8%	3%
传递模式	10%	30%	0	58%	2%
扩张模式	41%	43%	9%	6%	1%
旋转模式	5%	53%	8%	25%	9%
闭合模式	较多	最多	极少	多	少
复合模式	较多	最多	较少	多	少

　　表 3.3 统计了研究样本中不同河道迁移演化类型中各侧积体类型的占比情况（研究样本参照 4.3 节）。从表 3.3 中可以看出，每种不同类型的河道迁移模式都是由不同侧积体组成的。延长模式与扩张模式属于侧向加积模式（即加积方向垂

直于曲流河流向），两端收敛型侧积体和均匀间隔型侧积体占比较高，反映了河道弯曲度不断增大的过程，不同的是扩张模式的均匀间隔型侧积体占比较高，反映了其侧向加积过程时也向两翼扩张。传递模式主要表现为向下游加积型侧积体。旋转模式均具有侧向加积和顺流加积作用，反映在两端收敛型侧积体、下游加积型侧积体均占比较高，同时上游加积型侧积体占比也明显高于其他河道迁移模式。闭合模式是 4 种模式的复合体，但是旋转模式依然为其主要特征，所以两端收敛型侧积体和下游加积型侧积体均有发育，但是闭合模式几乎不发育两端发散型侧积体。复合模式最为复杂多样，其侧积体特征总体为自然界中各侧积体类型所占比例。从侧积体类型角度分析，两端发散型侧积体和上游加积型侧积体均占比较少，一般发育于扩张模式或旋转模式中。

　　为了更具体地说明和验证以上建立的河道迁移类型与侧积体形成之间的关系，对秘鲁乌卡亚利河现代曲流河的平面演化过程进行研究。该河段演化过程中迁移率高，在较短时间内河道发生了频繁的迁移，形成了一系列废弃点坝和废弃河道。Google Earth 照片记录了 1980 年至今该段曲流河的历史演化过程。本次研究截取了该河段（9°41′36.20″S，74°6′52.74″W）1984 年、1988 年、1992 年、1996 年、2000 年、2004 年、2008 年、2012 年 8 个历史时期的河道样式，绘制了河道演化过程中侧积体遗留痕迹。演化过程中，5 种类型侧积体均有发育，并在演化过程中发生了形态变异。整个演化过程中，两端收敛型侧积体占最大比例。例如，复合点坝 D、E 在 2004 ~ 2012 年演化过程中，两端收敛型侧积体占比在90% 以上。演化后期，曲流河道向下游迁移，发育下游加积型侧积体，较为典型的是 2008 ~ 2012 年复合点坝 F 的演化过程。乌卡亚利河较为特殊的情况是两端发散型侧积体较为发育，占比远大于均匀间隔型侧积体，这是因为演化过程中复合点坝 D 内部和复合点坝 A 靠上游位置均发生了串沟取直现象，串沟取直使河道内沉积物急剧增加，河道发生了明显的扭转现象，复合点坝 E 和复合点坝 A 对应河道旋转模式发育，因此在复合点坝 E 和复合点坝 A 内可观察到两端发散型侧积体（图 3.26）。

3.3.2　侧积体构型样式的分类

　　本次研究使用 Google Earth Pro 中的卫星遥感照片评估侧积体形态和生长轨迹。卫星遥感照片显示出侧积体的迁移方向、组合样式具有较大的变异性，总体上表现为渐变和突变两种形式，反映了河道缓慢迁移现象和洪水等突发现象。侧积体迁移组合方式主要有延长、扩张、传递和旋转四种形式（Ghinassi et al.，2014），这是侧积体构型样式进一步划分的主要依据。根据卫星遥感照片的观察、素描、分析，以及对前人研究成果的总结（Nowinski et al.，2011；Strick et al.，

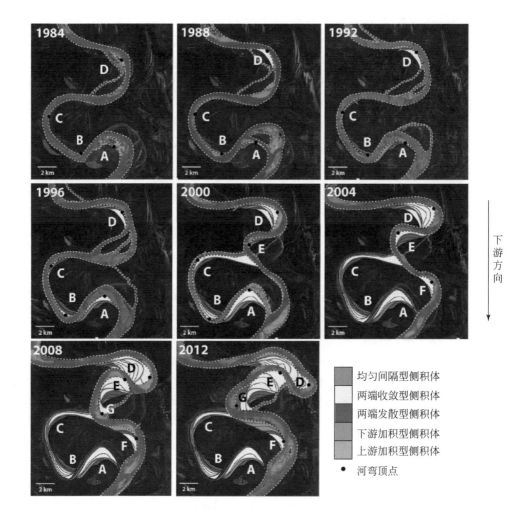

图 3.26　乌卡亚利河（9°41′36.20″S，74°6′52.74″W）
1984 ~ 2012 年河道演化过程与河道侧积迁移关系

2018；Durkin et al.，2018），最终将侧积体构型样式划分为 8 个大类，分别为延长型、延长旋转型、二次传递型、扩张型、传递型、传递变向型、复合型、残存型，每种类型进一步细分，划分为 22 种亚类模式（图 3.27，表 3.4），并对每种类型模式编号。每个侧积体构型样式的编码由两部分组成：第一个数字表示大类，第二个数字表示亚类，用小数点隔开，以分级描述多种不同侧积体构型样式。该分类方案包括了所有侧积体构型样式，并考虑了其成因机制，对侧积体复杂性的描述优于延长、扩张、传递、旋转 4 种简单成因机制。通过观察后确定侧积体样本在该分类方案中的类型，就可以进一步得出曲流带的迁移演化历史过程。

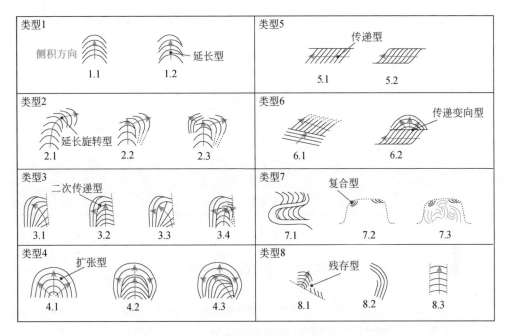

图 3.27　侧积体构型样式分类

表 3.4　侧积体构型样式分类表

大类	亚类
1 延长型	1.1 垂向延长型
	1.2 微旋延长型
2 延长旋转型	2.1 延长渐变旋转型
	2.2 延长突变旋转型（单向）
	2.3 延长突变旋转型（多向）
3 二次传递型	3.1 旋转渐变传递型
	3.2 延长突变传递型
	3.3 旋转突变传递型
	3.4 延长后一侧旋转、一侧传递型
4 扩张型	4.1 平面扩张型
	4.2 垂向延长后平面扩张型
	4.3 旋转后平面扩张型
5 传递型	5.1 直线传递型
	5.2 弧状传递型

大类	亚类
6 传递变向型	6.1 变向传递型
	6.2 传递后变向扩张型
7 复合型	7.1 两期点坝复合型
	7.2 微复合型
	7.3 杂乱复合型
8 残存型	8.1 杂乱残存型
	8.2 侧积体残存型
	8.3 侧积方向残存型

3.4 本章小结

本章详细讨论了复合河道带级次、复合点坝级次和侧积体级次的构型样式分类。其中复合河道带级次构型样式分类参考了胡光义等（2014）的研究成果，划分为 3 种砂体类型、7 种构型样式，分别为堆叠型、侧叠型和孤立型 3 种砂体类型，形成紧密接触侧叠型、疏散接触侧叠型、离散接触侧叠型、下切侵蚀河道、决口扇、孤立河道和堆叠型 7 类构型样式。复合点坝级次和侧积体级次的构型样式分类是本次研究的重点。复合点坝级次构型样式分类是以似圆值（QR）和长宽比（$L:W$）为分类依据，将复合点坝划分为 4 个大类、25 个亚类，4 个大类包括敞开非对称型（M1）复合点坝、棱角型（M2）复合点坝、闭合型（M3）复合点坝、敞开对称型（M4）复合点坝，M1 型复合点坝细分为 9 个亚类，M2型复合点坝细分为 4 个亚类，M3 型复合点坝细分为 7 个亚类，M4 型复合点坝细分为 5 个亚类。同时，探讨了不同类型复合点坝的演化规模，形成复合点坝演化模式图版。侧积体级次构型样式分类是以河道迁移演化类型为依据，将侧积体构型样式划分为 8 个大类，分别为延长型、延长旋转型、二次传递型、扩张型、传递型、传递变向型、复合型、残存型，每种类型进一步细分，划分为 22 个亚类模式。

第4章 复合砂体构型样式的定量规模及分布概率

第3章建立了曲流河复合河道带级次、复合点坝级次和侧积体级次构型样式的分类，并定性探索了复合点坝和侧积体的成因关系。但是储层构型分析更加强调研究的定量化，这也是本书的重点目标。同时，曲流河沉积具有复杂的形态与结构，储层呈高度非均质性，已有的储层表征方法难以解释清楚，地质模型通常简化甚至忽略复合点坝储层内部的非均质性。因此，亟待提出一种创新性思路了解曲流河复合点坝储层的非均质性。本章提出对复合点坝和侧积体构型样式分布情况进行量化统计，在大数据基础下分析它们的定量分布概率，从而建立复合点坝和侧积体构型样式的定量关系，尝试一种分析曲流河储层非均质性的新思路。

侧积体是曲流河道迁移的产物，反映了曲流河演化的轨迹。而复合点坝的形态正是最晚期曲流河道的形态。因此，复合点坝与侧积体之间具有成因关系。研究过程中，利用 Google Earth 选取了13条不同气候下的典型曲流河段，每条曲流河段选取20个复合点坝，一共260个复合点坝进行参数分类统计，形成曲流河复合点坝大数据知识库。以知识库作为基础，充分利用复合点坝与侧积体的定量分布概率关系，达到分析复合点坝储层非均质性的目的。这种方法避开了传统现代沉积考察和露头研究具有局限性的缺点。

4.1 复合点坝的定量规模

复合点坝的定量规模分为绝对定量规模和相对定量规模。绝对定量规模是指一个复合点坝个体某一属性参数的绝对值，具有唯一性、无条件性和不可对比性，如复合点坝的长度、宽度、弧长等。相对定量规模是指复合点坝某一属性参数相对另一属性参数的比较值，具有普遍性、条件性和可对比性，如复合点坝的长宽比、河道宽厚比等。根据笔者对全球复合点坝规模的测量统计，发现相对定量规模在一定条件下具有普遍性，如将复合点坝分为几种类型，每种类型长宽比趋于一致，但是相对定量规模有适用条件；而不同复合点坝绝对定量规模的差异大，不具有可对比性。因此，相对定量规模对于复合点坝的特征研究更具有意义，但是测量复合点坝的绝对定量规模是计算相对定量规模的基础。

本节选取了与研究区尺度类似的复合点坝，测量绝对定量规模，初步限定研究区复合点坝绝对规模范围，在此基础上计算相对定量规模。由于不同形态复合点坝差异较大，测量时简单地按长宽比将复合点坝分为8种类型（表4.1）。

表 4.1 复合点坝定量规模测量表

曲流河名	卫星遥感照片	素描	长度 /km	宽度 /km	弧长 /km	长宽比	复合点坝类型
海拉尔河			2.10	0.415	4.74	5.060	长条状复合点坝
海拉尔河			0.71	0.333	1.95	2.132	闭合状复合点坝
堪察加河			2.02	0.98	5.10	2.061	马蹄状复合点坝
海拉尔河			0.65	0.543	1.93	1.197	半圆状复合点坝（对称）

续表

曲流河名	卫星遥感照片	素描	长度/km	宽度/km	弧长/km	长宽比	复合点坝类型
海拉尔河			0.90	0.768	2.40	1.172	半圆状复合点坝（非对称）
海拉尔河			1.83	1.57	6.24	1.166	双耳状复合点坝
堪察加河			0.62	1.031	1.67	0.601	弯月状复合点坝
堪察加河			1.23	2.70	5.26	0.456	弯弓状复合点坝

　　对于定量规模测量样本的选取，需要遵循以下三条原则：①曲流带和点坝沉积清楚，人为改造少，植被覆盖少；②河道和点坝规模尺度与研究区相近；③曲流河改道、点坝复合程度高，现象丰富。研究区复合点坝长度为 0.5～1km，宽度为 0.5～1km。根据以上原则，选取了两条典型曲流河进行测量：海拉尔河和堪察加河。

　　简述各类型复合点坝的定量规模，并在此基础上简要分析成因。

　　（1）长条状复合点坝：呈修长状，复合点坝横向长度长，宽度狭窄，长宽比大。通过对海拉尔河卫星遥感照片测量，复合点坝长度约为 2.10km，宽度约为 0.415km，长宽比为 5.060。曲流带弧长较长，约为 4.74km。复合点坝内叠置程度高，通常表现为 3～5 期点坝叠置，反映水动力强，A/S 小。长条状复合点坝一般为曲流带扩张和横向迁移所致（表4.1，图4.1）。

扩张　　　　　　　　迁移

图4.1　长条状复合点坝形成机理

　　（2）闭合状复合点坝：呈狭长状，复合点坝横向长度约为宽度的 2 倍，复合点坝底窄顶宽，顶端宽，底端收敛至闭合。通过对海拉尔河卫星遥感照片测量，复合点坝长度约为 0.71km，宽度约为 0.333km，长宽比为 2.132。曲流带弧长约为 1.95km。复合点坝内叠置程度较高，通常表现为 2～4 期点坝叠置，反映水动力较强，末期发生截弯取直形成闭环，曲流带演变为废弃河道，A/S 小。闭合状复合点坝一般为曲流带扩张后截弯取直所形成（表4.1，图4.2）。

扩张　　　　　　　　截弯取直

图4.2　闭合状复合点坝形成机理

　　（3）马蹄状复合点坝：呈狭长状，复合点坝横向长度约为宽度的 2 倍。复合点坝顶宽底窄，顶端宽，底端收敛，但不闭合。通过对堪察加河卫星遥感照片测量，长度约为 2.02km，宽度约为 0.98km，长宽比为 2.061。曲流带弧长约为 5.10km。复合点坝叠置通常表现为 3~4 期点坝叠置，反映水动力较强，河道可能发生迁移，末期发生截弯取直，曲流带演变为废弃河道，A/S 较小。马蹄状复合点坝一般为曲流带扩张迁移后截弯取直所形成（表4.1，图4.3）。

扩张　　　　　　　限制型迁移　　　　　　截弯取直

图4.3　马蹄状复合点坝形成机理

（4）半圆状复合点坝（对称）：曲流带弧呈圆状，开环，半圆的两侧对称。复合点坝长宽比大致为 1。通过对海拉尔河卫星遥感照片测量，长度约为 0.65km，宽度约为 0.543km，长宽比为 1.197。曲流带弧长约为 1.93km。复合点坝通常表现为 2~4 期点坝叠置，反映水动力较强，河道发生扩张，末期发生截弯取直，曲流带演变为废弃河道，A/S 偏小。半圆状复合点坝（对称）一般为曲流带扩张后截弯取直所形成（表4.1，图4.4）。

扩张　　　　　　　　　截弯取直

图4.4　半圆状复合点坝（对称）形成机理

（5）半圆状复合点坝（非对称）：曲流带弧呈圆状，开环，半圆的两侧不对称，发育增生点坝。复合点坝长宽比略大于 1。通过对海拉尔河卫星遥感照片测量，长度约为 0.90km，宽度约为 0.768km，长宽比约为 1.172。曲流带弧长约为 2.40km。复合点坝通常表现为 3~5 期点坝叠置，反映水动力中等，A/S 中等。半圆状复合点坝（非对称）一般为曲流带扩张和迁移所形成（表4.1，图4.5）。

（6）双耳状复合点坝：曲流带弧呈圆状，在点坝两侧发育两个增生点坝。复合点坝长宽比约等于 1。通过对海拉尔河卫星遥感照片测量，长度约为 1.83km，宽度约为 1.57km，长宽比约为 1.166。曲流带弧长约为 6.24km。复合点坝通常表现为 3~4 期点坝叠置，反映水动力偏弱，A/S 偏大。双耳状复合点

扩张　　　　　　迁移

图 4.5　半圆状复合点坝（非对称）形成机理

坝一般为曲流带扩张、限制型迁移、截弯取直所形成（表 4.1，图 4.6）。

扩张　　　　　　限制型迁移　　　　　　截弯取直

图 4.6　双耳状复合点坝形成机理

（7）弯月状复合点坝：呈镰刀状，复合点坝横向长度约为宽度的 0.5 倍，复合点坝长宽比小，形态圆滑。通过对堪察加河卫星遥感照片测量，复合点坝长度约为 0.62km，宽度约为 1.031km，长宽比约为 0.601。曲流带弧长约为 1.67km。复合点坝内叠置程度低，反映水动力弱，A/S 大。弯月状复合点坝一般为曲流带扩张、截弯取直所形成（表 4.1，图 4.7）。

扩张　　　　　　截弯取直

图 4.7　弯月状复合点坝形成机理

（8）弯弓状复合点坝：宽度大，长宽比小，宽度比长度大 2 倍以上，中轴处下凹。通过对堪察加河卫星遥感照片测量，复合点坝长度约为 1.23km，宽度约为 2.70km，长宽比约为 0.456。曲流带弧长较长，约为 5.26km。复合点坝内通常表现为 2～4 期点坝叠置，反映水动力较弱，A/S 比较大。弯弓状复合点坝一般为曲流带扩张、迁移所致（表 4.1，图 4.8）。

由此，可以看出影响复合点坝类型的定量属性参数主要是长宽比，不同长宽

扩张　　　　　　　　迁移

图 4.8　弯弓状复合点坝形成机理

比的复合点坝成因具有一定差异，这也是对复合点坝进行成因分类的主要依据。以下将统计不同类型复合点坝在自然界中的发育概率，作为后续表征工作的基础。

4.2　复合点坝储层非均质性的成因

复合点坝内部结构复杂，主要是河道迁移规律多变，迁移作用对复合点坝既有建设也有破坏作用。通常，复合点坝内部含沙量较高，但也存在各式各样的泥质隔夹层，影响着油气资源的分布与渗流。分析复合点坝储层非均质性的成因，并达到定量化程度，是理解复合点坝储层结构，提高油气采收率的关键。

曲流带不断迁移，水流侵蚀凹岸物质沉积于凸岸，同时凹岸物质的减少促进了可容纳空间增加，加速了复合点坝增生，在洪泛平原上形成了一系列坝脊和坝洼地貌。河道的弯曲加剧了水流在不同曲率处流速的差异，进而影响了沉积物粒度的差异化加大，储层非均质性增加。

从水动力的角度分析，河弯顶点处曲流河的曲率发生变化，导致河道内螺旋流加强。流速增加引发湍流爆发，极大加剧了流速的各向异性。从河道横截面观察，也可以发现水流速度的差异，凹岸具有强烈的螺旋流，凸岸为较弱的次级螺旋流。流速差异反映在复合点坝沉积物中，表现为岩性粒度的差异。经过模拟实验，发现在凸岸下游位置次级螺旋流较弱，沉积物粒度细，泥质含量高；凸岸顶点位置湍流流速急，粒度最粗（Jackson，1976；Bridge et al.，1995；Fustic et al.，2012；Niroula et al.，2018）。Ghinassi 等（2017）认为复合点坝储层非均质性的分析还应综合考虑河道位置、水流方向、河道迁移机制和复合点坝的几何形状等因素。目前的研究对这些因素特别是河道迁移机制和几何形态尚较缺乏，本次研究从这个"研究盲点"入手，建立了以几何形态和迁移方式为基础的复合点坝、侧积体的分类方案（详见第 3 章），本章具体探讨各类型的定量分布概率，创新性解释复合点坝储层非均质性的成因。

4.3　研究数据来源

4.3.1　选取样本特征概述

通过对 Google Earth 卫星遥感照片上全球曲流河的观察与筛选，最终选取了13 条不同气候条件下的典型曲流河段，每条曲流河段选取 20 个复合点坝进行统计。各复合点坝和侧积体的类型采用第 3 章表 3.2、表 3.4 的分类方案进行分析。选取的 260 个复合点坝样本涵盖了复合点坝、侧积体分类方案中的所有类型。同时，样本覆盖了 Koppen-Geiger（柯本–盖格）气候分类方案中所有主要的气候区类型，曲流河区域位置绘制在 Koppen-Geiger 气候区分布图上（Peel et al.，2007）（图 4.9，附表 1）。表 4.2 总结了各河段的位置、气候、长度、坡降、流量、离海距离。

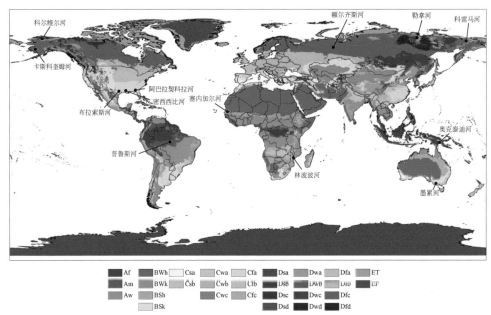

图 4.9　Koppen-Geiger 气候区分布与曲流河样本分布图
图中符号含义见附表 1

为了精确测量河段的坡降，此次测量记录了曲流段上游和下游范围内各 10个高程，分别求取平均值。再用上游段和下游段的高程差除以之间的直线长度，确定出河段坡降。曲流河流量数据来源于 Swales 等（2000）、Meybeck 和 Ragu（1997）、Nixon 等（1959）、Bobrovitskaya 等（1996）的研究数据。

表 4.2　选取曲流河样本情况表

曲流河名称	国家	气候区	纬度	经度	研究段长度/km	研究段坡降[①]	平均流量/(m³/s)	研究段离海距离/km
奥克泰迪河	巴布亚新几内亚	Af	7°15′55.62″S	141°39′12.28″E	148.40	6.06473×10⁻⁵	983[②]	442
塞内加尔河	塞内加尔	BWh	16°38′37.49″N	14°49′45.72″W	159.93	1.87582×10⁻⁵	773[③]	229
墨累河	澳大利亚	Bsk	34°10′10.06″S	140°45′48.32″E	42.47	9.41908×10⁻⁵	250[③]	522
勒拿河	俄罗斯	Dfd	71°17′8.32″N	136°3′32.85″E	102.32	6.84155×10⁻⁵	1087[③]	19
科尔维尔河	美国	Dfc	69°52′27.07″N	151°48′49.53″W	22.39	0.00053593	202[④]	107
卡斯科奎姆河	美国	Dfc	60°50′4.24″N	161°23′5.96″W	179.92	4.44654×10⁻⁵	1902[③]	86
密西西比河	美国	Cfa	31°10′57.43″N	91°37′1.63″W	298.01	4.36223×10⁻⁵	16769[③]	421
普鲁斯河	巴西	Af	5°36′42.55″S	64°5′24.55″W	304.25	2.95809×10⁻⁵	28266[④]	2279
额尔齐斯河	俄罗斯	Dfd	58°51′54.23″N	68°46′52.28″E	224.83	8.89561×10⁻⁶	2125[⑤]	1495
科雷马河	俄罗斯	Dfc	68°20′1.31″N	161°17′14.80″E	116.92	8.55286×10⁻⁶	26368[④]	144
布拉索斯河	美国	Cfa	30°4′36.48″N	96°8′17.50″W	61.69	6.48403×10⁻⁵	160[③]	274
林波波河	莫桑比克	BSh	22°29′37.04″S	31°42′27.61″E	55.41	0.000631689	409[④]	481
阿巴拉契科拉河	美国	Cfa	30°37′23.95″N	85°54′42.70″W	9.49	0.000210682	679[③]	108

①曲流河研究段坡降 = (上游高程−下游高程)/河道段直线长度;

②数据来源于 Swales 等 (2000);

③数据来源于 Meybeck 和 Ragu (1997);

④数据来源于 Nixon 等 (1959);

⑤数据来源于 Bobrovitskaya 等 (1996)。

　　通过对 260 个复合点坝样本的形态、规模和侧积体形态、迁移方式的研究、测量，按照第 3 章中复合点坝、侧积体构型样式的分类方案（表 3.2、表 3.4），将复合点坝样本分为 4 个大类（敞开非对称型、棱角型、闭合型、敞开对称型）、25 个亚类，将侧积体样本分为 8 个大类（延长型、延长旋转型、二次传递型、扩张型、传递型、传递变向型、复合型、残存型）、22 个亚类。

　　研究中，往往复合点坝形态和侧积体形态复杂、保存不完整，不容易准确确定其分类。这时可以对研究河道段进行素描后再分析。详细的地质素面图件有效地突出了主要地质特征，如废弃河道的形态、活动河道的形态、侧积体的样式等，同时可以对已被破坏的地质记录进行追踪恢复，对干扰观察的无关景物进行过滤，从而达到精准研究的目的。具体的素描过程如下：①描绘最易识别的活动河道和泛滥湖泊等水体轮廓；②描绘主要废弃河道的形态，牛轭湖由于水体面积较小，一般也当作废弃河道处理；③描绘侧积体的形态和组合样式，侧积体一般限制在废弃河道环内部，对于已被破坏但能反映成因的侧积体，需要追踪恢复；④划分泛滥平原的植被区，将植被区分为茂密区、稀疏区和无植被区；⑤对不同地质记录类型填充不同的颜色；⑥生成该研究区的地质素描成果图件，确保图件清晰真实地反映研究区地质现象。

　　以奥克泰迪河、塞内加尔河、墨累河和额尔齐斯河样本的地质素描图为例，详细描述其特征。4 条曲流河分属不同的气候区，具有不同的地貌特征，曲流河形态代表了不同的典型类型。素描图件突出了废弃河道和活动河道的几何形态、复合点坝的样式、侧积体的组合样式，并对局部区域放大，进行细致的沉积特征和成因分析。在此基础上，对研究段复合点坝和侧积体构型样式进行分类统计。分类统计是下一步定量概率分析工作的基础。

4.3.2　奥克泰迪河样本特征

　　奥克泰迪河位于巴布亚新几内亚境内，曲流河处于热带雨林地区。曲流河源于屋山，流域几乎全部位于西部省境内。曲流河流速极快，流量巨大，是世界流速最快的曲流河之一（Grenfell et al.，2004）。

　　为了便于研究统计，绘制了该曲流段的素描图件（图 4.10）。定性分析，漫滩上废弃河道和废弃点坝支离破碎、互相叠置（图 4.10④），截弯取直现象显著（图 4.10③），在废弃河道位置常伴生小型泛滥湖泊（图 4.10⑤）。根据素描图件，建立了奥克泰迪河 20 个复合点坝样本的分类方案（图 4.10 右）。分析定量分类统计数据，复合点坝多为闭合型（M3），占 35%；敞开非对称型（M1）和敞开对称型（M4）复合点坝各占 25%；侧积体类型多样化，涵盖所有 8 种类型，多为延长旋转型（2 型），占 30%。侧积体类型显示了曲流带迁移演化过程中发生了方向变化。曲流带迁移方式与复合点坝的长度有关：长度大于 3km 的复合点坝以延长扩张作用为主（图 4.10①），长度小于 3km 的复合点坝以旋转作用为主（图 4.10②）。

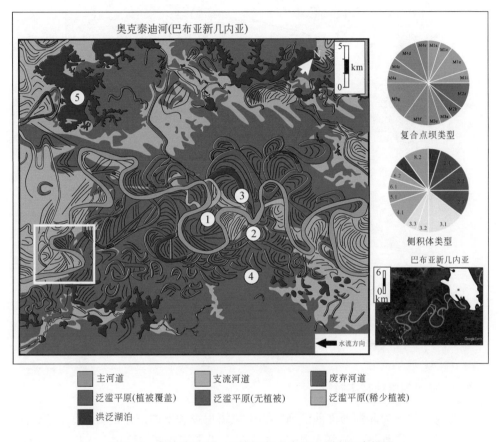

图 4.10　奥克泰迪河（巴布亚新几内亚）研究段素描图

　　进一步分析亚类特征，复合点坝构型样式以 M3g（曲流带一侧倒转，顶部圆状）占比最大，占 15%；侧积体构型样式以 3.1（旋转渐变传递型）占比最大，占 15%。这反映了曲流带迁移以旋转作用为主。总体上，各种类型多样化，占比差别并不大，反映了该曲流段类型复杂，如果形成储层，非均质性强。

　　图 4.11 为图 4.10 中白色方框内复合点坝储层非均质性解剖图件。图 4.11 中，复合点坝和侧积体破坏程度高，大部分均为残缺体，且分布杂乱。与活动河道成因相关的侧积体少，说明河道发生过多期改道。与活动河道相关的侧积体组合样式表现出河道主要通过旋转渐变传递（3.1 型）和微旋延长（1.2 型）作用迁移，复合点坝靠下游位置岩性细于上游位置。

图 4.11　奥克泰迪河重点研究段非均质性解释图

4.3.3　塞内加尔河样本特征

塞内加尔河为非洲西部曲流河，为毛里塔尼亚和塞内加尔的界河。曲流河主要位于干旱草原地区。流域面积 44 万 km²，年平均流量 773m³/s（Razik et al.，2014）。

为了便于研究统计，绘制了该曲流段的素描图件（图 4.12）。研究段废弃点坝规模大，人为破坏小，植被区和裸露区清晰可辨。曲流带以敞开型为主（图 4.12①），传递和扩张加积现象明显（图 4.12②）。点坝复合叠置现象明显，侧积体有多次变向增生的特点（图 4.12③）。根据素描图件，建立了塞内加尔河 20 个复合点坝样本的分类方案（图 4.12 右）。分析定量分类统计数据，复合点坝多为敞开非对称型（M1），占 35%；侧积体多为二次传递型（3 型），占 40%。侧积体形态表现出曲流带迁移以向下游传递加积为主，代表传递型的侧积体类型（3 型、5 型、6 型）共占据了样本中的 80%，反映了河道以传递和扩张作用为主。靠近活动河道带，侧积体变密（图 4.12⑤），植被也显著增多（图 4.12

④)，反映河道迁移规律、砂泥岩含量均衡。复合点坝和侧积体亚类型占比差距大，M3c 型复合点坝（顶端扁平，南瓜状）、3.1 型侧积体（旋转渐变传递型）与 6.1 型侧积体（变向传递型）均占 20%，形成储层后，储层均质性好。

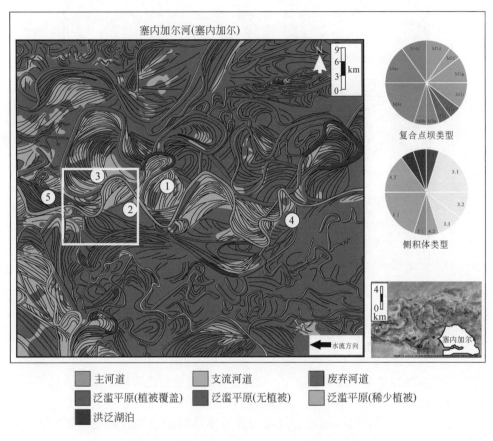

图 4.12　塞内加尔河（塞内加尔）研究段素描图

图 4.13 为图 4.12 中白色方框内复合点坝储层非均质性解剖图件。图 4.13 中，侧积体组合样式以传递和扩张作用为主，这导致了沉积物的分异，靠近上游沉积以砂质为主，靠近下游沉积以泥质为主，这是储层非均质性的主要成因。

4.3.4　墨累河样本特征

墨累河位于澳大利亚南部，发源于澳大利亚最高的山脉澳大利亚阿尔卑斯山脉，是澳大利亚最长、流域面积最大的一条曲流河。曲流河主要位于热带草原气候。流域面积 100 万 km²，年平均流量 190m³/s（Fluin et al.，2010）。

为了便于研究统计，绘制了该曲流段的素描图件（图 4.14）。研究段废弃河

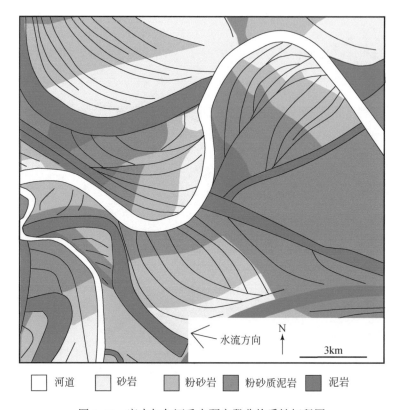

图 4.13　塞内加尔河重点研究段非均质性解释图

道和复合点坝数量多，规模差别大。整体上呈现随着曲流带规模增大，其不规则性和复杂性增加（图 4.14①）。长度小于 1.5km 的复合点坝主要表现为传递型迁移特征，长度大于 1.5km 的复合点坝表现为多期间断迁移后形成的复杂复合体（图 4.14②）。这种大型复合点坝迁移特征以传递和扩张作用为主，旋转作用为辅（图 4.14③）。根据素描图件，建立了墨累河 20 个复合点坝样本的分类方案（图 4.14 右）。分析定量分类统计数据，复合点坝多为敞开对称型（M4），占 40%，无棱角型（M2）；侧积体多为二次传递型（3 型），占 40%。复合点坝和侧积体形态较为规律。废弃河道特征表明，串沟取直是曲流带废弃的主要原因（图 4.14④）。河道溃堤的部位形成狭长的水道，成为主河道的连接水道（图 4.14⑤）。总体上，该段曲流河迁移机制较为规律，小型点坝以传递扩张加积为主，大型点坝为多期间断迁移形成的复合体，可以成为潜力较好的储层。

　　图 4.15 为图 4.14 中白色方框内复合点坝储层非均质性解剖图件。图 4.15 中，泥质废弃河道发育，截弯取直现象普遍。复合点坝规模不同，其侧积体类型和储层非均质性不同。大型复合点坝主要为河道微旋延长迁移所形成（1.2 型），

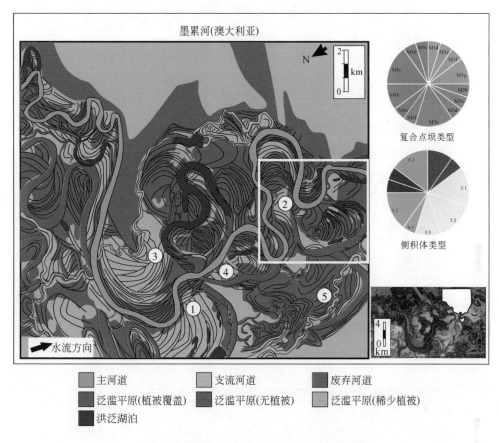

图 4.14　墨累河（澳大利亚）研究段素描图

靠近上下游岩性粒度不同，具有非均质性；小型复合点坝主要为河道传递迁移所形成，岩性以泥岩为主。

4.3.5　额尔齐斯河样本特征

额尔齐斯河为鄂毕河最大的支流，是流经中国、哈萨克斯坦、俄罗斯的国际曲流河，主体位于俄罗斯境内。额尔齐斯河发源于中国新疆阿尔泰山南坡，在俄罗斯注入鄂毕河。曲流河跨经多个不同气候区，研究段为温带大陆性气候。流域面积 164.3 万 km²，年平均流量 214m³/s（Chen et al.，2016）。

为了便于研究统计，绘制了该曲流段的素描图件（图 4.16）。研究段废弃河道多呈闭合状，截弯取直现象显著（图 4.16③）。侧积体组合样式表现为以旋转型和传递型为主（图 4.16①），复合点坝增生主要为旋转迁移作用（图 4.16②）。

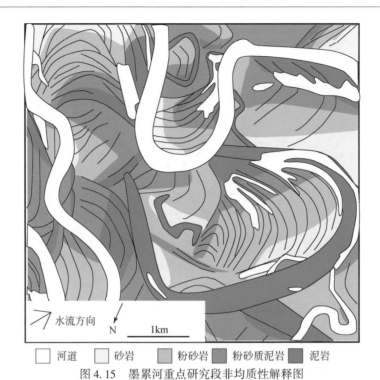

水流方向
N
1km
河道
砂岩
粉砂岩
粉砂质泥岩
泥岩

图 4. 15　墨累河重点研究段非均质性解释图

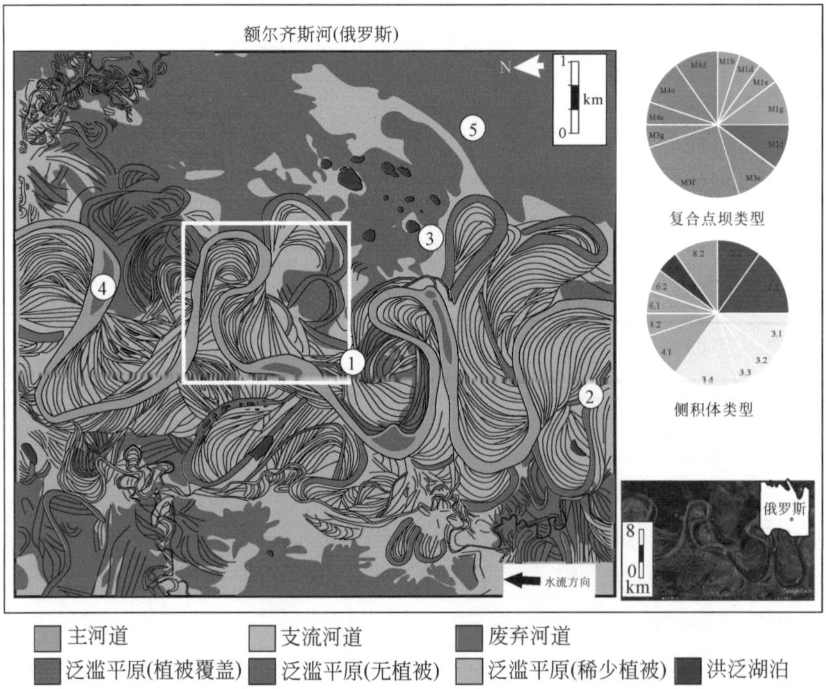

额尔齐斯河(俄罗斯)
N
km
1
0
5
3
4
1
2
水流方向
复合点坝类型
侧积体类型
俄罗斯
8
0
km
主河道
支流河道
废弃河道
泛滥平原(植被覆盖)
泛滥平原(无植被)
泛滥平原(稀少植被)
洪泛湖泊

图 4. 16　额尔齐斯河（俄罗斯）研究段素描图

植被主要发育于河道中心坝和远离活动河道的泛滥平原区，反映泥质含量高（图
4.16④⑤）。根据素描图件，建立了墨累河 20 个复合点坝样本的分类方案（图
4.16 右）。分析定量分类统计数据，复合点坝多为闭合型（M3），占 40%，其次
是敞开对称型（M4）和敞开非对称型（M1），各占 25%。侧积体以二次传递型
（3 型）占比最大，占 35%，延长旋转型（2 型）和扩张型（4 型）占比也较大，
各占 25% 和 15%。本实例中，侧积体的变化是最为连续的，反映了河道缓慢迁
移的特征，是形成优质储层的基础。

　　图 4.17 为图 4.16 中白色方框内复合点坝储层非均质性解剖图件。图 4.17
中，各复合点坝类型具有典型性，反映河道迁移连续，突发事件少。侧积体组合
样式均表现为先延长再扩张或旋转，沉积物均表现为靠近上游粒度粗、下游粒
度细。

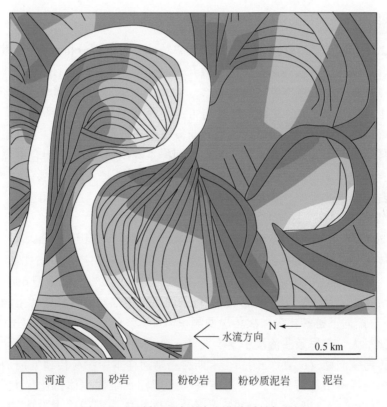

图 4.17　墨累河重点研究段非均质性解释图

4.4　数据统计分析与结果

　　将13条曲流河段、260个复合点坝按照第3章复合点坝、侧积体构型样式分类方案进行分类，即按照复合点坝构型样式划分为4个大类（敞开对称型、棱角型、闭合型、敞开非对称型）、25个亚类（表3.2），按照侧积体构型样式划分为8个大类（延长型、延长旋转型、二次传递型、扩张型、传递型、传递变向型、复合型、残存型）、22个亚类（表3.4）。最终形成260个复合点坝的统计表格（表4.3）。通过对260个样本进行数据统计、概率计算，形成了复合点坝构型样式概率统计分布图（图4.18）、侧积体构型样式概率统计分布图（图4.19）。

4.4.1　复合点坝和侧积体构型样式总体概率分布

　　对260个样本中复合点坝构型样式概率统计分布进行分析，4个大类、25个亚类复合点坝构型样式均涵盖于内。敞开非对称型、棱角型、闭合型、敞开对称型复合点坝在260个样本中各占比26%、11%、24%、39%。敞开对称型（M4）在样本中占比最大，在13条曲流段均可见，每条曲流段可以观察到4个以上。棱角型（M2）和闭合型（M3）在不同曲流段的出现概率差异大。例如，卡斯科奎姆河样本没有闭合型复合点坝，普鲁斯河样本却出现了10个闭合型复合点坝。所有复合点坝样本中占比最大的亚类是M4d（半圆型），占比14%。各大类复合点坝中占比最大的亚类分别是M1g型（横卧型）、M2d（对称棱角型）、M3f（斜倚闭合型）、M4d（半圆型）（表4.3，图4.18）。

　　对260个样本中侧积体构型样式概率统计分布进行分析，8个大类、22个亚类侧积体构型样式均涵盖于内。各大类侧积体构型样式在样本中占比如下：延长型2%、延长旋转型16%、二次传递型45%、扩张型5%、传递型6%、传递变向型12%、复合型9%、残存型5%。每条曲流段中都发育延长旋转型侧积体（2型），并逐渐向下游转化为二次传递型侧积体（3型）。二次传递型（3型）在样本中占比最大，在每条曲流段中至少发育6个。在不同曲流段中分布概率差异最大的是传递变向型（6型）。例如，卡斯科奎姆河样本中没有传递变向型侧积体，塞内加尔河样本中却可见7个。所有复合点坝样本中侧积体占比最大的亚类是3.1（旋转渐变传递型），占比20%。各大类侧积体构型样式中占比最大的亚类分别是1.2（微旋延长型）、2.2（单向延长突变旋转型）、3.1（旋转渐变传递型）、4.2（垂向延长后平面扩张型）、5.2（弧状传递型）、6.2（传递后变向扩张型）、7.1（两期点坝复合型）、8.2（侧积体残存型）（表4.3，图4.19）。

表 4.3　曲流河复合点坝样本中复合点坝和侧积体类型统计表

奥克素迪河		塞内加尔河		墨累河		勒拿河		科尔维尔河		卡斯科奎姆河		密西西比河		普鲁斯河		额尔齐斯河		科雷马河		布拉索斯河		林波波河		阿巴拉契科拉河	
复合点坝	侧积体	复合点坝	侧积体	复合点坝	侧积体	复合点坝	侧积体	复合点坝	侧积体	复合点坝	侧积体	复合点坝	侧积体	复合点坝	侧积体	复合点坝	侧积体	复合点坝	侧积体	复合点坝	侧积体	复合点坝	侧积体	复合点坝	侧积体
M3f	2.2	M3c	7.2	M3f	2.3	M2a	2.2	M3e	2.3	M4d	3.2	M4a	2.2	M1f	3.1	M2d	3.1	M4a	3.1	M3c	2.3	M4d	3.3	M1c	7.3
M1c	3.1	M3a	4.2	M4b	3.1	M1g	6.2	M1b	3.3	M2c	3.4	M1h	6.2	M2d	6.2	M1e	3.3	M4a	3.2	M3a	2.3	M4e	3.1	M3d	3.1
M4a	2.2	M3c	7.3	M4e	6.2	M1e	3.3	M4a	2.2	M2c	7.3	M4d	3.2	M3f	8.2	M3f	2.3	M1e	3.1	M3g	2.2	M4e	5.2	M4d	3.1
M2b	3.3	M3c	3.1	M4b	3.2	M1e	3.4	M1f	3.4	M4a	7.1	M4d	6.2	M3f	8.2	M1g	3.4	M1e	3.1	M4e	3.3	M4e	3.3	M2c	3.1
M1e	3.2	M1d	3.2	M3c	8.2	M3b	2.3	M3f	3.4	M1h	3.2	M2a	3.4	M3a	8.1	M3f	2.2	M4c	3.3	M1h	6.2	M4e	1.2	M4c	3.1
M4c	3.1	M2a	5.1	M3e	3.1	M2d	7.1	M3g	2.1	M4b	3.4	M1f	3.4	M1f	3.1	M3e	2.3	M1d	3.2	M1i	3.1	M2d	3.2	M3d	3.2
M4e	5.1	M1i		M4c	3.2	M4c	3.1	M4d	6.1	M1h	3.4	M4b	3.2	M3e	3.4	M3f	4.2	M4a	3.1	M2d	3.4	M4d	3.1	M3f	2.2
M4d	6.2	M4c	6.2	M4c	6.2	M3e	3.4	M4d	3.3	M1g	3.2	M4d	3.1	M1e	3.1	M4c	2.2	M2d	6.2	M4e	5.1	M1d	3.1	M1g	2.2
M2a	4.1	M2d	3.1	M4c	2.2	M4d	6.2	M1b	3.1	M2d	3.3	M2d	3.4	M3d	8.2	M3f	3.4	M3d	8.2	M4b	6.2	M4e	5.2	M4c	3.2
M1i	2.1	M4d	6.2	M1e	6.2	M1g	3.1	M1b	3.3	M1b	3.4	M4e	6.2	M3c	6.2	M3g	4.1	M3d	3.4	M4e	4.2	M1c	7.2	M4d	3.1
M3f	1.1	M1d	2.2	M1g	3.1	M3b	4.2	M2a	2.1	M1h	2.2	M4c	3.1	M4e	3.3	M4a	8.2	M3f	4.2	M4e	6.2	M4d	3.1	M4e	3.1
M3a	2.1	M1f	6.1	M1f	7.2	M4c	3.2	M4e	2.2	M4c	3.3	M4d	3.3	M3e	4.2	M3f	8.2	M4d	6.2	M1c	3.1	M4d	3.2	M2c	3.2
M1e	3.1	M3b	2.3	M3b	2.2	M4d	2.1	M4a	2.2	M4c	2.2	M4c	2.2	M3g	4.2	M1b	3.1	M1i	4.2	M3d	6.1	M4d	3.1	M4d	3.1
M1e	4.1	M4c	3.1	M3d	6.1	M3b	3.1	M3c	3.1	M4d	4.1	M4d	7.1	M4c	2.2	M1d	4.1	M4c	3.1	M4b	3.2	M4e	5.2	M1e	4.3
M2a	8.2	M4d	3.1	M3e	8.2	M1g	7.1	M2a	2.1	M4d	7.1	M4e	5.2	M4d	3.1	M4c	2.2	M1i	2.1	M4c	6.2	M4e	3.3	M1b	3.1
M3g	8.2	M4c	6.2	M3e	3.3	M3f	3.2	M1i	2.3	M2c	7.1	M2b	5.2	M4e	5.1	M3e	2.3	M1c	6.2	M3e	3.3	M4e	5.2	M1g	3.1
M3c	2.3	M1i	3.2	M1d	3.3	M1i	2.1	M4a	7.3	M1g	2.2	M2d	7.1	M2a	5.1	M4d	3.2	M3b	2.3	M1i	8.1	M4a	5.2	M4d	1.2
M4d	7.1	M3c	6.1	M4d	7.3	M1i	3.3	M1i	2.2	M1h	3.1	M4e	5.2	M3f	2.2	M2d	6.1	M4d	3.2	M1e	3.2	M2b	3.1	M3f	3.1
M3g	2.3	M1g	3.3	M1g	3.2			M3d	3.1	M4d	5.2	M4d	7.3	M3a	2.2	M4d	6.2	M4d	7.3	M4a	3.3	M2d	3.1	M4d	3.1
M3g	6.1	M1g	6.1	M4a	8.2			M2a	5.1	M4e	7.1	M4e	5.2	M1a	3.1	M1g	7.3	M4d	2.2	M1e	3.3	M2d	1.2	M3d	3.2

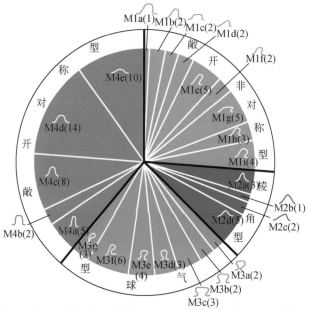

图 4.18　复合点坝构型样式概率统计分布图（图中括号内数字为所占百分比,%）

由于数值修约, 图中各类型所占百分比加和不为 100%

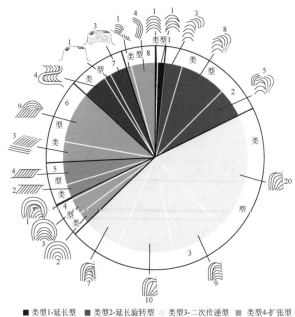

图 4.19　侧积体构型样式概率统计分布图（图中最外圈数字为所占百分比,%）

由于数值修约, 图中各类型所占百分比加和不为 100%

4.4.2　复合点坝与侧积体构型样式概率分布关系

以上统计了复合点坝与侧积体构型样式在所有样本中的分布概率，而统计各类复合点坝中侧积体类型的概率分布更具意义，即建立起复合点坝与侧积体构型样式之间的关系。通过对样本的统计，制作了侧积体构型样式在各复合点坝样式中的分布数量和占比图表（图 4.20，表 4.4）。图 4.20 中，先将各研究河段样本按照 4 类复合点坝进行分类统计，然后统计各侧积体构型样式在某一类复合点坝构型样式中的数量与占比（图 4.20 右侧条形图为各类型侧积体数量，中间饼图为侧积体在各类复合点坝中的占比，表 4.4 为占比的具体数值）。

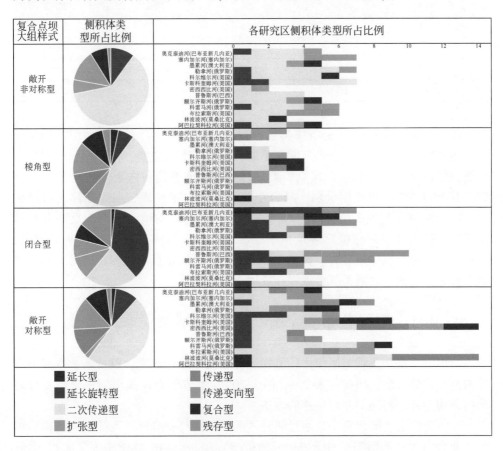

图 4.20　复合点坝与侧积体构型样式概率分布关系图

通过统计分析，发现 4 类复合点坝构型样式中，棱角型和敞开对称型复合点坝具有所有 8 种类型的侧积体构型样式，而敞开非对称型复合点坝缺失延长型、传递型侧积体，闭合型复合点坝缺失传递型侧积体。总体上，各类复合点坝内部侧积体类型多样，反映了复合点坝沉积和迁移规律的复杂性。

表 4.4　复合点坝与侧积体构型样式概率分布统计表

侧积体	敞开非对称型 （M1）	棱角型 （M2）	闭合型 （M3）	敞开对称型（M4）
延长型（1）	—	3%	2%	2%
延长旋转型（2）	10%	7%	37%	10%
二次传递型（3）	62%	45%	23%	49%
扩张型（4）	6%	7%	10%	2%
传递型（5）	—	10%	—	12%
传递变向型（6）	13%	14%	8%	14%
复合型（7）	7%	10%	6%	10%
残存型（8）	1%	3%	15%	2%

通过图 4.20 饼图具体分析每类复合点坝。闭合型复合点坝中侧积体构型样式分布概率与其他 3 类复合点坝明显不同，它的二次传递型、传递型、传递变向型侧积体占比 31%，远小于其他 3 类复合点坝中该类侧积体平均占比 74%，反映了其下游迁移加积作用最弱。闭合型复合点坝中延长旋转型侧积体占比最大（37%），远高于其他 3 类复合点坝中该类侧积体的平均值（9%），反映其最易截弯取直。敞开非对称型复合点坝中二次迁移型侧积体占比 62%，明显偏高，反映了其下游加积作用显著。棱角型和敞开对称型复合点坝中侧积体类型和占比最为接近，反映了这两类复合点坝在成因上的相似性。

4.5　定量分布概率分析复合点坝储层非均质性

利用以上复合点坝与侧积体构型样式分布概率统计成果，以及第 3 章复合点坝构型样式分类演化图版（表 3.2，图 3.20），本节创新性提出一种分析复合点坝内部构型样式与储层非均质性的方法。

在传统储层表征研究中，通过研究区的井震资料一般可以表征出 8 级构型单元（复合点坝）的形态，对于更精细的级次（单一点坝、侧积体等级次），受限于资料分辨率难以表征。仔细分析复合点坝卫星遥感照片，其内部结构复杂性主要是河道多期变向迁移所致。通过复合点坝外形特征，可以判断出其类型（表 3.2），进而通过演化图版（图 3.20）恢复出其演化历史，对复合点坝内部结构样式达到定性分析的程度，再通过各类复合点坝和侧积体概率分布，可以进一步半定量恢复出复合点坝内部构型样式与储层非均质性。这是本章所解决的问题。要达到更加定量化的程度，需要在成因分析的基础上进一步研究、分析、计算，这将在第 5 章（复合砂体构型级次的定量规模、复合砂体构型级次的成因类型）进行详述，并在第 6 章（地下实例区复合砂体储层构型表征）完整展示表征过程。

为了验证方法的可行性、有效性，本节先以样本的卫星遥感照片为例说明工作流程。样本的卫星遥感照片可以直接观察出其内部构型特征，可以验证工作成果。图 4.21 以奥克泰迪河复合点坝 10（M1i）样本为例，简述分析复合点坝内部构型样式与储层非均质性的工作流程（详细地下实例参考第 6 章）。

（1）首先需要明确复合点坝储层非均质性的成因主要是河道变向迁移和叠置造成的，所以第一步应反推出河道的演化历史。笔者设计了一种根据复合点坝侧积体组合样式推演河道演化的方法（见第 5 章图 5.4），根据该方法，笔者通过卫星遥感照片研究了全球曲流河的演化，最终形成了曲流带演化解释图版（图3.20）。

（2）根据传统储层表征方法，利用研究区井震资料，可以初步解剖出 8 级构型单元的形态，即复合点坝的边界。依据其形态、长宽比、对称性等参数特征，按照复合点坝构型样式分类表（表3.2），判别出复合点坝的类型和编号。本节先以奥克泰迪河复合点坝 10 样本卫星遥感照片为例说明，根据复合点坝样本的形态、长宽比、对称性，判断出其为 M1i 型复合点坝［图4.21（a）、（b）Ⅰ］。

（3）依据曲流带演化图版（图3.20），反推出复合点坝的演化过程。如 M1i 型复合点坝，可以依据图版反推出前期点坝类型分别为 M1a、M4d、M4e。该步骤的难点在于多解性，往往一个复合点坝类型有多种可能的反推结果。这需要参考相邻层位的解释成果、复合点坝的定量规模、邻近复合点坝的特征、曲流河的总体演化规律、复合点坝概率分布等已知信息综合分析判断（图4.21（b）Ⅱ、（b）Ⅲ、（b）Ⅳ）。

（4）识别出曲流环的河弯顶点、河弯转换点、弯曲度变化点，初步判断所形成点坝的平面非均质性分布。依据的理论基础是弯曲度变化处通常为流速差异最大的区域，沉积物岩性发生变化。普遍表现为上游坝位置岩性粒度粗，下游坝位置岩性粒度细，凹岸发生剥蚀作用（Carter，2003；Smith et al.，2009；Colombera et al.，2017）。

（5）将反推出的各复合点坝与初解释的复合点坝叠置，根据复合点坝概率分布（图4.18）半定量化判断其叠置面积，早期低弯度曲流河覆盖于晚期高弯度曲流河之上［图4.21（c）Ⅰ］。

（6）半定量确定复合点坝内侧积体分布样式。依据复合点坝与侧积体构型样式概率分布关系（图 4.20，表 4.4），初步推断出各复合点坝内侧积体的分布组合样式。进一步根据侧积体概率分布（图 4.19），半定量绘制出各亚类侧积体在复合点坝内的分布面积 [图 4.21（c）Ⅱ]。

　　（7）将各类复合点坝、侧积体合并，根据各曲流带拐点位置判断出非均质性 [图 4.21（c）Ⅲ]。

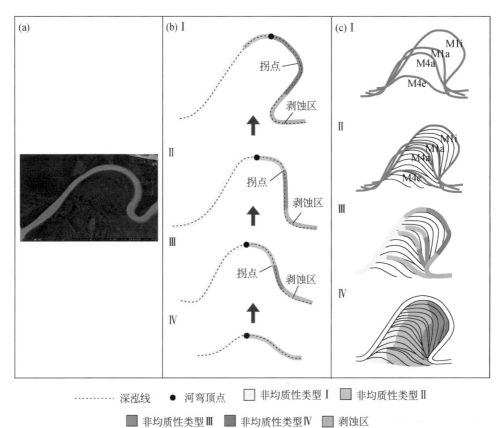

图 4.21　奥克泰迪河复合点坝 10（M11）内部非均质性解释流程图

　　（8）将曲流带上相同性质的拐点连接，连接线替换为不同非均质性类型的界线，一般认为相邻区域储层非均质性是连续渐进变化的，上游坝岩性粗、下游坝岩性细，所以从复合点坝靠上游区域至下游区域用渐变的颜色填充，形成最终复合点坝内部构型样式和非均质性成果图件 [图 4.21（c）Ⅳ]。

4.6　本章小结

　　本章详细测量和统计了复合砂体构型样式的定量规模及分布概率。首先对一些典型的复合点坝规模参数进行实测，限定了复合点坝定量规模的大致范围。在此基础上，选取了 13 条不同气候条件下的典型曲流河段，每条曲流河段选取 20 个复合点坝（总计 260 个复合点坝）进行类型和定量规模统计，形成复合点坝大数据知识库，并以此为分析样本，探讨了不同类型复合点坝和侧积体构型样式在自然界中的概率分布。敞开非对称型、棱角型、闭合型、敞开对称型复合点坝各占比 26%、11%、24%、39%。各大类侧积体构型样式在样本中占比如下：延长型 2%、延长旋转型 16%、二次传递型 45%、扩张型 5%、传递型 6%、传递变向型 12%、复合型 9%、残存型 5%。

第 5 章　复合砂体构型级次的成因类型

复合砂体的成因类型解释对于未知区储层的分布预测具有重要意义。从单砂体发展到复合砂体的构型研究，研究对象由单一变得多样化、由简单变得复杂化、由局部变得整体化。我们除了要研究复合砂体的级次划分、各级次特征和定量规模，建立科学的构型模式和样式分类，还需要转移到复合砂体各构型级次的成因机制上，即各种条件（如地貌、基准面变化、水动力、气候等）如何影响复合砂体的形成过程。本章针对复合河道带级次、复合点坝级次和侧积体级次三个级次单元，分别探讨这三个级次单元的成因类型，根据这三个级次单元复合砂体的构型特征，采用不同的研究思路。

5.1　复合河道带级次的成因类型

复合河道带是河道摆动的最大范围，受控于米兰科维奇旋回的影响。本节主要从 A/S 和曲流河阶地地貌的角度探讨复合河道带级次的成因类型。

5.1.1　复合河道带构型单元与 A/S 关系

砂体构型受构造沉降、可容纳空间或 A/S 的控制（Shanley and Peter，1994；Cross and Baker，1993）。基准面变化直接影响着沉积物的堆积速率和可容纳空间的变化速率，从而进一步影响河道砂岩叠加样式、保存程度和内部结构类型的变化，不同 A/S 对砂体的空间结构和配置接触关系产生了有规律的变化。低 A/S 条件下，形成相互叠置、彼此切割的堆叠型和侧向迁移摆动的侧叠型河道砂岩。高 A/S 条件下，产生孤立的，被冲积平原泥岩包围的、各相渐变的河道带砂岩。简言之，随着可容纳空间增大，河道类型通常发生孤立型下切河道-堆叠型复合河道-侧叠型河道-孤立型河道的演化（图 5.1）。

在基准面变化过程中，河道带砂体的叠置类型发生变化。上升半旋回初期，湖平面快速下降，A/S 为负值（冲刷带），主要发育下切侵蚀河谷，以 Nm II 油组底部特征最为明显。在层序界面上 A/S 发生跳跃性变化，当 A/S 为正值时，在下切侵蚀河谷内形成孤立型河道砂体，砂体厚 10～20m，宽 300～1000m。如河间地区发育古土壤层。随着相对湖平面下降幅度的增强，曲流河下切侵蚀河道规模不断增大。

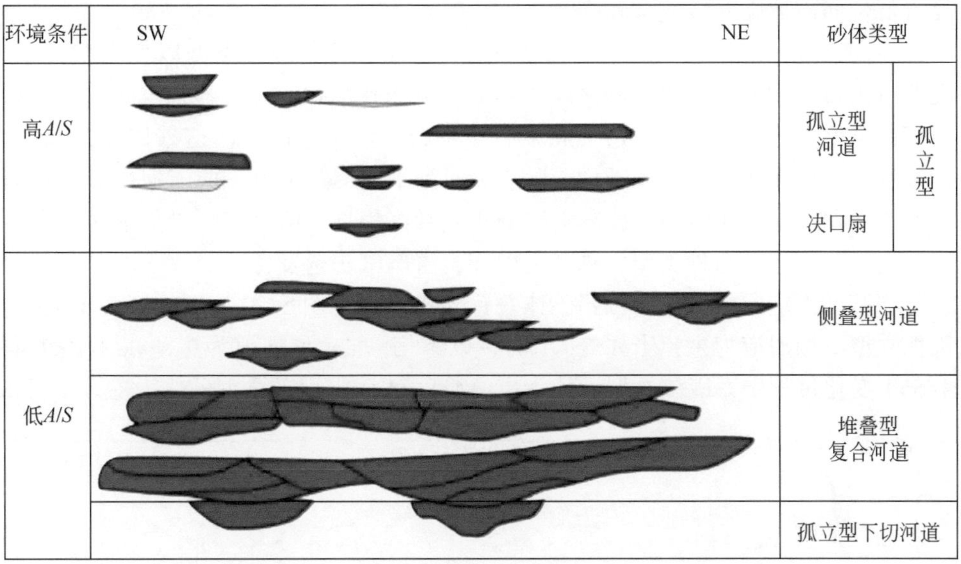

环境条件	SW　　　　　　　　　　　　　　　　　　　NE	砂体类型	
高A/S		孤立型河道	孤立型
		决口扇	
低A/S		侧叠型河道	
		堆叠型复合河道	
		孤立型下切河道	

图 5.1　秦皇岛 32-6 油田明下段高 A/S 和低 A/S 控制下砂体结构
特征（据陈飞等，2012 修改）

　　低 A/S 相当于早期低位体系域，河道砂岩和其他沉积物开始填充。河道砂体呈冲刷-充填形态，以堆叠型复合河道砂体为主。河道带砂体叠置连片，砂体厚 3~10m，宽 300~1200m，形成复合河道砂体，多层河道充填叠置，整体呈楔状体，互层砂体分布其中，以槽状交错层理为主。垂向加积作用较强，不同期次、不同级次砂体叠置，砂体内部发育各种形式的冲刷面。随着 A/S 稍微增大，堆叠型砂体分为三小类，由内向外单砂体规模变大，砂体组合规模变大，呈进积样式叠加，而且逐渐发育溢岸沉积。这反映了河道摆动迁移频率增大，水道迁移强度增大，在洪水事件过程中反复改道。

　　在中等的 A/S 区域附近，可容纳空间与沉积物供给达到动态平衡，河道砂体由堆叠型向侧叠型转变，砂体的相互叠置规模变小，河道横向发生迁移摆动，细粒物质增加，越岸沉积开始增加。砂体厚 3~8m，宽 300~900m，单层大规模河道冲刷充填，河道呈透镜状、板状，以大规模侧向迁移为主，砂岩侧向连续性好；底界面以低角度增生面为界。河道砂岩相的多样性增加，具紧凑的内部结构，呈侧叠型。随着可容纳空间的增大，侧叠型砂体也分为三小类，由内向外依次发育离散接触型（discreted contact，DC）、疏散接触型（evacuated contact，EC）和紧密接触型（intimated contact，IC），砂体规模变大，侧向上和垂向上更加紧凑，越岸沉积也越来越发育。越靠近 A/S=1 的界线，砂体侧向迁移越强烈。在靠近最大湖泛面（maximum flooding surface，MFS）砂体向孤立型转变，而越靠近低位面砂体则向堆叠型转变。

在高 A/S 条件下，相对湖平面快速上升，$A/S>1$。砂体类型以孤立型为主，发育有决口扇和孤立河道。砂体厚 $1\sim4\mathrm{m}$，宽 $200\sim600\mathrm{m}$。可容纳空间增大，河道弯曲度增大，河道砂体呈透镜状发育于细粒泛滥平原内。河道砂体彼此孤立，连通性差，形成迷宫状砂体结构。随着相对湖平面继续上升，曲流河由进积逐渐转变为退积。由于相对湖平面的瞬时静止或者沉积物供给丰富，局部地区发育有决口扇。有别于前两种类型，越靠近内部，溢岸沉积越发育。

在基准面旋回内的不同位置砂体叠置样式不同（图 5.2）。当 A/S 为负值时，以孤立型下切河道为主；当 $A/S\ll1$ 时，以下切–堆叠型河道为主；在 $A/S<1$ 向 $A/S>1$ 变化过程中，以侧叠型砂体为主；$A/S\gg1$ 时，以孤立型砂体为主。

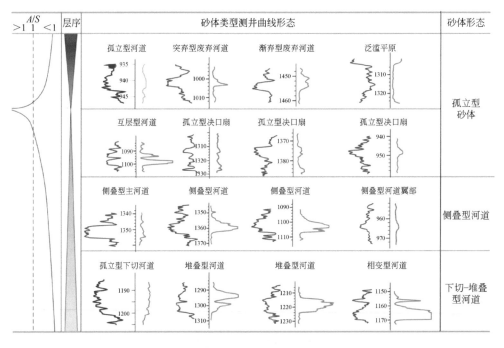

图 5.2　秦皇岛 32-6 油田明下段砂体叠置类型测井相变化与 A/S 的响应关系（据陈飞等，2012 修改）

5.1.2　复合河道带构型单元与曲流河阶地关系

复合砂体构型级次的划分对现代沉积具有现实意义。曲流河阶地的形成是气候变化、构造运动与基准面变化的综合结果，侵蚀基准面下降，河道侵蚀侧向迁移，横向摆动，导致曲流河阶地形成。阶地的规模、幅度与复合砂体的厚度存在一定的相关性，间接证明了沉积作用和复合砂体的关系。基准面下降，河道流量和沉积物供给发生变化，影响了曲流河水动力的变化，控制了阶地的规模，从而影响了河道砂体的规模，不同级次阶地的储层单元厚度、夹层数、单层厚度、综合物性、砂地比都存在差异性。通过对海拉尔河进行测量，河谷宽度3～5km，整个河谷发育有三级曲流河阶地，河谷形态、阶地分布及沉积物厚度等各不相同，河谷呈宽阔的U形，阶地沿河道两侧不对称分布。一级阶地面距离河面0.5～1.1m，为堆积阶地，沉积物为粉砂岩、细砂岩；二级阶地面距离河面2.2～3.8m，为堆积阶地，沉积物为中细砂岩、粉砂岩；三级阶地面距离河面4.8～6.2m，为堆积阶地，沉积物为中细砂岩（图5.3）。研究表明，6级构型单元是复合河道带，受三级阶地沉积控制，砂体分布于河谷范围。7级构型单元是单一河道带，分布于活动河道带，受二级阶地沉积控制。8级构型单元是复合点坝，受控于一级阶地，空间上呈一定角度的叠瓦状分布，单个点坝间存在泥质薄夹层，复合点坝间被废弃河道分割，是现代沉积的现存河道所限范围。8级构型单元是点坝级别，相当于现代沉积的河床位置，基准面下降过程中形成一系列相对

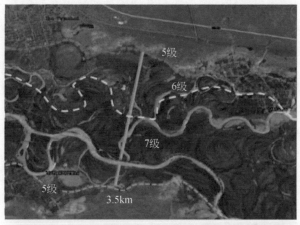

图5.3　海拉尔河三级阶地展布范围（据陈飞等，2018）

等时的曲流河阶地，构成小层的界面。基准面上升，河道砂体充填，依次发育低位体系域、水进体系域和高位体系域，填充砂体发生结构性演化。基准面下降，曲流河下切侵蚀，形成河床底部侵蚀冲刷面，由于构造运动叠加，基准面形成侵蚀-充填沉积的幕式特征，曲流河发生侧向迁移，凹岸侵蚀、凸岸加积，从而形成多级阶地，每一级阶地都是一幕基准面变化的结果。

5.2　复合点坝级次的成因类型

复合点坝由河道内多期点坝镶嵌拼合而成，形成了由若干侧向排列、呈一定角度堆叠的点坝拼合体，相互叠置的点坝构成了河道骨架砂体。点坝间存在泥质薄夹层，复合点坝间被废弃河道分割，是现代沉积的现存河道（一级阶地）所限范围。

由于曲流河沉积过程中，单个完整的点坝体基本只会发育在沉积末期，之前形成的点坝在水动力不断迁移改造下，往往遭受不同程度的破坏。因此，经历埋藏成岩后的点坝，多以残缺体的形式与其他构型残缺单元镶嵌在一起，残缺体的空间几何形态往往十分复杂（肖大坤等，2018）。复合点坝是指由多期残缺点坝组合在一起形成的复合体。

研究复合点坝的成因需要从"残缺性"入手。具体来说，首先需要搜集复合点坝的历史演化资料，统计点坝从形成到残缺的定量规律，分析其成因，得到相关结论。

Barrell（1917）提出地质历史中大约1/6的地质记录可以保存下来。地质学家需要通过这些残缺的地质记录尽可能推导出未保存下来的地质演化情况。揭示未保存的地质情况是加深对地层沉积环境成因解释和地下储层情况的重要研究思路。

5.2.1　地质记录的残缺与保存

Sadler（1981）指出，地质记录的保存情况与研究精度成反比。如图5.4所示，随着研究时间尺度的精度增加（Ⅰ—Ⅴ），沉积间隔的停滞时间增长，沉积物保存程度降低。图5.4的上图为沉积砂体原始厚度与沉积时间的函数关系曲线，在地质历史时期中，既有沉积作用，也有剥蚀作用。图5.4的下图为沉积砂体保存厚度与沉积时间的函数关系曲线，如果沉积作用伴随着剥蚀作用，且沉积量与剥蚀量相当，则沉积砂体保存厚度不变。反映在研究时间尺度上，如果研究尺度规模大，研究精度低，研究者观察到的是连续的沉积作用，沉积物保存厚度逐步增大（图中研究时间尺度Ⅰ）；如果研究尺度规模小，研究精度高，研究者观察到的是间断的沉积作用，沉积物保存厚度时而增加、时而停滞（图中研究时间尺度 V ），这个现象被称为"Sadler 效应"。根据这个原理，Sadler 和 Strauss（1990）定义了地层保存度这个概念，用以估计地层剖面形成的持续时间。地层保存度（DP）是指"某段特定地质时期间隔（T）中，留下地质记录的时长（t）所占的比例"，用公式表示为 $DP = t/T$。由于地质记录的持续时间难以确定，研究中可以用地层的厚度、沉积体的展布面积等可以实测的定量参数代替。Sadler（1981）认为影响地层保存情况的主要有三个因素：沉积作用、沉积间断作用、剥蚀作用。笔者通过对复合砂体成因的分析研究，认为影响地质体保存情况最主要的因素是地质体在地质历史时期未被破坏，即地层保存度高，因此本节将侧重点放在地质体保存情况与演化时间关系上。

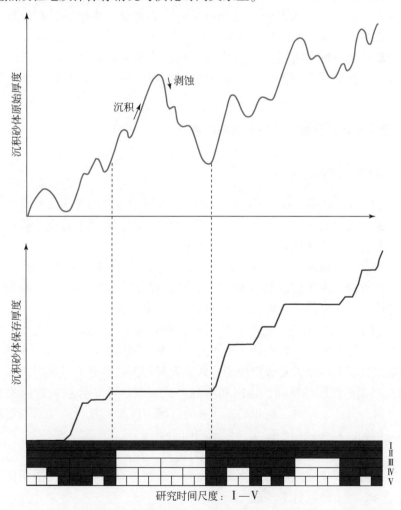

图 5.4　地质记录保存情况与研究尺度的关系

5.2.2　研究数据来源

由于复合点坝具有多期复杂性，对研究数据资料要求严苛。数据资料不仅需要反映出复合点坝的构型特征、定量规模，也要反映出复合点坝的演化规律。因此，本节从古代沉积、现代沉积、实验模拟三个角度出发，选取特征明显、规律性强、易于测量的沉积体资料进行测量。广泛对比调研后，优选出加拿大下白垩统 McMurray 组地层古代复合点坝沉积地震切片（Martinius et al., 2017）、密西西比河下游新马德里现代曲流段沉积卫星遥感照片（Holbrook et al., 2006）、曲流河数值模拟（van de Lageweg et al., 2016）和曲流河物理模拟（van de Lageweg et al., 2013）资料。这四类资料各有优缺点，将这四类资料的拟合结果进行对比分析，可以取长补短，充分发挥各自的优势，使结果具有说服力。其中，数值模拟和物理模拟资料本身就可以反映出曲流河复合点坝的演化过程。古代沉积和现代沉积则需要进行演化恢复工作，才能得到复合点坝演化的过程数据。由此，根据复合点坝的特征和沉积过程规律，设计一种复合点坝演化恢复方法。

5.2.3　复合点坝演化恢复方法及面积测量

1. 复合点坝演化恢复方法

Fisk（1944）利用点坝之间的切割关系、地形和河道的迁移关系绘制了密西西比河下游曲流段的古河道演化图。本节对此方法进行适当的补充和修正，提出一种新的复合点坝演化恢复方法。

该方法参照曲流河地貌学和沉积学概念，通过相对期次（横切关系）、侧积类型、河床方向、古水流指向标志以及废弃河道的位置去重构复合点坝的演化过程。具体恢复过程如图 5.5 所示，主要划分为 6 个步骤。

（1）识别出现代曲流带边界，识别曲流带及复合点坝的沉积类型，对平面沉积相类型进行素描。准确确认活动河道、废弃河道的边界，确认点坝叠置关系和侧积层组合关系。根据复合点坝的位置和叠置切割关系分析点坝期次。

（2）根据侧积层的倾向、走向和排列样式，确认各复合点坝的侧积方向和古水流方向。具体工作时，侧积层不明显的区域可以参照复合点坝的平面形态帮助恢复（例如，坝头趋向于截切，坝尾趋向于平缓）。

（3）定位最晚期的河道或废弃河道的边界。在平面上，描绘出活动河道的位置，这是河道演化最晚期的产物，也称为终期河道。分析终期河道相伴生的复合点坝，为下一步外推打下基础。

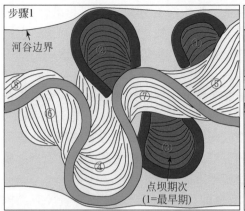

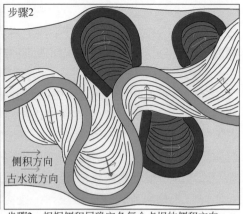

步骤1：对卫星遥感照片素描，根据复合点坝叠置关系分析点坝期次。

步骤2：根据侧积层确定各复合点坝的侧积方向和古水流方向。

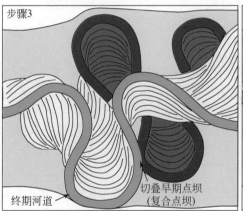

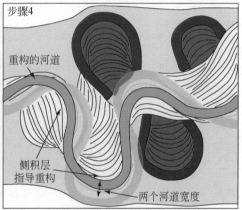

步骤3：定位最晚期的河道(终期河道)。

步骤4：重构终期河道的上一期河道：根据侧积层方向，将终期河道向终期点坝移动两个河道的宽度，用虚线重构出上一期河道。

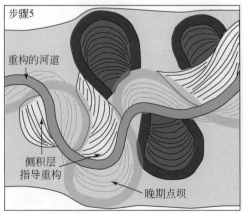

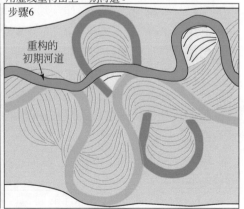

步骤5：重复步骤4。

步骤6：重构出初期河道。

图 5.5　复合点坝演化恢复流程图

（4）根据河道的位置、点坝叠置关系、侧积层的方向、类型和组合关系，将终期河道向伴生复合点坝外推两个河道宽度，用虚线重构出上一期河道，上一期河道需要与复合点坝内侧积层的走向相一致。这一步是通过相邻期次河道的关系，利用侧积层从已知河道推导出未知河道。

（5）继续采用步骤（4）中两河道宽度推导上一期未知河道。平面上可以观察到的废弃河道是重要的"恢复连接点"。恢复到早期河道时，不确定性增加，点坝的叠置关系变得不清楚，河道位置难以确定。这时需要参考其他现代曲流河沉积模式和经验公式，通过类似曲流河的卫星遥感照片对比法和曲流河定量地质知识库数据约束重构恢复工作，使恢复过程尽可能准确。

（6）根据河道物理迁移规律、废弃河道的位置、复合点坝的叠置关系、侧积层的类型、方向和组合关系，恢复出初期河道。具体恢复过程中，不确定性需要多方面参考其他曲流河的模型样式以及经验公式，以帮助约束解释结果。

2. 复合点坝面积测量方法

为了定量化探究复合点坝的成因，需要较准确地测量大量复合点坝的面积。不论是自然界中的现代复合点坝沉积，还是表征出来的地下复合点坝沉积，其形态规模都大相径庭，并呈现出不规则的形状，不容易准确测量其面积。同时，由于研究所需，测量的复合点坝数量较多，所以需要设计一种既简单快捷，又能达到精度要求的复合点坝面积测量方法。

根据笔者调研，测量不规则图形面积的方法，一般有图形割补法、相似图形转换法、数格子法等几何方法，也有像素法或利用 ArcGIS、AutoCAD 等地图绘制软件进行精确测量的方法。利用上述几何方法，精度太低，难以达到研究的要求；利用像素法或 ArcGIS、AutoCAD 等地图绘制软件虽然可以达到相当的精度要求，但是过程较为复杂，操作烦琐，难以达到高效大量测量的目的。笔者设计了一种利用 Google Earth 投影图像进行复合点坝面积简易测量的方法，不仅达到了研究精度的要求，并且操作简单、测量速度快捷，利用该方法极大地帮助了研究的推进。以下简述该方法的流程步骤（图 5.6）。

（1）Google Earth 软件"多边形模块"可以方便快捷地测量不规则图形的面积，精度达到 $1m^2$。在 Google Earth 软件中，选取一块较为平坦的地貌作为投影背景底图。

（2）通过软件中"添加图像叠加层"的功能，将需要测量面积的图件投影到背景底图上。

（3）为了方便测量目标体的面积，将叠加图件的透明度调整为 30% ~ 50%，既能方便添加测量的多边形，又能观察到叠加层图件。

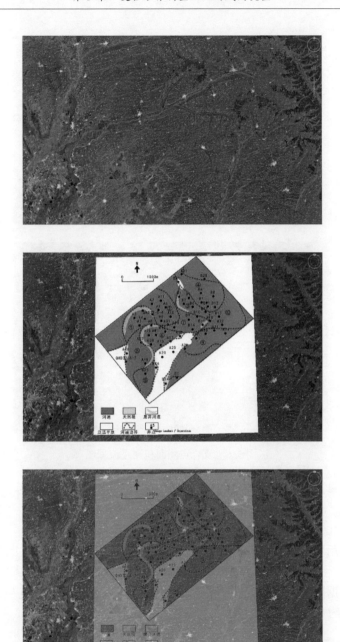

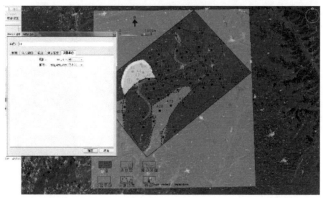

图 5.6　复合点坝面积测量流程图

（4）测量图件中的比例尺在 Google Earth 软件中的距离，作为以下换算面积的数学工具。例如，图件中的比例尺在 Google Earth 软件中的长度为 29608m，代表图件中的 1000m。

（5）使用"多边形模块"测量图件中目标体在 Google Earth 上的投影面积。例如，在例子中测得点坝①的面积为 533470625m²。

（6）根据图件比例尺换算得到目标体的实际面积。例如，点坝①的面积为 608544m²，约 0.6km²。

5.2.4　复合点坝数据分析

1. 古代沉积复合点坝数据分析

1）资料介绍

地震切片可以反映沉积体的演化过程，但是渤海湾盆地的曲流河沉积规模较小，地震切片难以清楚识别出河道。选取的地震切片要求地震资料品质高，且河道规模大。在做了大量调研后，选取了艾伯塔盆地下白垩统 McMurray 组地层的地震切片（Musial et al.，2012），该地震资料品质高，河道规模大，复合点坝长度大约 5km。在切片上，复合点坝叠置关系清楚，侧积层组合关系清楚，可以作为研究曲流河演化的资料（图 5.7）。

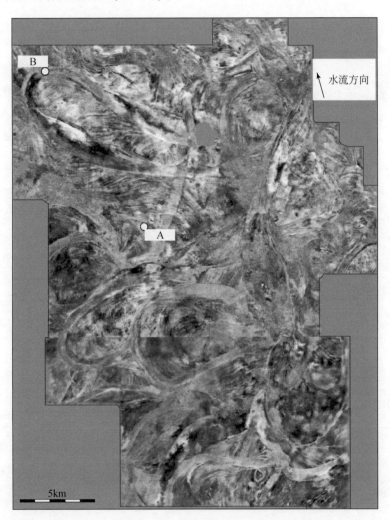

图 5.7　艾伯塔盆地下白垩统 McMurray 组地层曲流河地震切片（据 Musial et al.，2012）

2）恢复过程与结果

利用复合点坝演化恢复方法，恢复了 McMurray 组地层曲流河复合点坝演化过程。如图 5.8 所示，最终恢复出复合点坝演化的 12 个阶段。其中，阶段 1 是最早期的河道，阶段 12 是最晚期的河道。不同阶段之间河道迁移的宽度主要参照密西西比河的演化过程，同时利用弯曲度、河道宽度等参数和经验公式作为约束条件。恢复过程中有一些重要的演化节点：①阶段 1 活动河道的弯曲度是1.68，阶段 5 活动河道的弯曲度是 2.52。由于点坝 2、点坝 3 和点坝 4 持续侧向加积，使曲流河从阶段 1 到阶段 5 弯曲度快速增加；②从阶段 2 至阶段 3，点坝

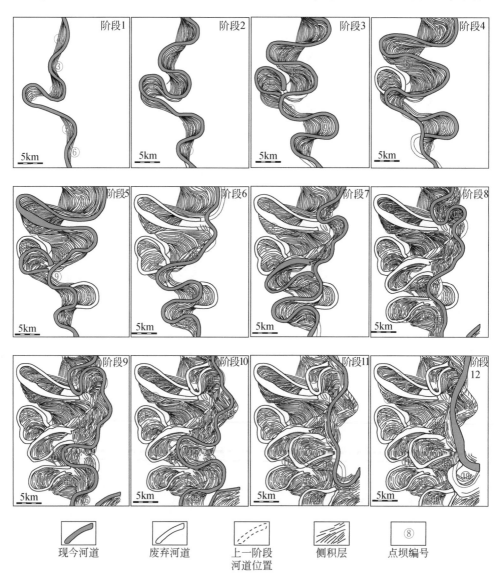

图 5.8　McMurray 组地层曲流河演化恢复图

2 反向侧积，造成点坝 1 对应的曲流段截弯取直，演化为废弃河道，点坝 1 演化为废弃点坝；③从阶段 5 到阶段 6，由于复合点坝 3 对应的曲流段曲颈取直，活动河道弯曲度显著降低，从阶段 5 的 2.52 降至阶段 6 的 1.94；④点坝 1、点坝 8、点坝 12 和点坝 13 被东部的后期点坝叠置破坏残缺；⑤从阶段 10 到阶段 12，曲流河弯曲度持续下降，从 2.61 降至 1.11，这是由于曲流段截弯取直和点坝不断向下游迁移。阶段 12 为河道演化最终阶段，弯曲度低，点坝相互切叠复合，以砂岩充填为主。

　　点坝在曲流河演化的多个阶段都是变化的。曲流河侧向加积，点坝开始形成。形成初期，点坝面积小，但形态相对完整。之后，由于曲流河迁移、反向加积等作用，会对先期点坝破坏，并形成新的点坝覆盖于先期点坝之上，形成复合点坝。点坝面积虽然增大，但是形态变得残缺不完整，甚至被完全破坏消失。为了便于研究点坝的演化，笔者定义了完整点坝面积、保存点坝面积和复合度的概念。完整点坝面积是指点坝在某一阶段未被破坏的完整形态的面积；保存点坝面积是指点坝在某一阶段破坏后保存下来的面积；复合度是指点坝在某个阶段，其保存面积占完整面积的比例。由于点坝面积会增生变大，所以点坝演化晚期其面积一般大于早期的面积，但是复合度小于早期。具体测量点坝完整面积和保存面积时，需要参考曲流带包络形态、侧积层组合样式，同时需要参考前后演化阶段该点坝的形态。复合度用公式表示如下：

$$PPB = APB/TPB \times 100\%$$

式中：TPB 为完整点坝面积；APB 为保存点坝面积；PPB 为复合度。

　　本节测量了 19 个点坝在 12 个阶段的完整面积和保存面积，并计算了这些点坝不同阶段的复合度，形成定量数据库（附表 2）。其中，点坝 1、点坝 2、点坝 3、点坝 4、点坝 5、点坝 6 在 12 个阶段中均可观测到（点坝 5 在阶段 12 复合度趋向于 0）；点坝 7、点坝 8、点坝 9、点坝 10、点坝 11、点坝 12、点坝 13、点坝 14、点坝 15、点坝 16、点坝 17、点坝 18、点坝 19 在后期演化阶段中才出现。点坝 4 和点坝 5 在 12 个阶段中是最连续变化的；其他点坝演化到一定阶段后，由于废弃并远离主河道，点坝形态和保存面积相对稳定，其中点坝 1 和点坝 3 演化到阶段 6 后趋于稳定不再变化，是保存稳定时期最长的点坝。点坝 17 最终保存度最高，复合度为 90.18%；点坝 5 最终保存度最低，复合度为 0（破坏消失）。点坝在早期阶段比晚期阶段面积小，但复合度高。阶段 1，点坝总面积为 18.725km²；阶段 12，点坝总面积为 53.138km²。点坝早期阶段复合度趋向于 100%，演化到阶段 12 时，其平均复合度为 63.72%。

　　3）数据分析

　　以复合期次作为横坐标，复合度作为纵坐标，将统计数据投点至坐标系上，同时对纵轴数据制作箱形图件。通过观察数据点，发现在点坝形成初期（1 期）时，复合度均为 100%，即点坝未被破坏前是完整的。随后点坝逐渐被破坏叠置，复合度减小。有的点坝在某阶段后趋于稳定，复合度不再发生变化。整体上，复合度变化的趋势表现为先快速递减、后缓慢递减并趋于稳定，很吻合对数关系。所以用对数曲线拟合数据点，可以得到复合度与复合期次的关系式：$y=-0.195\ln x+1$，拟合度为 0.772。通过箱形图，可以观察到随着复合期次的增加，复合度数据的离散度增大。说明各复合点坝在形成初期，虽然破坏较大，但破坏程度是接近的，即复合度是接近的；各复合点坝在形成末期，经历了多期次破坏复合，破坏程度大小不一，复合度是离散的（图 5.9、图 5.10）。

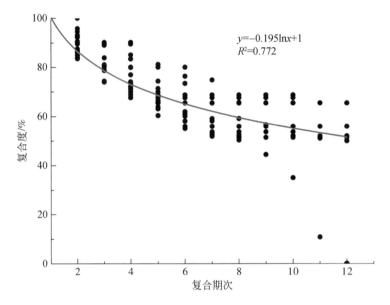

图 5.9　McMurray 组地层复合点坝复合度与复合期次拟合图

2. 现代沉积复合点坝数据分析

1）资料介绍

密西西比河下游点坝发育，弯曲度高（弯曲度 1.5 以上），是典型的曲流河，并且对其研究程度高。本节选取了新马德里考察点（36°31′7.59″N，89°30′44.03″W）（图 5.11）。

2）恢复过程和结果

利用复合点坝演化恢复方法，恢复了密西西比河下游新马德里现代曲流河段复合点坝演化过程。如图 5.12 所示，最终恢复出复合点坝演化的 9 个阶段。其

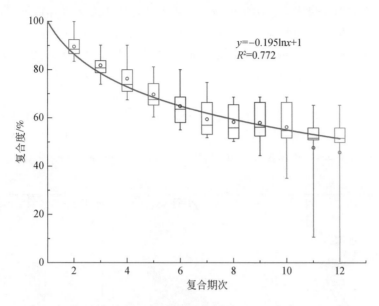

$$y=-0.195\ln x+1$$
$$R^2=0.772$$

图 5.10　McMurray 组地层复合点坝复合度与复合期次拟合箱形图

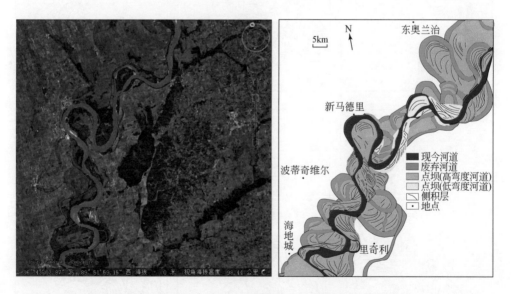

图 5.11　密西西比河新马德里曲流河段卫星遥感照片与素描图（据 Holbrook et al. ，2006）

中，阶段 1 是最早期的河道，阶段 9 是最晚期的河道，即现代河道。每个阶段的节点是重要的废弃事件或活动河道弯曲度发生较大变化。重要的演化事件包括：①早期演化阶段的特征是曲流带横向迁移和扩张；②阶段 1 至阶段 2，点坝 1、点坝 2 对应的曲流带发生了串沟取直，点坝 1 和点坝 2 成为废弃点坝，点坝 5 对应的曲流段发生了逆向摆动，点坝 5 成为废弃点坝；③阶段 3 至阶段 4，点坝 7、点坝 8 对应的曲流段废弃，活动河道弯曲度降低；④阶段 7 至阶段 9，即曲流河演化晚期，河道有明显向下游迁移的趋势，点坝 11、点坝 15 和点坝 16 均向下游加积。

　　测量了 20 个点坝在 9 个阶段的完整面积和保存面积，并计算了这些点坝不同阶段的复合度，形成定量数据库（附表 3）。其中，点坝 1、点坝 2、点坝 3、点坝 4、点坝 5 在 12 个阶段中均可观测到；点坝 6、点坝 7、点坝 8、点坝 9、点

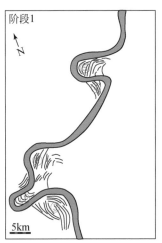
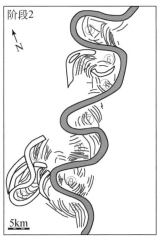

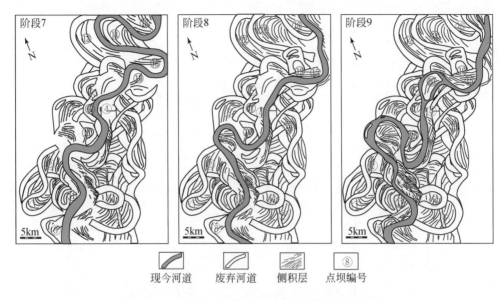

图 5.12　密西西比河新马德里曲流河段演化恢复图

坝 10、点坝 11、点坝 12、点坝 13、点坝 14、点坝 15、点坝 16、点坝 17、点坝 18、点坝 19、点坝 20 在后期演化阶段中才出现。点坝 2、点坝 3、点坝 4、点坝 5 在 9 个阶段中是连续变化的；点坝 1 演化到阶段 2 后趋于稳定不再变化，是保存稳定时期最长的点坝。点坝 10 最终保存度最高，复合度为 83.22%；点坝 4 最终保存度最低，复合度为 43.66%。点坝在早期阶段比晚期阶段面积小，但复合度高。阶段 1，点坝总面积为 92.95km^2；阶段 9，点坝总面积为 404.09km^2。点坝早期阶段复合度趋向于 100%，演化到阶段 9 时，其平均复合度为 67.66%。

3）数据分析

以复合期次作为横坐标，复合度作为纵坐标，将统计数据投点至坐标系上。通过观察数据点，发现在点坝形成初期（1 期），复合度均为 100%，即点坝未被破坏前是完整的。随后逐渐被破坏叠置，复合度减小。有的点坝在某阶段后趋于稳定，复合度不再发生变化。整体上，复合度变化的趋势表现为先快速递减、后缓慢递减并趋于稳定，很吻合对数关系。所以用对数曲线拟合数据点，可以得到复合度与复合期次的关系式：$y=-0.183\ln x+1$，拟合度为 0.7444。通过箱形图，可以观察到随着复合期次的增加，复合度数据的离散度增大。说明各复合点坝在形成初期，虽然破坏较大，但破坏程度是接近的，即复合度是接近的；各复合点坝在形成末期，经历了多期次的破坏复合，破坏程度大小不一，复合度是离散的（图 5.13、图 5.14）。

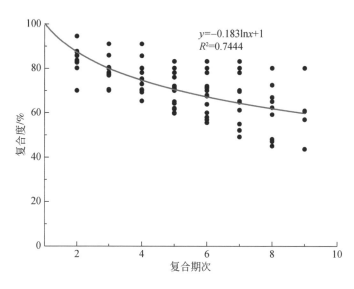

图 5.13　密西西比河新马德里曲流河段复合点坝复合度与复合期次拟合图

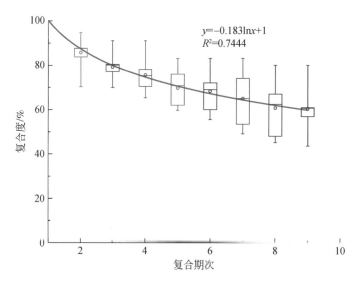

图 5.14　密西西比河新马德里曲流河段复合点坝复合度与复合期次拟合箱形图

3. 数值模拟复合点坝数据分析

1）资料介绍

数值模拟复合点坝的数据来源于 van de Lageweg 等（2016）采用 NAYS2D 数

字模型器记录了曲流河演化过程。NAYS2D 是一种基于二维流体动力学和沉积动力学模拟的数值模型，模型产生的曲流河弯曲变化并不是固定化河岸侵蚀与加积的关系，允许河道在水动力条件下自由演化，更符合自然规律（Asahi et al.，2013；Schuurman and Kleinhans，2015；Schuurman et al.，2016）。模拟相关参数来源于莱茵河和密西西比河下游资料，包括曲流河流量、河谷坡度、沉积物粒度和泥沙淤积速率等（Fisk，1945；Stouthamer and Berendsen，2000；Kleinhans and Berg，2011），此外，这两条曲流河也有较为详细的百年内演化历史数据（Aslan and Autin，1999；Hudson and Kesel，2000；Gouw and Berendsen，2007；Makaske and Weerts，2010）。

　　研究中，使用 NAYS2D 模拟了曲流河加积弯曲的过程。模型域宽 3km，长 10km。模拟初始设置河道为一条宽 200m 的直线河道，坡度为 2×10^{-4}mm^{-1}，流量设置为 2500m^3/s，沉积物平均粒度为 2mm。计算网格为 20m×20m 的矩形。这些参数参考了 Schuurman 等（2013）简化后的水动力方程式。

　　模拟运行期间，凹岸侵蚀和凸岸加积调整着河道流动轨迹。随着河道变化，网格边界不断拟合调整。通过时间步长记录沉积过程，每一个时间步长相当于两年河道的迁移。模型运行结束时，在坐标系中生成沉积物平面高度地貌成果图。本次研究重点关注 T=300 时间步长到 T=1336 时间步长的沉积过程，截取文献（van de Lageweg et al.，2016）中提供的 T=300 时间步长、T=350 时间步长、T=400 时间步长、T=500 时间步长、T=668 时间步长、T=1336 时间步长六个演化时间点成果图，河道演化时间范围为两千多年（图 5.15）。

　　河道模拟至终期，即 T=1336 时间步长时，形成的冲积地貌长约 9km、宽约 2.5km，主河道弯曲度 2.37，为高弯度曲流河。废弃河道和点坝相互叠置，形态复杂，列入本次数据统计的共有 16 个复合点坝。点坝长度 0.5~2km，宽度大于 1km，废弃河道宽度约为 150m。根据横剖面数据，河道沉积厚度约为 20m（van de Lageweg et al.，2016）。

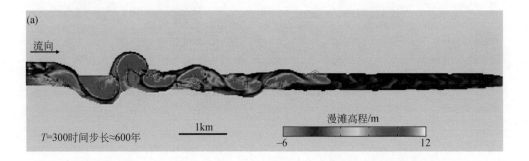

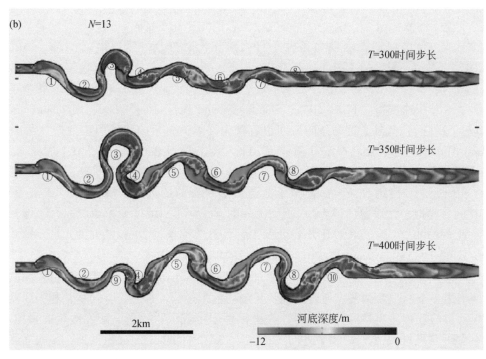

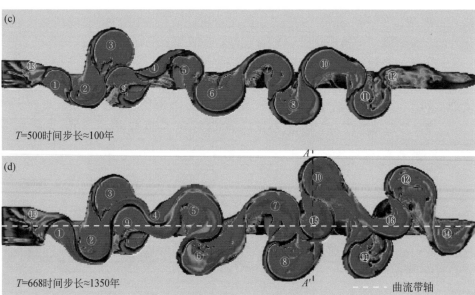

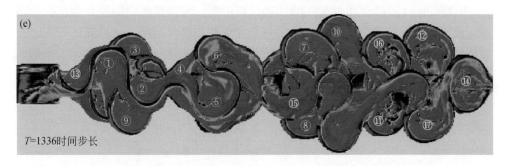

图 5.15　NAYS2D 曲流河数值模拟模型（据 van de Lageweg et al.，2016 修改）

2）恢复过程与结果

NAYS2D 数值模拟结果可以直接提供曲流河的演化过程。van de Lageweg 等（2016）的文献中提供了曲流河 6 个阶段的演化成果图。阶段 1（$T = 300$ 步长）是演化最早期的河道，阶段 6（$T = 1336$ 步长）是演化最晚期的河道（图 5.15）。每个阶段河道都有一定程度的变化。重要的演化事件包括：①河道演化初始阶段弯曲度低，以侧向迁移作用为主；②复合点坝 2 向下游方向旋转传递迁移，导致复合点坝 3 被截弯取直后破坏；③复合点坝 8 在 $T = 668$ 步长时被截弯取直，导致河道整体向下游传递加积；④下游点坝叠置复合程度大于上游点坝。

本次研究测量了 16 个点坝在 6 个阶段的完整面积和保存面积，并计算了这些点坝不同阶段的复合度，形成定量数据库（附表 4）。其中，点坝 1、点坝 2、点坝 3、点坝 4、点坝 5、点坝 6、点坝 7、点坝 8 在 6 个阶段中均可观测到；点坝 9、点坝 10、点坝 11、点坝 12、点坝 13、点坝 14、点坝 15、点坝 16 在后期演化阶段中才出现。由于模拟展示的演化间隔时间长，所以所有点坝在不同阶段均有变化，具有不同的复合度。具有 6 个阶段完整演化期次的点坝中，点坝 2 最终保存度最高，复合度为 82.52%；点坝 8 最终保存度最低，复合度为 52.17%。点坝在早期阶段比晚期阶段面积小，但复合度高。阶段 1，点坝总面积为 12.4km²；阶段 6，点坝总面积为 19.15km²。点坝早期阶段复合度趋向于 100%，演化到阶段 6 时，其平均复合度为 75.48%。

3）数据分析

以复合期次作为横坐标，复合度作为纵坐标，将统计数据投点至坐标系上，同时对纵轴数据制作箱形图件。通过观察数据点，发现在点坝形成初期（1 期）时，复合度均为 100%，即点坝未被破坏前是完整的。随后点坝逐渐被破坏叠置，复合度减小。有的点坝在某阶段后趋于稳定，复合度不再发生变化。整体上，复合度的变化趋势表现为先快速递减、后缓慢递减并趋于稳定，很吻合对数关系。所以用对数曲线拟合数据点，可以得到复合度与复合期次的关系式：

$y=-0.158\ln x+1$，拟合度为 0.8003。通过箱形图，可以观察到随着复合期次的增加，复合度数据的离散度增大。说明各复合点坝在形成初期，虽然破坏较大，但破坏程度是接近的，即复合度是接近的；各复合点坝在形成末期，经历了多期破坏复合，破坏程度大小不一，复合度是离散的（图 5.16、图 5.17）。

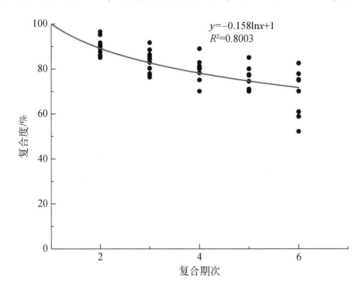

图 5.16　曲流河数值模拟复合点坝复合度与复合期次拟合图

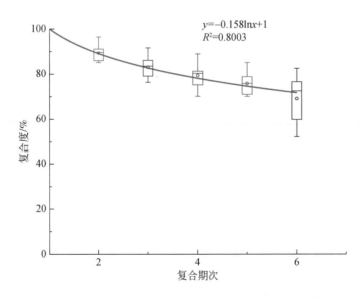

图 5.17　曲流河数值模拟复合点坝复合度与复合期次拟合箱形图

4. 物理模拟复合点坝数据分析

1）资料介绍

实验室沉积物理模拟可以辅助构建地质概念模型，可以模拟多种构造条件、多种水动力条件下的曲流河沉积过程，分析各构型要素的空间展布规律。本小节中，物理模拟复合点坝的数据来源于 van de Lageweg 等（2013）对砾石质曲流河的模拟实验。实验装置为一个长 11m、宽 6m 的水槽，水槽坡度 5.5×10^{-3}。水槽中填充了一层厚 10cm 的差分选沉积物，在其中设计一条宽 0.3m、深 0.015m 的初始顺直河道。沉积物注入速率为 1.25kg/h，流体注入速率为 1L/s。下游边界为恒定水位的深水池，曲流河在深水池处形成三角洲。

物理模拟实验全过程 260h，采用垂直分辨率为 0.2mm 的激光仪记录曲流河地貌高度，共收集了 40 次地貌高度数据，并用相机记录。为了获得较高的对比度，流体被染料染为紫色。本次研究关注 $T=0$ 到 $T=260h$ 的沉积过程，截取文献中提供的 $T=0$、$T=30h$、$T=58h$、$T=128h$、$T=150h$、$T=171h$、$T=260h$ 演化时间点的成果图进行统计分析（图 5.18）。

模拟过程中，河道的规模是不断增大的。最初，河道宽度约 0.6m，流域面积约 4m²；实验结束时，河道宽度约 2.1m，流域面积约 24m²。

2）模拟过程与结果

模拟过程中，河道最初为设计的顺直河 [图 5.18（a）]。50h 时，河道逐渐演化为低弯度曲流河，河道一侧侵蚀物提供物源，于下游相对侧形成点坝雏形，河道弯曲度增加至 1.12 [图 5.18（b）]。随着上游沉积物不断被冲积到下游，点坝长度和宽度增加，弯曲度增加，至 58h 时形成三个点坝，河道弯曲度增加至 1.3 [图 5.18（c）]。至 128h，出现明显点坝叠置复合现象，新形成的点坝 4 截断了曲流带，叠置于点坝 2 之上。同时，点坝内出现可以观察到的侧积体沉积，侧积体仅有几厘米宽，之间间隔具有规律性 [图 5.18（d）]。150h 时，曲流河多个位置出现截弯取直现象，河道弯曲度迅速下降，几乎重新拉直，形成多个废弃点坝 [图 5.18（e）]。河道矫直后，至 171h，开始形成新的点坝，与先前点坝呈镜像关系，河道重新弯曲 [图 5.18（f）]。至 260h，河道演化过程大体与之前弯曲过程一致，不过由于漫滩为先期的废弃河道和点坝，后期形成的点坝多覆盖叠置之上，在漫滩形成范围内有广泛的复杂复合点坝沉积 [图 5.18（g）]。

本小节测量了 10 个点坝在 6 个阶段的完整面积和保存面积，并计算了这些点坝不同阶段的复合度，形成定量数据库（附表 5）。其中，点坝 1、点坝 2 在 6 个阶段中均可观测到；点坝 3、点坝 4、点坝 5、点坝 6、点坝 7、点坝 8、点坝 9、点坝 10 在后期演化阶段中才出现。由于模拟展示的演化间隔时间长，所以所

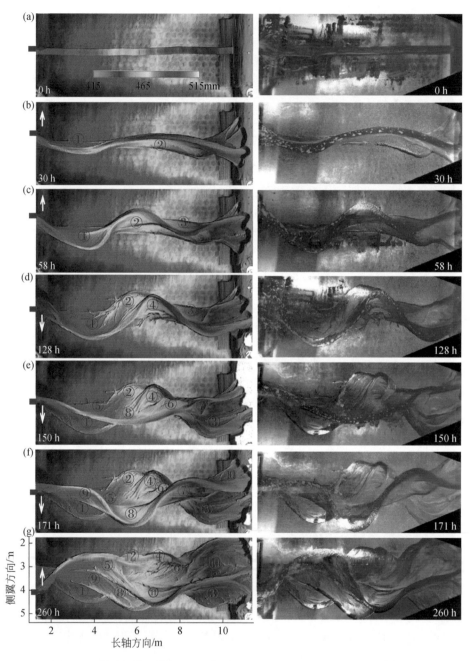

图 5.18　曲流河物理模拟过程图（据 van de Lageweg et al.，2013 修改）

有点坝在不同阶段均有变化，具有不同的复合度。在具有 6 个阶段完整演化期次的点坝中，点坝 1 最终保存度最高，复合度为 70.5%；点坝 2 最终保存度最低，复合度为 29.99%。点坝在早期阶段比晚期阶段面积小，但复合度高。阶段 1，点坝总面积为 4.93m²；阶段 6，点坝总面积为 23.52m²。点坝早期阶段复合度趋向于 100%，演化到阶段 6 时，其平均复合度为 68.27%。

　　3）数据分析

　　以复合期次作为横坐标，复合度作为纵坐标，将统计数据投点至坐标系上，同时对纵轴数据制作箱形图件。通过观察数据点，发现在点坝形成初期（1 期）时，复合度均为 100%，即点坝未被破坏前是完整的。随后点坝逐渐被破坏叠置，复合度减小。有的点坝在某阶段后趋于稳定，复合度不再发生变化。整体上，复合度变化的趋势表现为先快速递减、后缓慢递减并趋于稳定，很吻合对数关系。所以用对数曲线拟合数据点，可以得到复合度与复合期次的关系式：$y = -0.21\ln x + 1$，拟合度为 0.6316。通过箱形图，可以观察到随着复合期次的增加，复合度数据的离散度增大，说明各复合点坝在形成初期，虽然破坏较大，但破坏程度是接近的，即复合度是接近的；各复合点坝在形成末期，经历了多期破坏复合，破坏程度大小不一，复合度是离散的（图 5.19、图 5.20）。

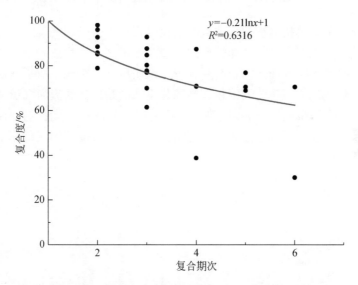

图 5.19　曲流河物理模拟复合点坝复合度与复合期次拟合图

5. 四种复合点坝数据对比分析

　　以上四种方法都能得到的复合期次与复合度的拟合关系式 $y = -a\ln x + 1$。其中数值模拟方法拟合度最高，切片法和卫星遥感照片法拟合度次之（切片法略好于卫星遥感照片法），物理模拟法拟合度最差。分析其原因，数值模拟采用以水动

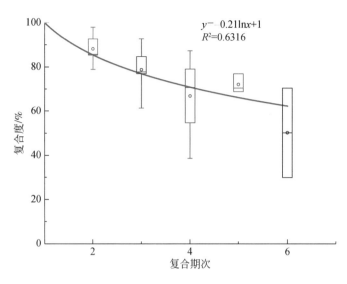

图 5.20　曲流河物理模拟复合点坝复合度与复合期次拟合箱形图

力方程为核心的计算机算法模拟曲流河演化过程，不会受到突发地质事件和人为因素的影响，所以拟合结果规律性最强，拟合度最高；切片法和卫星遥感照片法反映的都是自然界实际曲流河，会受到突发地质事件的影响，所不同的是切片法反映的是古代曲流河沉积，而卫星遥感照片反映的是现代曲流河沉积（有人为因素的影响），所以切片法拟合度略高于卫星遥感照片法拟合度；物理模拟法由于实验装置尺度、注水量和输沙量难以控制，以及时间尺度等因素的影响，拟合度最差（图 5.21）。

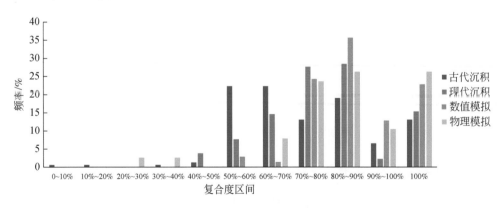

图 5.21　四种复合点坝数据对比图

5.2.5　复合点坝成因类型及复合点坝公式

通过以上切片法、卫星遥感照片法、数值模拟法和物理模拟法等恢复曲流河复合点坝演化历史，统计各演化期次的复合度数据。在二维坐标轴投点后，都可以拟合得到一条相似的对数曲线 $y=-a\ln x+1$。这条曲线反映了复合点坝的成因规律，将此曲线命名为复合曲线（图 5.22）。

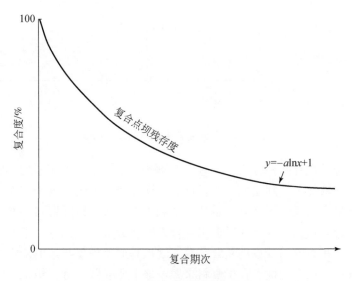

图 5.22　复合曲线与复合公式

因此，通过以上数据分析和图表观察，可以得到一个相同的具有普遍规律的公式：

$$y=-a\ln x+1$$

式中：x 为复合期次；y 为复合度；a 为复合系数。复合期次和复合度之间普遍存在对数关系。公式定义了点坝复合度为 100% 时复合期次为 1，表示点坝刚形成时形态是完整的。复合期次增加，复合度逐渐减小，表示点坝逐渐被破坏残缺。复合期次增加到一定程度，复合度逐渐趋于不变，表明点坝成为远离主河道的废弃点坝，形态趋于稳定。公式与实际数据拟合度一般在 0.7 以上，拟合度与数据来源、观测尺度、数据完整性等因素有关。不同尺度、不同观测数据都验证了这个公式的正确性，因此可以认为这个公式在解释复合点坝成因时具有普遍意义，将此公式命名为复合公式。

复合公式中，复合系数 a 与河道规模、河道形态、基准面升级、水动力、地貌、植被、气候等因素有关。复合系数 a 决定了点坝的复合程度和复合速率。如图 5.23 所示，当复合系数 a 较小时，复合曲线变化速率慢，说明点坝复合程度低，保存较好；当复合系数 a 较大时，复合曲线变化速率快，说明点坝复合程度高，初期点坝不易保存，被迅速破坏甚至消失。

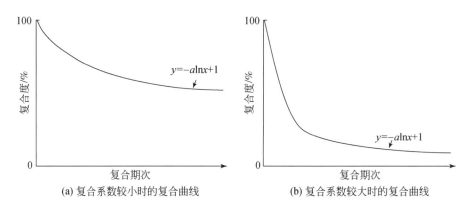

(a) 复合系数较小时的复合曲线　　　　　　(b) 复合系数较大时的复合曲线

图 5.23　不同复合系数时的复合曲线

　　确定复合系数有两种方法：①选取与研究区相似的原型模型卫星遥感照片，采用复合点坝恢复法得到原型模型复合点坝演化历史，统计复合期次与复合度数据，拟合出复合曲线，得到复合系数；②利用研究区的地震资料和井资料，表征出某几期复合点坝，代入公式反求出复合系数。方法 1 的优点在于原型模型区资料较为丰富，相对容易计算出复合系数，缺点是原型模型与地下研究区的匹配存在一定差异；方法 2 的优点在于资料来源于地下研究区，计算结果吻合度高，缺点是不太容易表征出复合点坝的形态，难以得到面积数据。针对两种方法的优缺点，建议综合采用两种方法，再分析数据的误差并校正。

　　复合曲线和复合公式揭示了复合点坝的成因规律，即一条单一曲流河的凸岸为多期残缺的点坝组成的复合体，其中某一期点坝从形成到被破坏成残缺状态，其残缺程度（复合度）与期次呈对数递减关系，最后趋于稳定或消失。这个成因规律命名为复合定律。复合定律从动态演化的角度定量分析了曲流河复合点坝的演化过程，而常规地质知识库、经验公式都是从静态角度研究。因此这套理论的提出对复合砂体表征具有很高的价值。

5.3　侧积体级次的成因类型

　　理解侧积体的成因有助于分析复合点坝内部储层结构和隔夹层分布，指导井网井距设计和注采调整。根据定义，侧积体是指曲流河周期性洪水泛滥作用形成的沉积砂体，一次洪泛事件沉积一个侧积体，每个侧积体为一个等时单元（岳大力，2006）。侧积体与侧积体之间为侧积层，岩性为泥岩，侧积层是复合点坝内重要的隔夹层。周期性洪水泛滥作用显然为侧积体的成因。由于洪水泛滥作用，复合点坝内部形成了沟脊相间的地貌特征。早期曲流河学家直接用点坝内高低的地形差异定义侧积体（Melton，1936；Hickin，1974；Nanson，1980），这是关于侧积体成因的定性分析。本次研究需要将侧积体的成因分析达到定量化程度。在定性的基础上，将侧积体内高点定名为坝脊，低点定名为坝洼，从坝脊和坝洼入手定量化研究侧积体的成因。

5.3.1 侧积体的侧积周期特点

侧积体是曲流河洪泛周期性的产物，侧积体的增长反映了曲流河的横向迁移。坝脊平行于弯曲河道，每个相邻坝脊之间被坝洼分隔。关于侧积体侧积地貌形成的原因，本书首先援引 Hickin（1974）、McGowan 和 Gardner（1970）、Peakall 等（2007）、van de Lageweg（2014）等学者的观点进行综述介绍，最后提出笔者的观点并建立成因模型。

Hickin（1974）认为坝脊、坝洼是由水流量差异所形成。在水流冲刷作用下，凹岸物质遭受侵蚀。支流将侵蚀物质搬运到凸岸的水流低剪应力区，如果主水流速低于沉积颗粒的沉积速度，侵蚀物质沉积，沉积物在曲流河凸岸一侧形成坝脊。当水位降低，坝脊通常会出露水面，被植被覆盖，形成新的河岸。流速较低时，水流缓慢侵蚀凹岸底部，凹岸坡度逐渐变陡。随后，洪泛伴随着的高流速再次侵蚀凹岸，使河道拓宽。同时，河水支流在凸岸靠河道一侧又沉积了新的一期坝脊（图 5.24）。

上述沉积序列在曲流河漫滩上形成了一系列坝脊与坝洼相间的地貌特征，即侧积体，这个解释支持了低流量和高流量这种周期季节性洪水变化是形成侧积体的成因，也解释了曲流河不断曲折的原因。但是，目前还不能确定一个侧积体（一个坝脊和坝洼序列）即一次洪泛事件所形成，洪泛事件的期次和季节之间的关系也有待进一步研究。

前人解释侧积体成因时也出现了一些不同的观点。McGowan 和 Gardner（1970）认为，坝洼的形成才是侧积体地貌形成的主要原因。随着曲流带的侧向迁移，周期性高速水流侵蚀了点坝砂体，形成了条带状的下凹地貌，因此形成了凸岸坝脊和坝洼的地貌特征。这一理论与前述成因大相径庭，它认为侧积体的形成不是沉积作用为主因，而是侵蚀作用为主因。

针对这一观点，Peakall 等（2007）设计了水槽实验，模拟曲流河的演化过程，分析侧积体的成因。实验过程显示，水流将上游侵蚀的凹岸物质搬运到下游凸岸，粗粒沉积物在坝头处沉积，形成坝脊［图 5.25（a）］。由此可见，点坝侧向增生主要受控于沿岸流的搬运沉积作用。正是由于这一过程，形成了侧积体坝

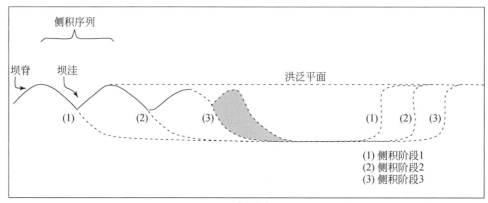

(a) 剖面图

(b) 鸟瞰图

图 5.24　复合点坝侧积体

脊与坝洼的地貌特征 ［图 5.25 （b）］。

　　所以，侧积体形成于曲流河周期性的洪泛作用，引发凹岸侵蚀、凸岸加积形成坝脊和坝洼的地貌。但是，凹岸侵蚀和凸岸加积这两种作用中，哪一种作用是侧积地貌形成的主因？ van de Lageweg 等 （2014） 通过水槽实验解答了这一问题。

　　van de Lageweg 等 （2014） 在水槽实验中，通过增加凸岸加积作用或凹岸侵蚀作用控制曲流河的演化过程。首先，通过在点坝上游位置添加泥沙加速凸岸加积作用。沉积物随水流沉积在已形成的坝脊上，并未形成新的坝脊，也没有造成凹岸的进一步侵蚀。相反，这反而减小了坝脊和坝洼正负地貌单元的幅度，使点坝地貌趋于平坦。这一结果表明，单是洪泛作用引发的凸岸沉积不足以形成新的

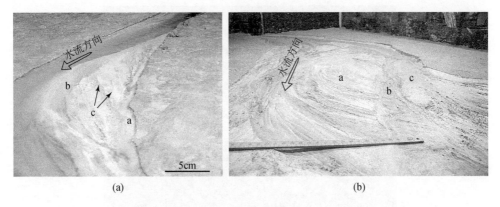

图 5.25　水槽实验演示侧积体形成机理（据 Peakall et al.，2007）

图（a）中 a 为侧积体，b 为最晚期形成的侧积体，c 为最早期形成的侧积体；图（b）中 a 为晚期
形成的侧积体，b 为中期形成的侧积体，c 为早期形成的侧积体

坝脊，也不会造成凹岸侵蚀。

van de Lageweg 等（2014）改变实验变量参数，验证侧积地貌是否为凹岸侵蚀作用主导形成的。通过实验不断清楚河流侵蚀凹岸物质达到拓宽河道的目的。实验中，可以观察到点坝向河道一侧显著地加积增长。凹岸的持续侵蚀致使河道加宽，进一步使流速不断降低，位于凸岸区的流速降低得更加明显，导致沉积物在凸岸沉积。实验中发现，凹岸的位移决定了下一期河道的可容纳空间，当河道宽度接近于上一期河道宽度时，凸岸沉积作用逐渐停止。实验结果证实了复合点坝侧积地貌主要是凹岸侵蚀结果的产物。只有当河道拓宽后，才有点坝进一步加积的可容纳空间（图 5.26）。

综合以上研究成果和观点，笔者建立了如图 5.26 所示的侧积体成因模型。这个模型归纳了侧积体坝脊和坝洼地貌形成的关键因素。这些因素包括：

（1）周期性季节性洪水的发生；

（2）水流搬运物质中含沙量高；

（3）通过沿岸流和支流搬运沉积物；

（4）凹岸侵蚀，导致河道拓宽、流速降低；

（5）凸岸加积与凹岸侵蚀平衡河道宽度；

（6）季节性洪水的周期作用在凸岸形成了坝脊和坝洼的地貌；

（7）坝脊时常出露水面，上覆有植被生长，进一步固化坝脊地貌。

图 5.27 展示了曲流河侧向加积形成复合点坝坝脊和坝洼地貌的过程和特征。当河道侧向迁移时，凹岸被侵蚀，沉积物通过支流重新分配到凸岸复合点坝上。凹岸侵蚀造成的河道宽度增加，降低了流速，从而降低了沿岸流的搬运能力，沉

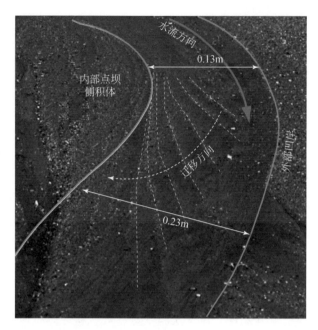

图 5.26　侧积体成因模型图（据 van de Lageweg et al. ，2014）

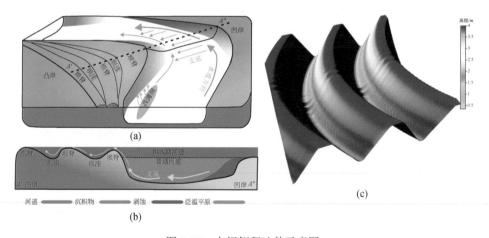

图 5.27　点坝侧积地貌示意图

图（a）和图（b）展示了沉积物重新分配的过程。红色表示凹岸被剥蚀，土黄色表示凸岸沉积物。图（a）中蓝色箭头表示流向和流速，线的粗细表示流速大小。图（b）为图（a）中连线 A'—A″的剖面，展示了沉积物从凹岸搬运至凸岸的沉积过程，以及不同期次坝脊和坝洼的成因。图（c）为坝脊和坝洼地貌的三维示意图

积物在凸岸坝头上沉积。随后在凸岸形成一个新的侧积体，即一个坝脊和坝洼序列，恢复河道初始宽度。在季节性洪水作用下，凹岸持续侵蚀，导致这一过程重

复发生，在凸岸形成一系列侧积体序列。

　　河道迁移和支流搬运在河道凸岸形成了侧积体，沉积物供应量的变化是形成侧积体的重要原因。然而，van de Lageweg 等 (2014) 通过实验指出，沉积物供应有助于侧积体的形成，但并不是主要原因，侧积体形成的主要原因是凹岸侵蚀作用引发的河道拓宽。

5.3.2　研究数据来源和术语简介

1. 研究资料

　　本次研究选取了美国地质调查局 (United States Geological Survey, USGS) 网站 (www. usgs. gov) 提供的密西西比河下游段漫滩地区的免费激光雷达数据。

　　密西西比河为北美第一大河，下游段主要为曲流河模式特征，河道漫滩区保存了大量的复合点坝。同时，人工修建的防洪堤将洪水限制在河道内，从而减少了漫滩的淹没，最大限度地保存了复合点坝和侧积体的地貌特征。

　　密西西比河下游段河谷西部较平缓，与支流河谷相重叠，边界不易确定。河谷东部发育了一条断裂带，曲流河主流方向基本平行于断裂带方向，断裂带阻碍了河道向东迁移。因此，复合点坝和侧积体基本都发育于河谷西部广宽的泛滥平原上。

　　密西西比河下游段西部有两大隆起：湖县隆起 (Lake County Uplift，位于密苏里州) 和门罗隆起 (Monroe Uplift，位于路易斯安那州)。西部隆起和东部断裂带之间为河谷盆地，称为亚祖盆地 (Yazoo Basin) (Wallerstein and Thorne, 2004; Parker et al., 2008)，河谷盆地平均宽度约为 25km。全新世密西西比河主流紧邻河谷东侧边缘，主流河道宽度为 1～2km，河谷西部为广泛发育的泛滥平原，可见大量废弃的复合点坝。另外，下游段发育 6 条主要支流，分别为俄亥俄河 (Ohio River)、圣弗朗西斯河 (St Francis River)、阿肯色河 (Arkansas River)、亚祖河 (Yazoo River)、雷德河 (Red River)、阿查法拉亚河 (Atchafalaya River)，均为典型的曲流河特征，每条曲流带支流长度可达数百公里 (图 1.21)。

　　本次研究截取的曲流段位于路易斯安那州，位于维克斯堡与巴吞鲁日之间，与第 3 章研究的密西西比河段位置基本一致。研究区域洪泛区范围大，复合点坝数量多，保存好，易于观察测量。虽然该段密西西比河周围村庄城镇星罗棋布，河道上建有防洪堤、水坝等人工设施，改变了曲流河的自然状态，但是，许多废弃点坝仍然保留了先前的自然地貌特征，漫滩上的废弃点坝仍然可以识别出侧积体特征。这主要是因为该河段废弃点坝规模普遍较大，且人为改造固定了现今河道，限制了河道迁移和洪水泛滥，农业活动又大多沿着侧积体的坝脊进行，这反而保护了已废弃点坝的地貌特征，使侧积体在卫星遥感照片上更加清晰可辨。综合考虑这些因素，选取的位置为理想研究区域。在研究区域选取了 10 个典型的废弃复合点坝进行测量解剖（图 5.28）。这十个复合点坝均位于主河道西侧，具有不同的长宽比，代表了不同的形态类型和地貌特征。

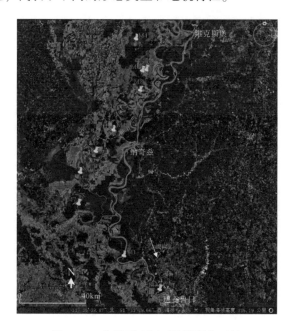

图 5.28　密西西比河下游段研究区域

　　研究中复合点坝的测量数据主要来源于 Google Earth 卫星遥感照片和美国地质调查局网站提供的激光雷达数据。美国地质调查局的激光雷达数据来自著名的 Landsat8 卫星。该系列人造卫星自 1972 年以来已发射并服役 7 颗卫星（第 6 颗发射失败），Landsat8 卫星于 2013 年 2 月 11 日发射升空，经过 100 天测试运行后开始获取影像。其携带的陆地成像仪（OLI）可以获取亚米级高分辨率的地表图像和遥感数据，是目前应用最广泛的遥感技术资源（Roy et al.，2014）。自 2008年以来，部分区域的数据可以通过地理空间数据云和美国地质调查局网站免费下载使用。得益于这些先进的技术和高精度的资料，以及全球网络共享平台，研究人员可以对以往研究困难的领域开展调查探究。

　　本次研究获取了 Landsat8 卫星采集的路易斯安那州密西西比河段的高精度数字高程模型（DEM），同时参考了美国地质调查局、路易斯安那州立大学网站提供的航空雷达地貌数据（SRTM）、地球之眼卫星数据（GeoEye）、ASTER 卫星遥感数据等，获取的地形高度精度达到亚米级。这些丰富的高质量数据不仅可以量化现存河道曲流段特征，还可以量化相邻漫滩上的废弃河道和点坝特征。这些数据是曲流河研究的宝贵财富。

2. 研究术语简介

为了达到量化侧积体地质特征的目的，需要对单个侧积体内坝脊和坝洼的几何参数进行逐个测量。之后，对测量结果进行列表统计分析，采用数学工具进行处理，获得相关成果，以合理解释侧积体的成因。测量结果需要具有足够的客观性、精确性和可重复性。根据文献调研，目前没有一套系统测量侧积体几何参数的方法，本次研究对此进行了尝试，定义了侧积体的一系列参数术语。

1）侧积体包络体

在点坝内具有大致平行走向的一系列侧积体组成一个侧积体包络体，几个侧积体包络体共同组成一个复合点坝。各侧积体包络体彼此独立，由不同的水动力条件所产生。

一个侧积体包络体相当于构型级次中的单一点坝级次。为了方便研究侧积体，专门定义了侧积体包络体这一概念。

2）离河道距离

离河道距离是指某一侧积体距离主河道的相对距离。具体测量方法如下：将复合点坝两侧的河弯转换点连成一条直线段 A—A'，在 A—A' 中点处引出一条垂线段 B—B'，垂线段穿过复合点坝主体，外延至河道中轴线，与中轴线的交点为 B'。从 B' 开始，测量垂线段与每个侧积体交点和 B' 之间的长度，并对每个侧积体依次编号。如果侧积体与垂线段没有交点，将其按平行于邻近侧积体的轨迹进行延长，使延长线与侧积体相交（图 5.29）。

3）侧积体轨迹长度

侧积体轨迹长度指侧积体起点与终点之间的弧线长度。在研究区的卫星遥感照片上，通常侧积体坝脊为亮色，坝洼为暗色。具有平行特征的一组侧积体组成侧积体包络体，如图 5.29 中用红色虚线展示了不同的侧积体包络体。侧积体包络体中，侧积体的起点与终点大致位于包络体边界。图 5.29 中蓝色实线所指即侧积体轨迹长度。

4）侧积体直径长度

侧积体直径长度指侧积体起点与终点之间的直线长度。

5）侧积体弯曲度

侧积体弯曲度为侧积体轨迹长度除以侧积体直径长度所得的值。

6）侧积体宽度

侧积体宽度为 B—B' 上由坝洼低点（或坝脊高点）到下一个坝洼低点（或坝

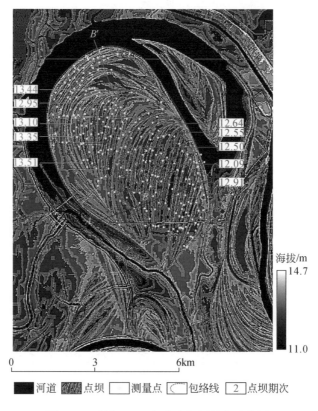

图 5.29　研究区 M5 复合点坝测量点示意图

脊高点）的长度。侧积体宽度在剖面上更易识别，如图 5.29 所示。

7）侧积体高度

侧积体高度为侧积体某点的海拔。侧积体高度是本次研究的重要参数，通过 Landsat8 卫星遥感数据，可以获取研究区亚米级的高精度高度数据。为了减小误差，本次研究测量每一个侧积体五点的高度数据（两个端点、中点、中点与端点之间的中间点），求取平均值获得该侧积体的高度（图 5.29）。

8）河道宽度

河道宽度是指所研究的复合点坝对应河道的宽度。本次研究的都是废弃复合点坝，对应的也是废弃河道。为了使测量准确，减小误差，河道宽度的测量也是采取五点法，即测量两个端点（河弯转换点）、中点（河弯顶点）、中点和两端点的中间点数据，再求取平均值作为该河道宽度（图 5.29）。

9）侧积周期

侧积周期表示侧积体地质参数周期性变化的间距。具体研究过程详见

5.3.4 节。

10）空间频率

为了便于研究侧积体的侧积周期，定义了空间频率的概念。自然界中很多地质现象和规律都具有周期性变化特征，如韵律层、海平面周期性变化、曲流河周期性洪泛事件等，这和地球的周期性运动有关，因此，可以将这种周期性变化在某个空间或某段时间内发生的次数定义为空间频率，空间频率的倒数为单次变化的尺度。

5.3.3 傅里叶变换研究侧积周期

上述内容已经详细说明了侧积体是周期性洪泛作用引发河道迁移所形成的。因此，侧积体的地貌特征也是由坝脊和坝洼呈周期性规律间布。假设一个复合点坝内，侧积体的某个参数序列（如坝脊高度、弯曲度等）具有空间频率特征，将其抽象为频率信号，进行数学处理，就有可能得到有价值的能反映侧积机理的理论成果。这种分析过程可以通过傅里叶变换实现。傅里叶变换是一种分析信号的方法，它可以分析信号的成分，重点分析信号的频率，即信号强度随时间的周期变化。

傅里叶变换可以将信号分解为多个单频率分量，每个单频率分量都是一个正弦波，即将信号表示为多个不同频率正弦波的总和。同时，傅里叶变换可以确定出每个频率分量的相对重要性。傅里叶变换的基本思想就是，将用时间表示信号变化的函数进行数学处理，转换为用频率表示信号变化的函数。

对一个信号进行傅里叶变换后，得到的一个重要成果是该信号的频谱图。频谱图显示信号各单频率分量与振幅强度的关系，从频谱图上可以快捷地读取该信号中最主要的频率分量（即振幅强度最大时对应的频率分量），该频率分量称为信号的主频。求取主频的倒数，即得到信号主频所对应的周期。

周期性洪泛作用形成了侧积体，因此侧积体可以认为是一个周期变换信号的载体。由于洪泛时间间隔难以确定，所以可以将侧积体看成随空间变换的数据载体。侧积地貌在空间上以规律性的间隔重复出现，因而可以认为这种重复发育的地质特征具有一个"空间频率"。"空间频率"描述了信号振幅（如高度）随离河道距离的周期性变化。比如，一个侧积体由一组坝脊和坝洼组成，在一个复合点坝内，可以看成一系列的坝脊和坝洼规律性地重复发育，坝脊和坝洼存在高度差，因此一个复合点坝内部的高度数据与其离河道距离组成一个周期变换信号。该复合点坝内的高度数据具有一个"空间频率"。根据傅里叶变换，这个"空间频率"在频谱图上为振幅峰值所对应的频率。它表示每米内（周期为 1m）复合点坝高度数据规律变换的次数，即每米内一组坝脊和坝洼序列出现的次数，即每米内侧积体出现的次数。求取主频的倒数，即这个复合点坝内出现频率最高的单个侧积体宽度。需要注意的是，本次研究的单个侧积体宽度均大于 1m，所以主频小于 $1m^{-1}$，比如单个侧积体宽度为 100m，它对应的主频即为 $0.01m^{-1}$。

傅里叶变换研究侧积周期的方法是将侧积体形成周期规律定量化，将复合点坝作为一个整体研究河道的迁移间隔，改变了传统上对侧积体成因的认识，具有创新性。其局限性在于傅里叶变换不提供定位信息，它可以识别出主频，但不能确定主频在空间上的位置。

5.3.4　侧积周期拟合过程

本次研究中，利用路易斯安那州密西西比河下游段的高分辨率数字高程模型资料，优选了研究区 10 个典型的复合点坝作为研究对象，分别命名为 M1、M2、M3、M4、M5、M6、M7、M8、M9、M10。10 个复合点坝均位于沉积作用活跃的全新世漫滩，与现今河道活动密切相关。点坝形态和内部侧积体保存完整，卫星遥感图像可清晰地观察其特征（图 5.30）。选取这 10 个复合点坝的依据如下。

（1）选取的复合点坝具有形态多样性：复合点坝具有不同规模和形态，涵盖了复合点坝分类中的多种类型。

（2）选取的复合点坝具有时代新特征：复合点坝均为全新世沉积，沉积现象完整，未被破坏，与现今河道活动关系密切。

（3）选取的复合点坝具有不同的水文连通性：与主河道水文连通性越好，接受的沉积物越多，因此水文连通性会影响复合点坝形态。将水文连通性分为 3 类：①连通（与现今主河道相连通）；②部分连通（通过一些较小支流与主河道部分连通）；③不连通（与主河道不连通，仅有洪泛时的沉积物）。

（4）选取的复合点坝具有植被覆盖少特点：植被会干扰高程数据的真实性，影响观察复合点坝内部结构特征，扭曲侧积体形态，出于这些因素的考虑，选取的复合点坝尽可能植被覆盖少，使特征现象明显。

在各复合点坝的高精度数字高程模型中，红色虚线表示单一侧积体包络体的界线，即单一点坝的界线。为了便于直观分析，在复合点坝的高精度数字高程模型基础上进行素描，用黑色线条表示坝脊，白色间隔表示坝洼，形成每一个复合点坝侧积体的素描图。表 5.1 统计了选取复合点坝的定量参数和水动力连通性。10 个复合点坝中，M1 和 M3 对应的河道与主河道连通，其余复合点坝对应的河道与主河道部分连通或不连通。M1 和 M3 对应的河道建有堤坝，减小了现今河道的迁移作用。复合点坝平均面积约 $25km^2$，规模较大，易于测量。同时，10 个复合点坝的其他参数都具有较大的标准方差，说明其形态和规模具有一定差异，符合研究样本广泛代表性的要求（表 5.1）。

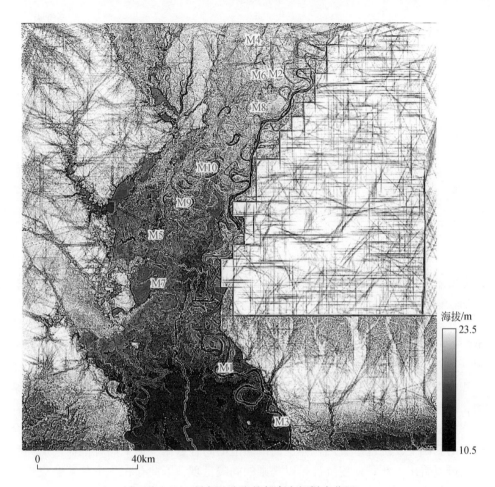

图 5.30 研究区选取的复合点坝样本位置

表 5.1 研究区复合点坝参数表

复合点坝编号	纬度	经度	面积/km²	复合点坝曲率半径 r/km	河道宽度 W_m/m	r/W_m	侧积体数量	水动力连通性
M1	30°45′34.72″N	91°33′5.27″W	32.7	2.3	504	4.6	46	连通
M2	32°3′13.22″N	91°19′31.19″W	18.4	2.6	301	8.6	37	部分连通
M3	30°30′59.61″N	91°15′37.40″W	9.6	1.2	706	1.7	20	连通
M4	32°16′23.41″N	91°24′27.05″W	25.2	4.0	310	12.9	35	部分连通
M5	31°20′48.07″N	91°54′8.42″W	21.8	2.6	606	4.3	30	部分连通
M6	32°2′51.04″N	91°21′40.41″W	25.0	1.9	222	8.6	66	部分连通

续表

复合点坝编号	纬度	经度	面积 /km²	复合点坝曲率半径 r/km	河道宽度 W_m/m	r/W_m	侧积体数量	水动力连通性
M7	31°7′41.02″N	91°55′12.41″W	24.0	4.2	340	12.4	66	不连通
M8	31°54′37.91″N	91°23′3.00″W	32.9	3.5	350	10.0	35	不连通
M9	31°29′24.82″N	91°46′10.15″W	25.6	3.6	643	5.6	30	部分连通
M10	31°38′13.68″N	91°37′4.41″W	33.7	2.2	914	2.4	32	部分连通
平均值	—	—	24.9	2.8	490	7.1	40	—
标准方差	—	—	7.0	0.9	211	3.8	15	—

注：r/W_m 为复合点坝曲率半径与河道宽度比值。

　　通过素描图，复合点坝内的侧积体表现出明显的周期规律性。笔者推断这是因为由米兰科维奇旋回引发的季节性洪泛事件就具有周期性，所以造成了河道的周期迁移，形成了复合点坝内的侧积体。这是本次侧积体研究的重要前提假设。本节针对选取的 10 个复合点坝，一一研究了它们的侧积周期规律，采用快速傅里叶变换得到各复合点坝侧积体参数的频谱图，识别出侧积体周期变化的空间频率，进而计算出复合点坝的侧积周期，并探讨了侧积周期与河道宽度的关系。了解侧积周期可以更好地理解曲流河的形成过程，有利于剖析复合点坝的内部结构，指导注采井网设计，提高油层的采收率。

　　根据统计，用复合点坝的高程数据拟合侧积周期效果较好。在描述每个复合点坝的基础上，统计垂直侧积体走向剖面上的高程数据，形成高程剖面。从高程剖面可以看出，侧积地貌特征是以规则的间隔呈现，因此存在一个与复合点坝特征相关的空间频率。利用傅里叶变换得到高程剖面的频谱图，频率越占主导地位，傅里叶变换显示的振幅峰值越大。振幅峰值最大值即该复合点坝的空间频率。本次研究中，利用 Origin9 数据分析软件生成各复合点坝高程剖面的频谱图，获取振幅峰值最大值对应的频率，即该复合点坝的空间频率。随后，求取空间频率的倒数即可得到复合点坝的空间周期。空间周期与河道宽度具有定量关系，这是定量分析侧积体的重要基础成果，这一关系将在 5.3.5 节具体论述。

　　1. M1 复合点坝

　　M1 复合点坝位于研究区南侧。复合点坝呈东西走向，曲流带即为现今主河道，由于人工堤坝的建立，河道位置已基本固定，复合点坝的面积为 32.7km²，规模较大。根据复合点坝和侧积体构型样式分类表，M1 复合点坝属于 M1e 型（倒转敞开非对称型）复合点坝，侧积体以 3.4 型（延长后一侧旋转、一侧传递型）为主，同时可以观察到 3.3、3.1、3.2、6.2 等类型侧积体。

复合点坝内部具有 9 组典型的侧积体包络体，是侧积体包络体最多的复合点坝，反映河道迁移规律复杂。侧积体包络体 2 整体宽度最小，侧积体包络体 8 整体宽度最大。各组侧积体包络体在高程剖面上存在典型变化，侧积体包络体 5、侧积体包络体 6、侧积体包络体 7 存在高度突变，整体上表现为远离河道呈高度下降的趋势（图 5.31、图 5.32）。侧积体靠近包络线位置处曲率较大，最大值位于现今河道位置。侧积体包络体内部侧积体间隔靠近现今河道位置较大，随后变密集，然后又变稀疏并趋于稳定。

(a) 卫星遥感照片

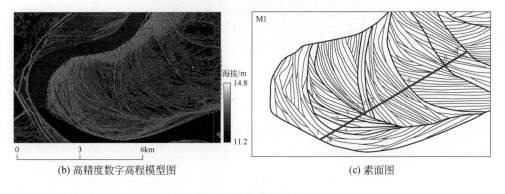

(b) 高精度数字高程模型图　　　　　　　　(c) 素面图

图 5.31　复合点坝 M1

利用 Origin9 数据分析软件生成 M1 复合点坝高程剖面的频谱图，获取振幅峰值最大值对应的频率为 0.00471m^{-1}（图 5.33），即该复合点坝的空间频率。求取空间频率的倒数，得到复合点坝侧积周期为 212.31m。

2. M2 复合点坝

M2 复合点坝位于研究区北侧。复合点坝呈南北走向，洪泛时与主河道部分连通，面积 18.4km^2。根据复合点坝和侧积体构型样式分类表，M2 复合点坝属

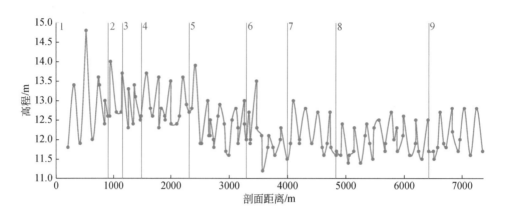

图 5.32　复合点坝 M1 高程剖面

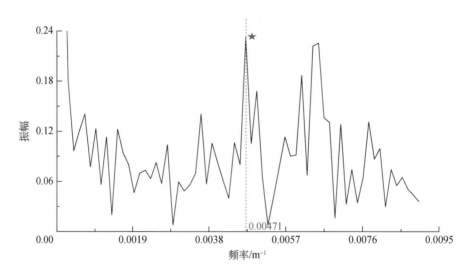

图 5.33　复合点坝 M1 复合周期频谱图

于 M4b 型（敞开对称型）复合点坝，侧积体以 3.3 型（旋转突变传递型）为主，同时可以观察到 3.1、2.2 等类型侧积体。

　　复合点坝内部具有 3 组典型的侧积体包络体（图 5.34）。侧积体包络体 1 整体宽度最小，侧积体包络体 2 整体宽度最大。侧积体包络体 3 整体高度最大，侧积体包络体 1 和侧积体包络体 2 高度大致一致（图 5.35）。侧积体靠近河道处曲率较大，其余基本一致。侧积体包络体内部侧积体间隔大致一致。

　　利用 Origin9 数据分析软件生成 M2 复合点坝高程剖面的频谱图，获取振幅峰值最大值对应的频率为 0.00701m^{-1}（图 5.36），即该复合点坝的空间频率。求取

(a) 卫星遥感照片

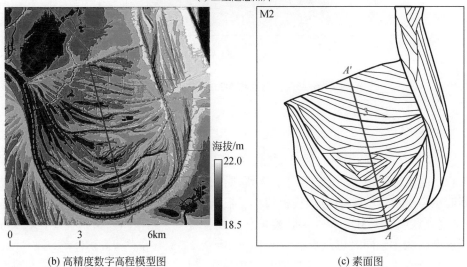

(b) 高精度数字高程模型图

(c) 素面图

图 5.34　复合点坝 M2

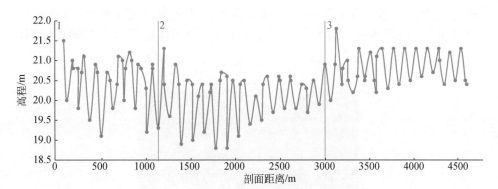

图 5.35　复合点坝 M2 高程剖面

空间频率的倒数，得到复合点坝侧积周期为 142.65m。

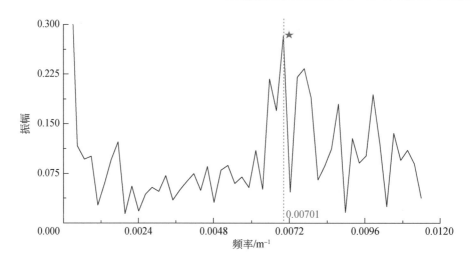

图 5.36　复合点坝 M2 复合周期频谱图

3. M3 复合点坝

M3 复合点坝位于研究区最南侧，靠近巴吞鲁日。复合点坝呈东西走向，狭长状，曲流带即现今河道，由于人工堤坝的建立，河道位置已基本固定，复合点坝面积为 9.6km²，复合点坝规模较小。根据复合点坝和侧积体构型样式分类表，M3 复合点坝属于 M2a 型（尖状棱角型）复合点坝，侧积体以 3.2 型（延长突变传递型）为主，同时可以观察到 3.1、3.3、2.2、8.1 等类型侧积体。

复合点坝内部具有 2 组典型的侧积体包络体（图 5.37）。侧积体包络体整体宽度相当。两组侧积体包络体在高程剖面上存在典型变化，直观表现为侧积体包络体 1 高度大于侧积体包络体 2 高度，即远离河道呈高度下降的趋势（图 5.38）。侧积体曲率均不大，不超过 1.1。侧积体包络体内部侧积体间隔较大。

(a) 卫星遥感照片

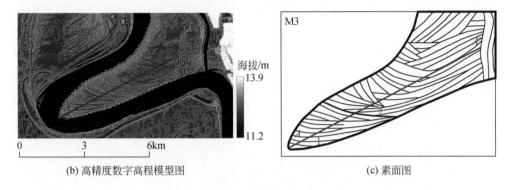

(b) 高精度数字高程模型图　　　　　　　(c) 素面图

图 5.37　复合点坝 M3

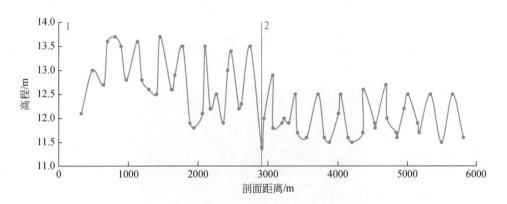

图 5.38　复合点坝 M3 高程剖面

利用 Origin9 数据分析软件生成 M3 复合点坝高程剖面的频谱图，获取振幅峰值最大值对应的频率为 0.00287m^{-1}（图 5.39），即该复合点坝的空间频率。求取空间频率的倒数，得到复合点坝侧积周期为 348.43m。

4. M4 复合点坝

M4 复合点坝位于研究区最北侧。复合点坝呈东西走向，洪泛作用时曲流带与主河道通过支流部分连通，复合点坝的面积为 25.2km^2。根据复合点坝和侧积体构型样式分类表，M4 复合点坝属于 M3a 型（对称闭合型）复合点坝，侧积体以 4.3 型（旋转后平面扩张型）为主，同时可以观察到 4.2、2.2、3.1、7.1、8.1、8.3 等类型侧积体。

复合点坝内部具有 3 组典型的侧积体包络体（图 5.40）。侧积体包络体 1 整体宽度最小，侧积体包络体 3 整体宽度最大。各组侧积体包络体在高程剖面上存

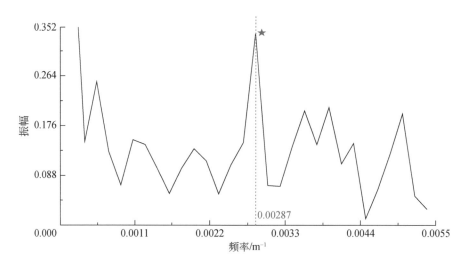

图 5.39　复合点坝 M3 复合周期频谱图

(a) 卫星遥感照片

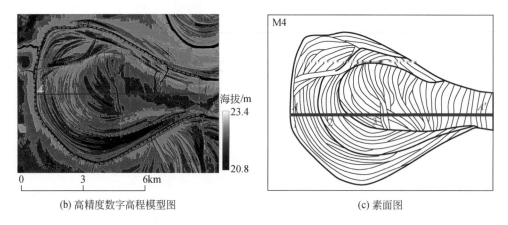

(b) 高精度数字高程模型图　　　　　　(c) 素面图

图 5.40　复合点坝 M4

在典型变化，侧积体包络体 3 高度明显高于侧积体包络体 1 和侧积体包络体 2
（图 5.41）。侧积体曲率存在相当大的变化，侧积体包络体 1 和侧积体包络体 2
曲率达到 2 以上，而侧积体包络体 3 几乎平直，曲率小于 1.1。侧积体包络体 3
内部侧积体间隔最大，侧积体分布较稀疏；侧积体包络体 1 内部侧积体间隔最
小，侧积体分布较密集。

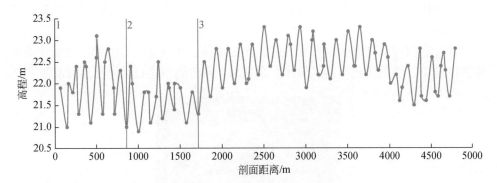

图 5.41　复合点坝 M4 高程剖面

　　利用 Origin9 数据分析软件生成 M4 复合点坝高程剖面的频谱图，获取振幅峰
值最大值对应的频率为 0.00648m^{-1}（图 5.42），即该复合点坝的空间频率。求取
空间频率的倒数，得到复合点坝侧积周期为 154.32m。

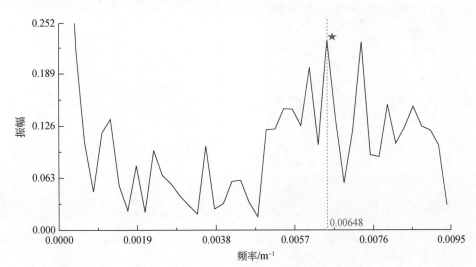

图 5.42　复合点坝 M4 复合周期频谱图

5. M5 复合点坝

M5 复合点坝位于研究区西侧。复合点坝呈北西-南东走向，曲流带为牛轭湖，与主河道通过支流部分连通，复合点坝的面积为 21.8km²。根据复合点坝和侧积体构型样式分类表，M5 复合点坝属于 M3e 型（轻度非对称闭合型）复合点坝，侧积体以 2.1 型（延长渐变旋转型）为主，同时可以观察到 2.3、2.2、3.3 等类型侧积体。

复合点坝内部具有 3 组典型的侧积体包络体（图 5.43）。侧积体包络体 1 整体宽度最小，侧积体包络体 3 整体宽度最大。各组侧积体包络体在高程剖面上存

(a) 卫星遥感照片

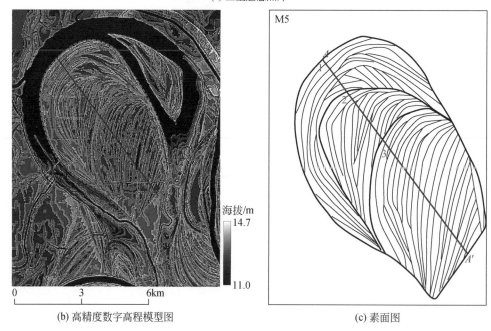

(b) 高精度数字高程模型图　　　　　　　　　(c) 素面图

图 5.43　复合点坝 M5

在典型变化，直观表现为 $h_{侧积体包络体1}>h_{侧积体包络体2}>h_{侧积体包络体3}$，即远离河道呈高度下降的趋势（图 5.44）。侧积体靠近包络线位置处曲率较大。侧积体包络体 2 内部侧积体间隔最大，侧积体分布较稀疏；侧积体包络体 1 内部侧积体间隔最小，侧积体分布较密集。

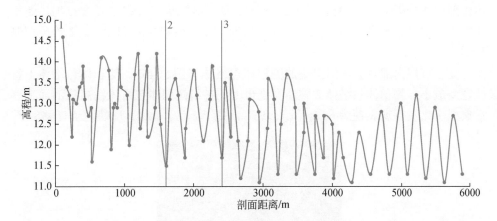

图 5.44　复合点坝 M5 高程剖面

利用 Origin9 数据分析软件生成 M5 复合点坝高程剖面的频谱图，获取振幅峰值最大值对应的频率为 0.00359m⁻¹（图 5.45），即该复合点坝的空间频率。求取空间频率的倒数，得到复合点坝侧积周期为 278.55m。

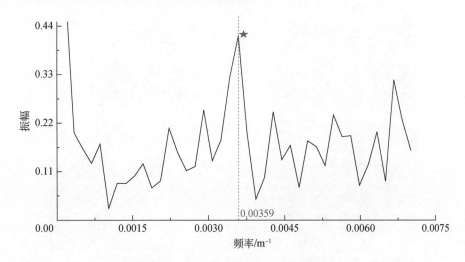

图 5.45　复合点坝 M5 复合周期频谱图

6. M6 复合点坝

M6 复合点坝位于研究区东北侧。复合点坝呈北西–南东走向，洪泛时曲流带与主河道通过支流部分连通，复合点坝的面积为 25.0km²。根据复合点坝和侧积体构型样式分类表，M6 复合点坝属于 M3f 型（斜倚状闭合型）复合点坝，侧积体以 2.1 型（延长渐变旋转型）为主，同时可以观察到 3.1、3.3、2.2 等类型侧积体。

复合点坝内部具有 3 组典型的侧积体包络体（图 5.46）。侧积体包络体 1 整体宽度最小，侧积体包络体 2 整体宽度最大。各组侧积体包络体在高程剖面上存在典型变化，直观表现为 $h_{侧积体包络体2}>h_{侧积体包络体3}>h_{侧积体包络体1}$，反映河道迁移时不

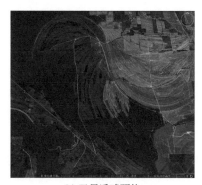

(a) 卫星遥感照片

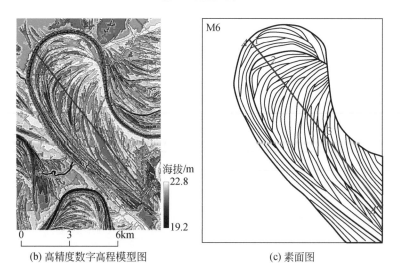

海拔/m

22.8

19.2

0　　　3　　　6km

(b) 高精度数字高程模型图　　　　　　(c) 素面图

图 5.46　复合点坝 M6

同的地貌特征（图 5.47）。侧积体靠近河道处曲率最大，之后曲率急剧下降，反映河道旋转迁移的特征。侧积体包络体内部侧积体间隔基本一致，均呈密集状，是所有复合点坝中侧积体间隔最小的。

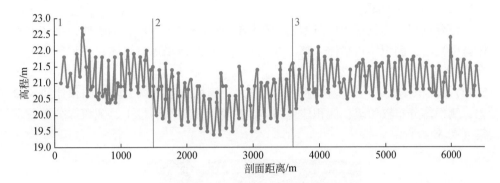

图 5.47　复合点坝 M6 高程剖面

利用 Origin9 数据分析软件生成 M6 复合点坝高程剖面的频谱图，获取振幅峰值最大值对应的频率为 0.01037m^{-1}（图 5.48），即该复合点坝的空间频率。求取空间频率的倒数，得到复合点坝侧积周期为 96.43m。

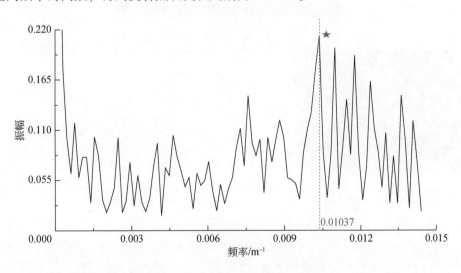

图 5.48　复合点坝 M6 复合周期频谱图

7. M7 复合点坝

M7 复合点坝位于研究区最西侧。复合点坝呈东西走向，完全废弃，与主河道不连通，复合点坝面积为 24.0km²，侧积体数量多，排列紧密。根据复合点坝和侧积体构型样式分类表，M7 复合点坝属于 M4a 型（拉长敞开对称型）复合点坝，侧积体以 3.1 型（旋转渐变传递型）为主，同时可以观察到 3.3、5.2、6.2、2.2 等类型侧积体。

　　复合点坝内部具有 4 组典型的侧积体包络体（图 5.49）。侧积体包络体 1 整体宽度最小，侧积体包络体 4 整体宽度最大。各组侧积体包络体在高程剖面上存在典型变化，直观表现为 $h_{\text{侧积体包络体2}} > h_{\text{侧积体包络体1}} > h_{\text{侧积体包络体3}} > h_{\text{侧积体包络体4}}$（图 5.50）。侧积体靠近包络线位置处曲率较大。侧积体包络体 1 内部侧积体间隔最大，侧积体分布较稀疏；侧积体包络体 3 内部侧积体间隔最小，侧积体分布较密集（图 5.49）。

(a) 卫星遥感照片

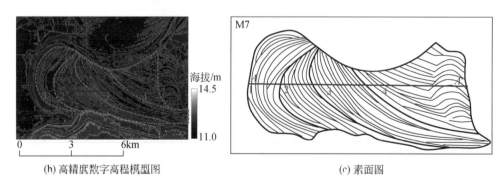

海拔/m
14.5

11.0

0　　　3　　　6km

(b) 高精度数字高程模型图

(c) 素面图

图 5.49　复合点坝 M7

　　利用 Origin9 数据分析软件生成 M7 复合点坝高程剖面的频谱图，获取振幅峰值最大值对应的频率为 0.009m⁻¹（图 5.51），即该复合点坝的空间频率。求取空间频率的倒数，得到复合点坝侧积周期为 111.11m。

　　8. M8 复合点坝

　　M8 复合点坝位于研究区北侧。复合点坝呈北东-南西走向，曲流带干涸，与

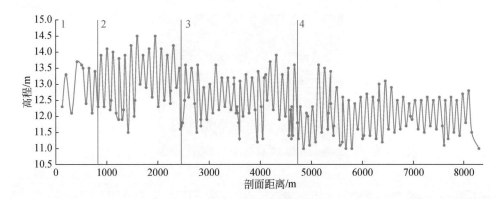

图 5.50　复合点坝 M7 高程剖面

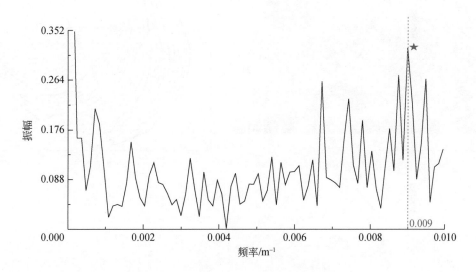

图 5.51　复合点坝 M7 复合周期频谱图

主河道不连通，复合点坝面积为 32.9km²，规模大。根据复合点坝和侧积体构型样式分类表，M8 复合点坝属于 M4d 型（半圆敞开对称型）复合点坝，侧积体以 3.1 型（旋转渐变传递型）为主，同时可以观察到 5.2、4.1、4.2、6.2 等类型侧积体。

　　复合点坝内部具有 3 组典型的侧积体包络体（图 5.52）。侧积体包络体整体宽度大致一样。各组侧积体包络体在高程剖面上变化不大，远离河道侧积体高度略有下降趋势（图 5.53）。侧积体靠近包络线位置处曲率较大。侧积体包络体 2 内部侧积体间隔最大，侧积体分布较稀疏；侧积体包络体 1 内部侧积体间隔最小，侧积体分布较密集。

(a) 卫星遥感照片

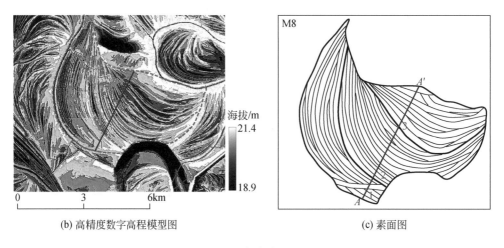

(b) 高精度数字高程模型图　　　　　　　　　(c) 素面图

图 5.52　复合点坝 M8

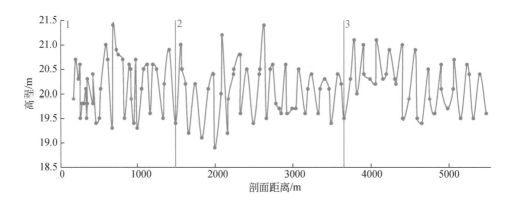

图 5.53　复合点坝 M8 高程剖面

利用 Origin9 数据分析软件生成 M8 复合点坝高程剖面的频谱图，获取振幅峰值最大值对应的频率为 0.00683m^{-1}（图 5.54），即该复合点坝的空间频率。求取空间频率的倒数，得到复合点坝侧积周期为 146.41m。

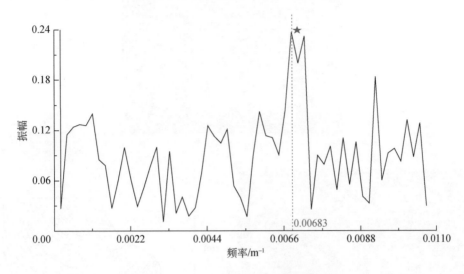

图 5.54　复合点坝 M8 复合周期频谱图

9. M9 复合点坝

M9 复合点坝位于研究区中部。复合点坝呈南北走向，曲流带为半废弃的牛轭湖，与主河道通过支流部分连通，复合点坝面积为 25.6km^2。根据复合点坝和侧积体构型样式分类表，M9 复合点坝属于 M3b 型（箱状闭合型）复合点坝，侧积体以 3.4 型（延长后一侧旋转、一侧传递型）为主，同时可以观察到 2.2、4.1、4.3 等类型侧积体。

复合点坝内部具有 4 组典型的侧积体包络体（图 5.55）。侧积体包络体 1 整体宽度最小，侧积体包络体 3 整体宽度最大。各组侧积体包络体在高程剖面上变化不明显，大致表现为 $h_{侧积体包络体1}>h_{侧积体包络体2}>h_{侧积体包络体3}>h_{侧积体包络体4}$，即远离河道呈高度下降的趋势（图 5.56）。侧积体曲率变化不大，可能由于河道横向迁移较为规律。侧积体包络体 2 内部侧积体间隔最大，侧积体分布较稀疏；侧积体包络体 1 内部侧积体间隔最小，侧积体分布较密集。

利用 Origin9 数据分析软件生成 M9 复合点坝高程剖面的频谱图，获取振幅峰值最大值对应的频率为 0.00454m^{-1}（图 5.57），即该复合点坝的空间频率。求取空间频率的倒数，得到复合点坝侧积周期为 220.26m。

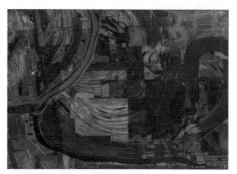

(a) 卫星遥感照片

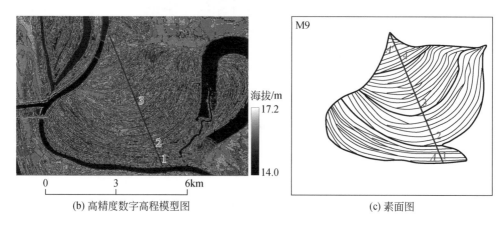

(b) 高精度数字高程模型图

(c) 素面图

图 5.55　复合点坝 M9

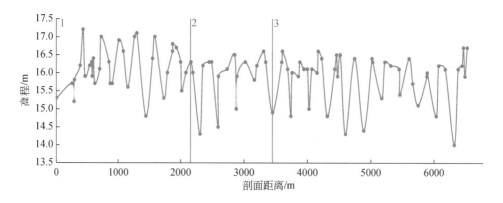

图 5.56　复合点坝 M9 高程剖面

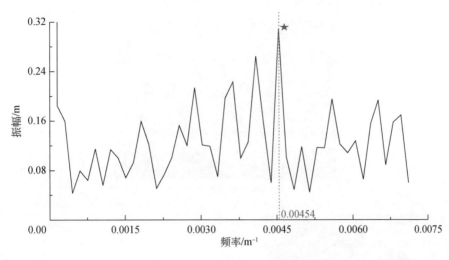

图 5.57　复合点坝 M9 复合周期频谱图

10. M10 复合点坝

M10 复合点坝位于研究区中部。复合点坝呈东西走向，洪泛时曲流带与主河道通过支流部分连通，复合点坝面积为 33.7km²，复合点坝规模大，是研究区最大的复合点坝。根据复合点坝和侧积体构型样式分类表，M10 复合点坝属于 M1i 型（斜倚状敞开非对称型）复合点坝，侧积体以 3.3 型（旋转突变传递型）为主，同时可以观察到 3.2、3.1、2.1、2.2、6.2 等类型侧积体。

复合点坝内部具有 5 组典型的侧积体包络体（图 5.58）。侧积体包络体 2 整体宽度最小，侧积体包络体 1 整体宽度最大。各组侧积体包络体在高程剖面上存在变化，直观表现为 $h_{侧积体包络体1}>h_{侧积体包络体2}>h_{侧积体包络体3}>h_{侧积体包络体4}>h_{侧积体包络体5}$，即远离河道呈高度下降的趋势（图 5.59）。侧积体靠近包络线位置处曲率较大。侧积体包络体 1 内部侧积体间隔最大，侧积体分布较稀疏；侧积体包络体 3 内部侧积体间隔最小，侧积体分布较密集。

利用 Origin9 数据分析软件生成 M10 复合点坝高程剖面的频谱图，获取振幅峰值最大值对应的频率为 0.00198m⁻¹（图 5.60），即该复合点坝的空间频率。求取空间频率的倒数，得到复合点坝侧积周期为 505.05m。

5.3.5　结果分析

5.3.4 节详述了密西西比河下游 10 个复合点坝的特征和空间频率、侧积周期的求取方法。将 10 个复合点坝的空间频率、侧积周期和河道宽度整理为统计表（表 5.2）。

(a) 卫星遥感照片

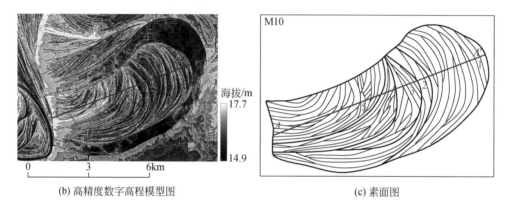

(b) 高精度数字高程模型图

(c) 素面图

图 5.58　复合点坝 M10

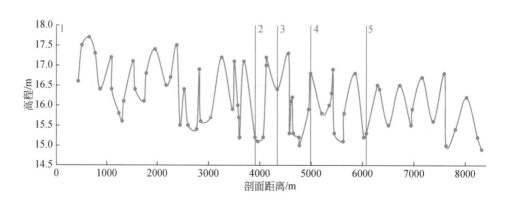

图 5.59　复合点坝 M10 高程剖面

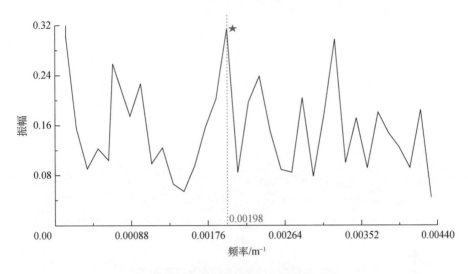

图 5.60　复合点坝 M10 复合周期频谱图

表 5.2　复合点坝样本侧积周期与河道宽度统计表

复合点坝编号	空间频率/m^{-1}	侧积周期/m	河道宽度/m
M1	0.00471	212.31	504
M2	0.00701	142.65	301
M3	0.00287	348.43	706
M4	0.00648	154.32	310
M5	0.00359	278.55	606
M6	0.01037	96.43	222
M7	0.00900	111.11	340
M8	0.00683	146.41	350
M9	0.00454	220.26	643
M10	0.00198	505.05	914

　　从理论上分析，侧积周期反映的是河道周期迁移的位移量，它与河道的规模应有密切关系。具体说来，河道的宽度与河道迁移量具有一定的关系，从而影响着侧积体的发育周期。分析统计表中的数据，大体可以看出，侧积周期与河道宽度呈正比例线性关系。因此，以 10 个复合点坝的河道宽度为横坐标，以对应的侧积周期为纵坐标，用线性公式拟合，得到拟合结果 $y = 0.5421x - 43.859$，拟合度 $R^2 = 0.9089$，拟合关系非常好，反映了河道宽度与侧积周期之间具有较好的定量关系，规律性强（图 5.61）。

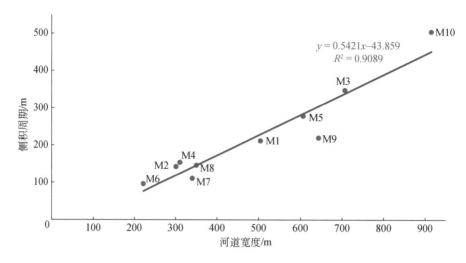

图 5.61　复合点坝样本侧积周期与河道宽度拟合图

具体分析拟合数据图表，其中偏差最大的数据为 M9 和 M10，细致分析其偏差原因，可以得到更多的结论。

复合点坝 M9 侧积周期为 220.26m，对应的河道宽度为 643m，侧积周期大约为河道宽度的 30%。说明一般情况下，河道迁移形成侧积体的最小迁移量为河宽的 30%，如果迁移量小于河宽的 30%，难以形成侧积地貌。这表明，形成侧积体需要河道迁移最小的阈值距离，该阈值距离约为河宽的 30%。

复合点坝 M10 侧积周期为 505.05m，对应的河道宽度为 914m，侧积周期大约为河道宽度的 60%。说明一般情况下，河道迁移量最大为河宽的 60%。由于本次研究的都是规模较大、发育完整的复合点坝，所以得到的都是成熟点坝的侧积周期，在此情况下，侧积周期一般不会大于 60%。但是，根据其他未成熟点坝的研究，点坝形成初始阶段，河道往往迁移量较大，甚至可能超过一个河道宽度，随着弯曲度变大，河道迁移逐渐减小，直至废弃形成成熟稳定的复合点坝。复合点坝形态稳定后，其侧积周期一般不会大于河宽的 60%。

综上分析，复合点坝的侧积周期与河道宽度存在线性关系。绝大多数已经稳定的复合点坝，侧积周期的范围为河道宽度的 30% ~ 60%，大体接近于河道宽度的一半（拟合结果 $y = 0.5421x - 43.859$ 验证了这一结论）。所以，可以得到侧积周期与河道宽度的定量公式：

$$T = 0.5W_m + C$$

式中：T 为复合点坝侧积周期，m；W_m 为河道宽度，m；C 为复合点坝侧积周期常数，m。

这个结论反映了侧积体与河道规模的定量关系，同时反映了成因上的认识，是从侧积体的成因推导出的成果，具有重要意义。因此，将这一公式定义为侧积周期公式。

5.3.6　侧积周期与季节性洪泛周期

越来越多的证据表明，多种相互作用会影响气候发生周期性变化。这些作用包括：厄尔尼诺现象（约一年周期）（Cane，1986；Fedorov and Philander，2000；Yeh et al.，2014）、太阳黑子活动周期（约十年周期）　（Rind and Overpeck，1993；Mauas et al.，2008；Hajian and Movahed，2010）、海洋表层温度周期变化（Venzke et al.，1999；Barlow et al.，2001）、Bond 气候周期（Bond，1997；Billeaud et al.，2009）、风暴周期（Sorrel et al.，2009）、米兰科维奇旋回（Wu et al.，2013；Markonis and Koutsoyiannis，2013；张运波等，2013）等。这些相互作用引发的气候周期循环会反映在曲流河的地质历史记录中（Labrecque et al.，2011）。根据侧积体的规模和成因，它的形成与季节性洪泛事件有密切的关系。

已知侧积体主要是曲流河水动力强弱交替所形成的产物。曲流河季节性洪泛事件是水动力变化的主因。一般情况下，曲流河每年至少经历一次洪泛事件。统计曲流河的洪泛次数，甚至会出现一些较小的洪峰叠加在一起的情况（图5.62）。频繁的洪泛事件造成多期砂体叠置，形成复合砂体。因此，曲流河沉积周期（侧积周期）与季节性洪泛周期具有成因联系，之间的关系可以通过曲流河洪泛曲线（Rodda，1969）详细分析。

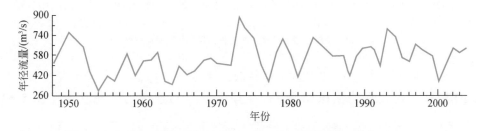

图 5.62　密西西比河年径流量周期变化（据 Knox，2008）

曲流河水动力在高流量（高流速、高沉积速率）与低流量（低流速、低沉积速率）之间交替变化。洪泛期初始阶段，曲流河流量和流速增加［图5.63（a），T1 阶段］。洪水持续增强，流速逐渐增快，达到临界流速 $V_{沉积物搬运}$，之后流速迅速增加，此时大量凹岸物质被搬运至凸岸沉积，形成坝脊坝洼相间的侧积地貌［图5.63（a），T2 阶段］。当水动力接近洪泛峰值时，达到第二个流速阈

值 $V_{沉积物侵蚀}$，之后，高流速剥蚀水位上升阶段沉积沉积物。当流速达到峰值时，持续的冲刷会切割下伏沉积物，导致砂层凹凸不平，先前沉积的泥岩层也可能被剥蚀［图5.63（a），T3阶段］。峰值之后，洪泛作用开始逐渐减弱，流速降低至流速阈值 $V_{沉积物侵蚀}$ 以下，沉积作用恢复，此时水动力较稳定，沉积较厚的砂层，相对高的流速和一定的水深形成了砂床底部较大规模的沉积构造，如爬升交错层理等［图5.63（a），T4阶段］。流速持续下降，重新降至 $V_{沉积物搬运}$ 之后，沉积物搬运停止，此时以沉积泥岩为主，细粒泥岩沉积在点坝砂岩表面，形成侧积层［图5.63（a），T5阶段］。以上各阶段周期性循环发生，曲流河水动力流速和流量的周期性变化产生了复合点坝砂泥互层的沉积特征。

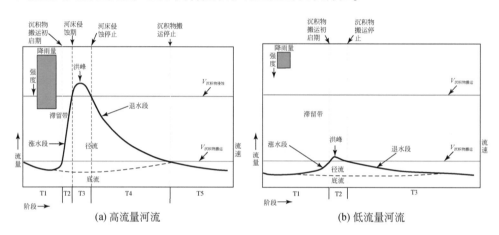

图 5.63　曲流河洪泛作用与沉积作用关系图

（a）T1为低流量沉积物搬运过程，T2为洪泛期沉积物沉积搬运过程，T3为河床沉积物侵蚀期，T4为洪泛期沉积物沉积搬运过程，T5为低流量沉积物搬运过程；（b）T1为低流量沉积物搬运过程，T2为洪泛期沉积物沉积搬运过程，T3为低流量沉积物搬运过程

如果洪泛作用较弱，曲流河流速较低，始终低于 $V_{沉积物侵蚀}$，会引发较小的搬运作用和相对较短的侧积周期，产生厚度薄且不连续的砂泥互层［图5.63（b）］。

综上，沉积/侵蚀作用的开始和停止取决于曲流河水动力曲线的形状、拐点和洪峰绝对值。峰值决定了水动力能否达到流速阈值（$V_{沉积物搬运}$、$V_{沉积物侵蚀}$），从而决定了能否产生侧积体和侧积体的规模；拐点一般为水动力流速阈值，是沉积作用发生或停止的临界时刻；曲线的形状、斜率决定了沉积和侵蚀作用持续的时长。

气候周期变化控制着曲流河流量变化，高流量阶段（洪泛阶段）与低流量阶段曲流河沉积特征存在很大差异。针对复合点坝，这些差异表现在复合点坝及内部侧积体的类型、规模、沉积物粒度和厚度等。高流量阶段（洪泛期），流速增加至 $V_{沉积物搬运}$ 以上，水深较大，水流呈向下游强单向流，支流存在湍流和螺旋流，引发凹岸坍塌、凸岸沉积，沉积搬运作用以螺旋流为主，沉积速率高，此时以沉积砂岩为主，形成侧积体；如果流速增加至 $V_{沉积物侵蚀}$ 以上，较大的洪水会对下伏沉积物产生侵蚀［图 5.64（a）］。低流量阶段，水流流速下降，水深较小，河床规模减小，流向以单向流为主，湍流作用弱，曲流河近海位置会发生海水潮汐倒灌现象，深泓线位置的细粒沉积物仍会被搬运沉积，形成覆盖于砂层之上的泥质侧积层，由于流速降低，沉积速率和粒度减小，海水倒灌盐度增加，点坝表面可观察到潜穴生物遗迹［图 5.64（b）］。

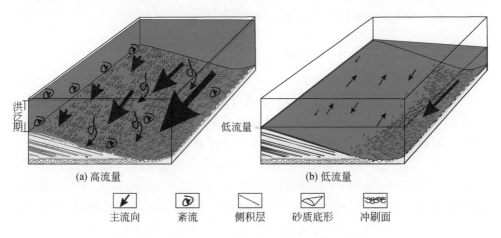

(a) 高流量   (b) 低流量

主流向   紊流   侧积层   砂质底形   冲刷面

图 5.64 曲流河水动力与侧积体形成机理示意图

5.4 本 章 小 结

本章详细探讨了复合河道带级次、复合点坝级次和侧积体级次的成因类型。其中复合河道带级次的成因类型参考了胡光义等（2018）的研究成果，建立了不同类型复合河道带构型单元与 A/S 和曲流河阶地的关系。复合点坝级次和侧积体级次的成因类型是本章研究的重点。通过对现代沉积、古代沉积、物理模拟、数值模拟等资料的分析，建立了复合点坝残存面积与期次的定量关系，解释了复合点坝级次的成因。通过对密西西比河高精度卫星遥感照片的研究分析，建立了河道侧积周期与河道规模的定量关系，解释了侧积体级次的成因。

第6章 地下实例区复合砂体储层构型表征

建立以上定量化理论成果的目的是对研究区复合砂体内部构型特征进行表征。目前的资料和技术已能表征到复合点坝级次，可以识别研究区内复合点坝的分布、形态和规模。但是对于复合点坝内部构型级次，井震资料的分辨率均无法有效探测识别。本章基于上述定量化理论成果，建立一套复合砂体内部构型特征表征方法，初步实现复合点坝内部构型级次的表征。

6.1 实例区概况及资料基础

本章研究的实例区是秦皇岛 32-6 油田，研究层位是新近系明化镇组下段，为典型的曲流河沉积。秦皇岛 32-6 油田处于渤海中部区域，位于京塘港东南约 20km，附近的主要油田有东南约 20km 的 427 油田、东部 42km 的 428W 油田（图 6.1），实例区年均水深 20m。该油田的主力含油层系为明化镇组与馆陶组，原油黏度介于 24 ~26MPa·s，原油密度为 0.903 ~0.926g/cm³。已开发的探明含油面积约为 37.85km²，探明的油气地质储量约为 1.69×10⁸m³。该油田可分为三个区块：北区（A、B 平台）、南区（C、D 平台）及西区（E、F 平台）。

1. 构造特征

秦皇岛 32-6 油田处于石臼佗凸起中西端，属于前古近系古隆起上发育且被断层复杂化的大型披覆构造，其发育开始于古近纪，结束于新近纪。油田被渤中凹陷、秦南凹陷及南堡凹陷三个渤海湾大型富油区所围绕。构造轴向呈近北东–南西向，构造面积整体为 110km²，南北宽约 12km，东西宽近 13km。在新构造活动控制下，油田及相邻区域晚期断层极为发育。秦皇岛 32-6 油田的主体边界被工区南北两侧发育的近东西向基地断裂带所限制，且在油田内部发育近北东东向的次级断层，使油田主体部位被割裂为数个区块，最终构成了实例区现今的基本构造格局（图 6.2）。

2. 地层及层序概况

钻井揭示本油田地层自下而上依次发育地层为元古界、下古生界、中生界、古近系、新近系及第四系平原组，新近系由明化镇组和馆陶组构成（表 6.1）。

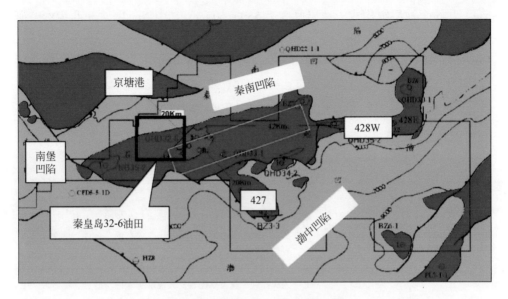

图 6.1　秦皇岛 32-6 油田区域位置

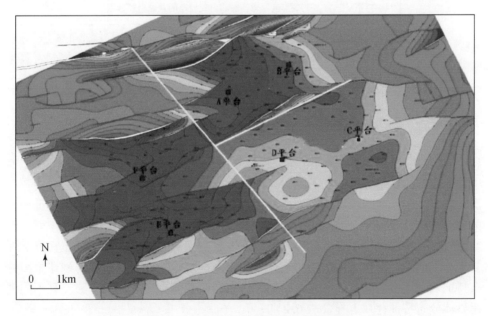

图 6.2　秦皇岛 32-6 油田地质构造略图

其中，秦皇岛 32-6 油田主要发育新生界含油层系，并由明化镇组下段构成了该油田的主力含油层段。明下段自上而下由 Nm 0、NmⅠ、NmⅡ、NmⅢ、NmⅣ、

NmⅤ共 6 个油层组构成，地层厚度为 550 ~ 600m。其中 NmⅠ、NmⅡ为本节研究的目的层段。根据前人研究可将长期基准面对应于三级层序（刘笑莹，2011），故 NmⅠ油组和 NmⅡ油组相续发育于一个长期基准面上升半旋回的中下部（图6.3）。

表 6.1　秦皇岛 32-6 油田地层发育简表

系	组	段	厚度/m	岩性描述
第四系	平原组		308.68	上部为浅灰色-灰色粉砂岩，中部为大段浅灰色、浅灰绿色黏土，下部为厚层粉-细砂岩
新近系	明化镇组	明上段	312 ~ 402	上部以厚层棕红色-暗棕红色泥岩为主，夹绿色-浅灰绿色粉-细砂岩；下部以浅灰色细砂岩、粉砂岩与杂色泥岩为主，自上而下粒度变细，泥岩颜色渐深，成分主要为石英、长石，暗色矿物次之，胶结松散
		明下段	500 ~ 600	上部为浅棕红色花斑状泥岩，夹薄层灰绿色粉砂岩、细砂岩。中部为暗棕红色花斑状泥岩，夹中厚层灰绿色粉砂岩、细砂岩及薄层泥岩。下部为暗棕红色泥岩，夹薄层杂色泥质粉砂岩及暗紫色泥岩，底部出现较厚的灰绿色粉砂岩
	馆陶组		210 ~ 290	以浅灰色含砾砂岩、细砂岩，绿灰色泥质及高含土质粉砂岩为主，与泥岩呈不等厚互层，成分以石英为主，长石及暗色矿物次之，顶部见良好的油气显示

3. 沉积特征

实例区明下段为典型冲积平原曲流河沉积。在沉积初期，由于此时盆地基底下降，在物源供给等因素的影响下，曲流河能量减弱，坡降条件逐渐适合曲流河沉积发育，因此明下段沉积时期曲流河较为发育，在沉积剖面上表现为特征明显的"泥包砂"特征。到明下段沉积末期，此时盆地基底下降速度较快，可容纳空间较大、物源供给不足，泛滥平原较为发育，河道砂岩呈透镜状分布在厚层泥岩中。平面上，由于实例区地势整体呈北东高南西低的特征，曲流河砂体平面分布特征表现为由北向南砂厚逐渐增加、由东向西砂体更为发育的趋势，且不同油组砂体分布特征存在差异（表6.2）。

1）岩性特征

实例区取心井的录井信息显示，明下段储层河道主体部位以细砂岩为主，并含有粉砂岩及粉砂质泥岩，其中泥岩呈灰绿色且生物化石稀少。反映洪水期水体规模较大，水位较深，沉积环境氧化作用较弱。

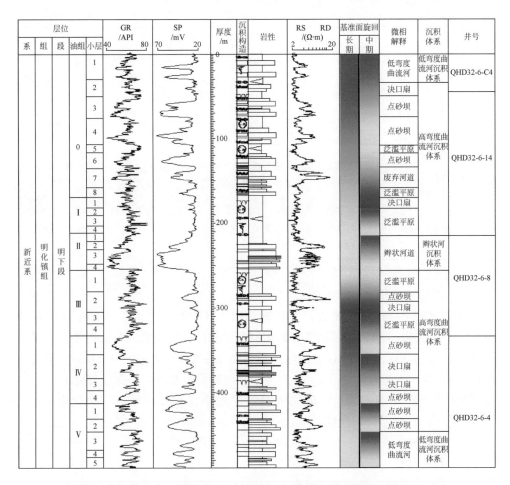

图 6.3 秦皇岛 32-6 油田明下段高分辨率层序地层划分（据刘笑莹，2011）

表 6.2 秦皇岛 32-6 油田明下段砂体发育特征

段	油层组	厚度/m	砂体发育特征
明下段	Nm 0	190~200	南区砂岩较为发育，砂泥比介于 23%~30%，纵向上呈砂泥互层，平面上砂岩分布范围较广；北区、西区泥岩发育，砂泥比较低（小于 15%），砂岩不发育，多呈薄层状
	Nm I	55~60	北区、南区砂岩较为发育，砂泥比介于 25%~54%，纵向上为砂泥不等厚互层，砂岩呈厚层块状（平均厚度 10~20m，最大厚度 33m），平面上砂岩较稳定分布；西区泥岩发育，砂泥比较低（小于 10%），砂岩不发育并多呈薄层状，且平面发育范围较小

段	油层组	厚度/m	砂体发育特征
明下段	NmⅡ	45 ~ 56	西区砂岩较为发育，砂泥比介于50% ~ 80%，纵向上砂岩块状发育，平面上砂岩稳定分布；北区、南区发育砂泥岩互层，砂泥比35% ~ 60%，砂岩块状发育，平面分布稳定
	NmⅢ	70 ~ 83	全区砂岩不发育，砂泥比较低（小于10%），砂岩呈薄层状，且平面分布范围较小
	NmⅣ	67 ~ 75	全区发育砂泥互层，砂泥比介于15% ~ 35%，砂岩总体呈薄层状，局部为块状砂岩，且平面上砂岩分布变化大
	NmⅤ	80 ~ 88	仅北区钻遇，南区、西区未钻穿，地层厚度为80 ~ 88m，砂岩较为发育，砂泥比介于20% ~ 35%，纵向上砂岩呈层状或块状，平面上砂岩分布变化较大

2）岩石成分及结构特征

实例区明下段油层主要为长石砂岩储层，其中石英占43% ~ 50%，长石占28% ~ 34%，岩屑占15% ~ 21%。砂岩储层结构成熟度较低，分选较差，磨圆度一般为次棱角状或次圆状-次棱角状；颗粒粒径主要介于0.04 ~ 0.33mm，平均为0.18mm，最大不超过0.75mm，主要为中、细砂岩及粉砂岩；颗粒接触方式主要为游离-点接触及点接触；填隙物主要为泥质杂基和胶结物，其含量为1% ~ 20%，平均约14%，偶见高岭土及水云母；胶结物成分主要为菱铁矿，含量小于1%，为成岩早期产物。

3）粒度特征

实例区粒度概率曲线主要表现为二段式，并以递变悬浮沉积段和均匀悬浮沉积段为主，说明沉积的砂体粒度较细，并以递变悬浮和均匀悬浮搬运为主。

4）沉积构造

明下段垂向上以粒度正韵律为主，底面冲刷明显，冲刷面上泥砾层较为发育，且垂向分布范围较薄，岩性自下而上分别为细-粉砂岩及泥岩，为典型的"二元结构"特征。层理类型主要为板状、槽状交错层理以及平行层理，偶尔可见块状层理和波状层理。

5）储层物性特征

原生砂岩粒间孔隙是实例区最主要的孔隙类型，次生孔隙不发育，喉道形态多样复杂，孔隙度介于25% ~ 32%，平均值为30.05%，渗透率介于 0.5×10^{-3} ~ 15980×10^{-3} μm^2，平均值为 3023.17×10^{-3} μm^2，属高孔隙度储层，但是储层渗透率的变化域较大。通过样品分析，实例区储层的矿物成分主要是石英砂岩，泥质和钙质胶结，岩石成分成熟度和结构成熟度均较高；岩石颗粒松散、固结程度较低，颗粒接触关系以点接触或点线接触为主。因此，该区明化镇组岩石储层处于早成岩阶段。由于埋深跨度较小（介于 1000~1200m），故成岩作用对 Nm I 和 Nm II 油组的储层质量差异影响较弱。

4. 开发现状

20 世纪 70 年代末至 2004 年，秦皇岛 32-6 油田共经历了区域勘探阶段、预探和早期评价阶段、储量评价阶段、油田 ODP 编制阶段、开发井随钻跟踪阶段、油田生产阶段等 6 个阶段。

1）区域勘探阶段（1976~1995 年）

在石臼坨凸起发现 427、428W 共 2 个油田及 428E、430 共 2 个含油构造等古潜山油藏；在秦皇岛 32-6 构造发现明下段存在 10.4m 油层，由此展开对石臼坨凸起明下段层系勘探工作，并进行了渤中、渤西 1km×1km 测网密度的二维地震。

2）预探和早期评价阶段（1995~1997 年）

通过部署 A-1 探井发现了秦皇岛 32-6 油田，对其采集 154.5km^2 的高分辨率三维地震信息，并完成油田早期评价。

3）储量评价阶段（1997 年）

基本探明地质储量总计 17790×10^{4}m^3（17034×10^{4}t）。

4）油田 ODP 编制阶段（1997~1998 年）

中海石油研究中心完成了秦皇岛 32-6 油田的 ODP 报告，并开始了 ODP 优化工作。

5）开发井随钻跟踪阶段（1999~2001 年）

秦皇岛 32-6 油田实施 ODP 方案并钻井 165 口，并提交了《秦皇岛 32-6 油田 ODP 方案实施跟踪研究成果》报告，随后又进行了全油田井约束下的绝对波阻抗反演。

6）油田生产阶段（2001~2004 年）

秦皇岛 32-6 油田三个开发区（北区、南区和西区），共 6 座生产平台相继投产，2004 年 6 月，进行秦皇岛 32-6 油田申报已开发探明储量 16852×10^{4}m^3，其中明化镇组下段 15713×10^{4}m^3，馆陶组 1139×10^{4}m^3。

5. 资料基础

经过上述 6 个阶段工作，秦皇岛 32-6 油田积累了丰富的动静态资料，包括 205 口井的基本信息、取心资料、分析化验资料、测井资料、测试资料及地震资料等。

1）取心资料

实例区共有取心井 14 口，总岩心长 448.34m，平均收获率 78.41%，含油岩心总长 236.01m。重点对 A31 井进行系统的岩心描述，据统计，岩心长 74.21m，含油岩心长 51.4m，其中饱含油、富含油 47.4m，油浸、油斑、油迹 4m。

2）分析化验资料

分析化验主要在评价阶段、储量复算阶段和开发阶段三个时期进行。评价阶段，共进行多种分析化验 4367 样次，分为常规分析、特殊分析等。其中常规分析 3619 样次，特殊分析 414 样次，薄片、铸体薄片及扫描电镜等分析 223 样次，流体性质分析 111 样次；储量复算阶段，新增地面原油分析 26 样次，地层水分析 3 样次，原油高压物性分析 10 样次；开发阶段，新增（A31 井）分析化验样品 43 样次。

3）测井资料

测井曲线包括自然电位、自然伽马、井径、声波时差、中子伽马、深浅双侧向、密度测井等。

4）测试资料

该区域先后完成了 13 口井的 DST 测试和 1 口井（A4 井）的 EDST 测试，共测试 45 层，其中经测试后，解释油层计 27 层，油水同层计 6 层，水层计 12 层。包括 11 口井的试油资料，8 口井的试水资料，8 口井的吸水剖面（截至 2009 年 2 月），A、B 平台的动液面数据（截至 2009 年 4 月），A17 和 B14 井组示踪剂报告。

5）地震资料

实例区已有的地震资料包括：1969 年采集、同年处理的 2km×4km 电火花照相地震；1980 年采集、同年处理和 1995 年重新处理的 1km×1km 的常规二维地震资料；1995 年采集、1996 年处理的高分辨率二维和三维地震资料。本节所用地震资料为 1995 年采集、1996 年处理的三维地震资料。

秦皇岛 32-6 油田三维高分辨率地震从 1995 年 10 月至 1996 年 1 月共采集资料 2235km，覆盖面积 144km^2，主测线间距 25m，联络测线间距 12.5m。地震解释应用的资料有：三维地震数据体、相对波阻抗地震资料、绝对波阻抗地震资料和相干分析数据体、测井约束地震反演资料（有效面积 82km^2）、5 口 VSP 测井等。1ms 采样间隔的三维地震资料品质分析表明，近目的层段（0.9~1.4s）主频在 60Hz 左右，分辨率较高（图 6.4）。

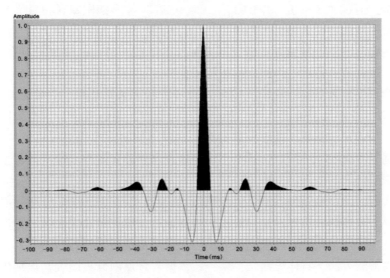

图 6.4 实例区地震子波

6) 实例区存在的问题

在上述资料基础上，前人进行了油藏描述及储层评价等一系列研究工作，并取得了一定成果，但仍存在一些影响油田高效开发的问题，并随着开发工作的深入而日渐显著，主要表现如下。

（1） Nm Ⅰ 与 Nm Ⅱ 油组厚层河道砂体平面分布特征及垂向演化规律认识不清。

（2） 大井距条件下，井震结合的井间曲流河砂体储层预测精度较低，无法满足构型表征精度的需要。

（3） 曲流河砂岩储层平面及垂向分布规律不清，储层质量非均质性分布模式及主控因素、控制机理了解较少。

针对上述油田开发实际问题，极有必要开展对秦皇岛 32-6 油田曲流河砂岩储层构型表征的研究。本章选取 Nm Ⅰ 和 Nm Ⅱ 两个油组为目的层段，并以 Nm Ⅱ-3 小层作为研究重点，结合丰富的动静态资料，逐级次地对秦皇岛 32-6 油田曲流河储层进行构型解剖，为研究不同级次基准面旋回储层质量差异分布模式提供坚实的地质基础。

6.2 复合砂体储层构型表征思路

复合砂体储层构型表征需要按级次进行，由于资料对不同级次的复合砂体构型分辨能力不同，因此应该采用不同的思路开展工作。前人通过对实例区资料的综合分析，通过"十一五""十二五""十三五"等多期国家科技重大专项研究和几轮博士后的科研攻关，采用模式指导、地震正演、地震反演、切片演绎、属性分频融合、储层不连续界线研究等多种技术手段，目前已解决了复合河道带、单一曲流带和复合点坝三个级次的表征工作。

本章首先充分借鉴对比前人的各种表征方法和表征成果，对实例区 NmI-3 小层和 NmI-1 小层复合河道带、复合点坝构型级次进行表征，主要采用分频属性融合、地震正演指导、动态资料约束、定量地质知识库约束等传统技术方法，最终得到了 NmI-3 小层和 NmI-1 小层的复合点坝分布图件。这一过程主要还是参考和借鉴前人的成果。

这次研究的重点是对复合点坝内部的单一点坝和侧积体级次进行定量化表征，受限于资料的分辨率，这一级次已难以通过井震资料实现表征。笔者依据前述复合点坝的定量化理论成果，设计了一套通过定量化面积计算实现复合点坝内部级次表征的方法。具体思路是：第一，依据复合点坝分类图表，识别出实例区各复合点坝的类型，通过复合点坝演化图版，推导出复合点坝的演化过程；第二，根据点坝样本统计的概率分布，判断复合点坝内各完整点坝的面积比；第三，通过点坝残存面积与期次的关系，计算出复合点坝内残存点坝的面积比，有了这些数据，即可以通过复合点坝面积计算出内部各残存点坝的实际面积，实现复合点坝内单一点坝的表征；第四，通过各类型的侧积体与复合点坝的概率关系，得出各复合点坝内部侧积体类型，再通过河道宽度与侧积周期的定量关系，可计算出侧积体的间距，实现侧积体级次的定量化表征；第五，通过河道和侧积体非均质连线，得到复合点坝内部的非均质性分布情况。

6.3　复合河道带、复合点坝级次构型表征

层次约束是构型分析的重要方法。针对研究的储层，需要确定表征的层次。若表征层次太低，满足不了开发生产的需要；若层次太高，其可信度又会下降。曲流河储层构型具体表征中，通常将构型级次划分为 5 个级次，包括复合曲流带、单一曲流带、复合点坝、单一点坝、点坝内部侧积体。其中复合曲流带为 6 级构型单元，单一曲流带为 7 级构型单元，复合点坝为 8 级构型单元，单一点坝为 9 级构型单元，单一点坝内部的侧积体为 10 级构型单元。通过对实例区地震资料和井资料信息的充分挖掘，可以对复合曲流带、单一曲流带和复合点坝级次进行识别和表征，这是本节主要探讨的内容。但是地震资料难以刻画到复合点坝内部级次，关于复合点坝内部构型表征需要创新思路和方法，这将在 6.4 节进行详细论述。

本次表征层位为 NmⅠ油组，NmⅠ油组为典型的高弯度曲流河沉积，岩性主要为细砂岩、粉砂岩和泥岩，呈正韵律叠加，可以划分为 4 个小层。NmⅠ-3 小层是砂体发育的主力层，是本次表征的重点；NmⅠ-1 小层为一套薄层砂体，本次研究也对该小层进行了表征，以对本次设计的表征方法进行辅助对比和验证。

6.3.1 复合曲流带表征

复合曲流带砂体精细表征是识别单曲流带边界的前提与基础，其表征内容包括复合河道、溢岸、泛滥平原的分布以及三者之间的空间组合关系。复合曲流带是 6 级构型单元。

1. 复合曲流带级次预测表征方法

实例区 NmⅠ-3 小层是砂体发育的主力层，砂层厚度大，呈连片状展布。通过统计，该小层砂体的平均厚度约为 10m，厚度最大的井可达 17m。因此，地震资料的调谐厚度（即 $\lambda/4$）小于此处砂体的厚度。地震资料主频约 75Hz，频带为 15~90Hz（图 6.5），即地震资料主频高、频带宽。地震信号携带着多尺度的信息，这些信息能够反映出不同砂体厚度所对应的储层特征。因此，利用该地震资料，针对不同规模的储层进行小波分频分解。在此基础上，对分频分解信息优化组合，优选出合适的频段。这为实例区复合曲流带预测表征提供了良好的资料基础。

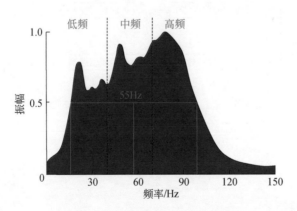

图 6.5 原始地震数据体频率分布

针对 NmⅠ-3 小层厚层砂体，采用 Marr 连续小波变换方法，将原始地震数据体变换为不同主频和带宽的分频数据体。根据计算结果，重构出低频（30Hz）、中频（50Hz）和高频（75Hz）三个地震数据体，提取原始地震数据体和各个分频地震数据体的均方根振幅属性。结果显示，原始地震数据体与高频地震数据体的均方根振幅属性相似，但与中低频地震数据体的均方根振幅属性有明显的区别。高频地震数据体属性值相对连续，与测井解释结果对应性好，对薄层砂体反应灵敏；但是当砂层厚度远高于原始地震数据体的调谐厚度，并且又低于低频地震数据体的调谐厚度时，这时低频地震数据体的属性值是有效的。总体而言，高频地震数据体对薄层砂体预测效果好，而低频地震数据体对厚层砂体预测效果较好。

本节通过对前人研究基础的调研学习，采用一种支持向量机算法对实例区砂体厚度进行预测。首先，建立地震属性与砂体厚度之间的映射关系。例如，从低频、中频和高频分频地震数据体中提取均方根振幅属性，统计出每口井邻域内（半径=15m）各地震属性的平均值，将平均值设置为训练样本数据集，将每口井的砂体厚度设置为目标样本数据集。利用支持向量机算法对训练数据和目标数据进行学习，建立起地震属性和砂体厚度之间的映射关系。之后，将这种映射关系应用于融合低频、中频和高频地震属性，通过分析对比，融合后提取的均方根振幅属性与测井解释的砂层厚度相关系数高，可以很好地反映出砂体厚度平面分布。这种采用支持向量机算法优化了原始地震属性，优化的地震属性更有效地反映了河道砂体的平面分布（图6.6）。

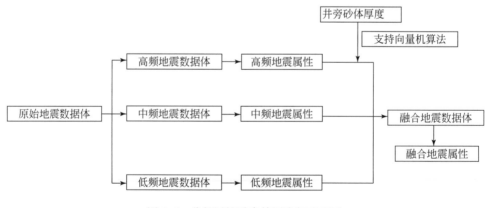

图 6.6　分频属性融合储层表征流程图

2. 地震正演指导

实例区地层具有砂泥岩薄互层的特征，基于地震记录识别的砂体可能是多个砂体、泥质夹层的复合体。为了探究砂体的叠置样式，采用地震正演作为指导。即通过已有的地质模式作为约束条件，构建相应的砂体叠置模型，这些叠置模型作为先验条件，然后从地震数据中提取相应属性，通过对比属性间的相似关系，找到各砂体最佳的叠置模式，从而了解各个砂体内部的砂泥岩分布特征。

1）岩性模型

构建构型单元的岩性模型是地震正演的重要环节。在充分调研曲流河叠置样式的基础上，参照岳大力等（2018）的研究成果，设计了河道垂向叠置模型和侧向叠置模型（图6.7）。

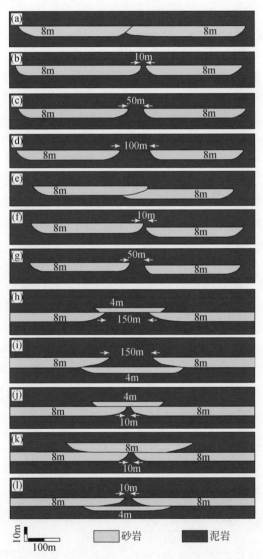

图6.7　地震正演岩性模型（据井涌泉等，2018；岳大力等，2018；Yue et al.，2019）

垂向叠置模型一般为不同期次的多个河道砂体在垂向和侧向上彼此切割和叠置，呈现"多层楼"形态，表现为堆叠型砂体特征。砂体垂向厚度大，层厚一般在 10m 以上。

侧向叠置模型为两期河道砂体发生了侧向切叠作用，砂体横向延伸较大，平面上形成连片状河道砂体，剖面上呈侧向叠置横向分布，表现为侧叠型砂体特征。同时亦包括两期河道砂体之间为泛滥平原隔开，但间距不大。砂体垂向厚度一般小于 10m。

2）地震正演模型

垂向叠置模型与侧叠叠置模型具有不同的地震响应特征。

垂向叠置模型的正演响应。垂向叠置模型分两种情况进行考虑。第一种情况下，不同砂体叠置处仅有堆叠作用，同一水平线上砂体距离较远，此时波形特征与砂体的位置关系密切。如果两个厚砂层之间上覆薄层砂岩，两个厚砂体之间出现明显的上凸波形；如果两个厚砂层之间下方为薄层砂岩，两个厚砂体之间出现明显的下凹波形 ［图 6.8（h）和（i）］。第二种情况下，两个厚砂体距离很近或侧叠，同时与其他砂体垂向堆叠。如果两个相邻厚层砂体上覆薄层砂体，波形在垂向上被拉长，波峰上移，振幅减弱；如果上覆砂体厚度增加到 8m，在堆叠位置可以观察到双波峰现象；如果薄层砂体位于两个相邻厚层砂体的下方，叠置部分的波峰明显下移，振幅略有减弱 ［图 6.8（j）～（l）］。

侧向叠置模型的正演响应。侧向叠置模型分为没有高程差异和有一定高程差异两种情况考虑。没有高程差异时，当两个河道砂体完全侧叠连通时，波形没有明显的偏移响应；当两个河道砂体之间间距临近 10m 时，波峰振幅略有减弱，波峰底部出现明显的下凹面；当两个河道砂体之间的距离增加到 50m 时，波峰振幅明显减小，垂向上波峰被拉伸，波形显示出明显的凹陷界面 ［图 6.8（a）～（d）］。当两个河道砂体顶面高程差达到 3m 时，叠加区波形会被拉伸，波峰产生偏斜；当两个河道砂体之间间距变大，振幅明显减弱，波形呈不对称的凹形 ［图 6.8（e）～（g）］。

6.3.2　单一曲流带识别

单 曲流带为 7 级构型单元，单一曲流带构型界面是指单一曲流带摆动范围内活动河道形成的影响流体渗流的复合砂体构型界面，内部为多期复合点坝组合体。单一曲流带界面包括河道溢岸界面、河道废弃界面、河道叠置界面等不同类型。由于物性差异，河道溢岸两侧的河道间沉积（包括天然堤、决口扇等）与曲流河河道主体之间具有不连通的情况，砂体虽然是接触关系，但是流体无法渗流。同样，废弃河道两侧一般为废弃河道细粒沉积和河道主体沉积，为"泥-砂"对接，通常流体渗透性很差，属于不连通的情况。如果复合河道砂体为两期河道叠置，虽然界面处可能有薄层的河道溢岸泥质披覆层，但基本不影响流体渗

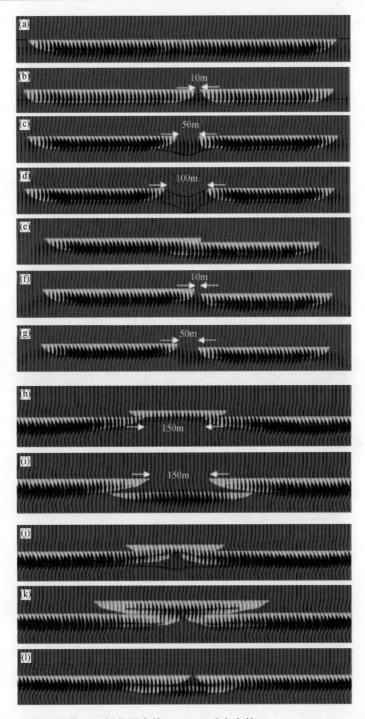

图 6.8 地震正演模型（据井涌泉等，2018；岳大力等，2018；Yue et al.，2019）

流，这对界面阻碍流体渗流作用并不显著。对单一曲流带边界的识别是通过分频融合属性体进行初步识别的，再通过单一曲流带规模进行约束控制。

1. 单一曲流带边界地震识别方法

单一曲流带边界通常为河间溢岸沉积或废弃河道沉积，岩性粒度细，通常在地震属性上表现为振幅减弱的特征。同时，实例区古水流方向为北西–南东方向，所以可以在地震属性平面图上初步识别出单一曲流带边界（图6.9、图6.10）。

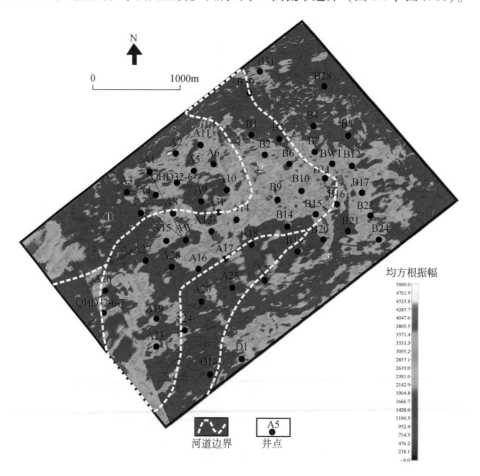

图6.9　秦皇岛32-6油田北区 Nm I-3 小层均方根振幅属性图

2. 单一曲流带规模控制

在地震识别基础上，利用单一曲流带经验公式进行规模校正。通过调研，

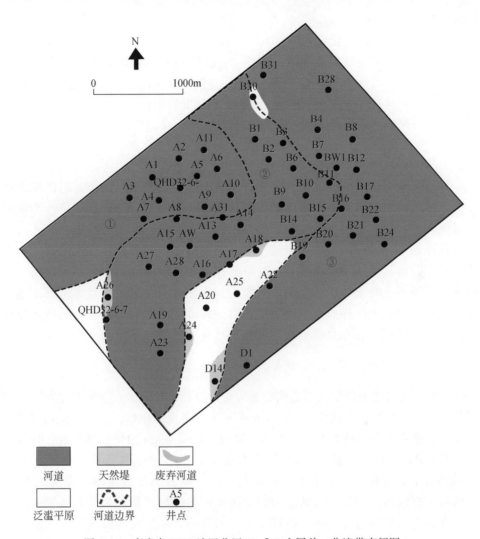

图 6.10　秦皇岛 32-6 油田北区 Nm I -3 小层单一曲流带表征图

选取 Leeder（1973）提出的河道满岸深度与满岸宽度的经验关系，以及 Lorenz 等（1985）提出的满岸宽度和单一曲流带宽度的经验关系。通过两组公式的计算，可以得到单一曲流带的宽度范围。具体计算步骤包括：首先，通过井上单一期次河道砂体厚度进行压实校正，压实系数取 1.1，即得到满岸深度；然后，通过 Leeder 经验公式，由满岸深度估算出河道的满岸宽度；最后，应用 Lorenz 经验公式，由得到的河道满岸宽度可以估算出单一曲流带宽度。计算结果表明，两个主力单一曲流带①、②砂体厚度为 6 ~ 12m，整体上单一曲流带宽度小于 1000m；单一曲流带③砂体厚度大，约为 20m，曲流带宽度为

1000～2000m。

在单一曲流带定量规模的控制下，横切河道流向制作连井剖面，在剖面上逐一识别单一曲流带（单河道砂体）边界。在此基础上，对刻画的边界进行组合，需要考虑符合曲流带规模和模式特征。最后，经过合理的组合，得到了单一曲流带的识别结果。这种方法充分挖掘了地震资料和井资料信息，最大可能地避免了多解性，得到的河道边界识别结果更加可靠。

6.3.3　复合点坝识别

复合点坝为 8 级构型单元，复合点坝级次界面是指单一曲流河道的历史摆动范围，单一曲流带界面包括河道废弃和点坝叠置类型。河道废弃是一类重要的界面类型，往往是复合点坝级次界面识别的重要标志。通过井震结合，河道废弃往往是可以表征出来的。但是，复合点坝内部，多期单一点坝的叠置界面难以识别，而且单一点坝叠置界面处可能存在泥质披覆层，但是厚度很薄，这种界面一般不会对流体渗流产出显著影响。复合点坝级次界面是实例区地震资料可识别的最高级次界面，本小节是在单一曲流带识别的基础上，通过定量地质知识库、井震结合和动态资料约束识别复合点坝级次界面。

1. 定量地质知识库约束复合点坝规模

点坝长度是指曲流河河弯之间的最大长度（图 6.11）。点坝长度是曲流河定量规模的重要参数，可以作为对比指标衡量不同点坝的规模，也可以应用于具体识别表征点坝界面。岳大力等（2018）通过 Google Earth 卫星遥感照片，选取了 6 条规模相异的典型高弯度曲流河（弯曲度大于 1.7）作为统计样本（图 6.11），一共测量了 6 条曲流河中 125 个典型曲流段样本，测量数据的结果见表 6.3。对统计数据进行数学处理，通过回归分析确定曲流河定量参数的数学关系。结果表明，选取的高弯度曲流河段样本中，河道的满岸宽度与点坝长度之间呈现出很好的正相关线性关系（图 6.12），计算拟合度，相关系数达 0.9683，比以往的研究有较大改进（岳人力等，2007；李宇鹏等，2008），由此建立了单一点坝定量构型模式，得到经验公式。这为地下单一点坝构型表征提供了理论依据和数学工具。因此，只要表征出活动河道的满岸宽度，即可以估算出单一点坝的规模。该经验公式对地下单一点坝储层识别的定量规模控制具有十分重要的意义和价值。

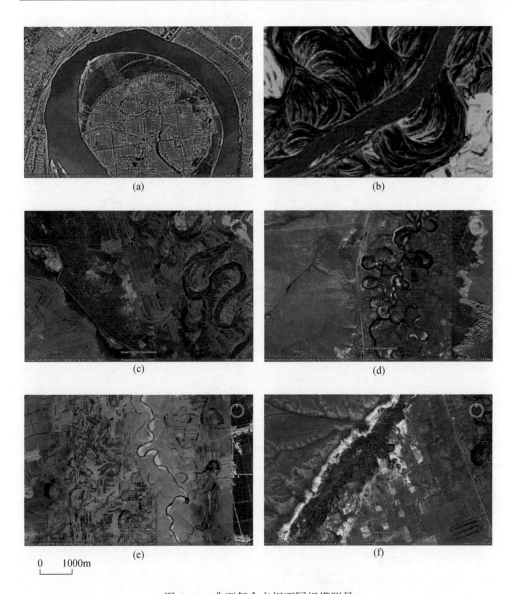

0　　1000m

图 6.11　典型复合点坝不同规模测量

（a）长江荆江段；（b）松花江肇源段；（c）拉林河扶余段；（d）伊敏河内蒙古呼伦贝尔段；
（e）饮马河德惠段；（f）辉河汇入伊敏段（据岳大力等，2018）

表 6.3　高弯度曲流河段满岸宽度与点坝长度测量数据（据岳大力等，2018）

编号	满岸宽度 W/m	点坝长度 L/m
1	880	3100

续表

编号	满岸宽度 W/m	点坝长度 L/m
2	850	3150
3	920	3250
4	980	3310
5	910	3300
6	930	3298
7	953	3258
8	1000	3580
9	990	3400
10	1050	3756
11	1040	3910
12	1160	3985
13	1052	3856
14	1150	4158
15	750	3102
16	1210	4752
17	850	3380
18	980	3290
19	850	3050
20	910	3300
21	1170	4256

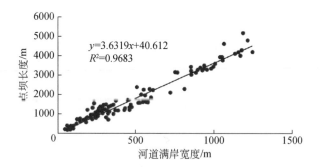

图 6.12　典型高弯度曲流河段河道满岸宽度与点坝长度的定量关系（据岳大力等，2018）

2. 井震结合和动态约束识别复合点坝

复合点坝为曲流河的主要富砂带，砂体厚度通常较大。通过地震解释提取均方根属性，复合点坝砂体一般表现为高值区（图 6.13）；废弃河道代表复合点坝迁移的结束，是复合点坝的边界，所以在平面图上复合点坝总是紧邻废弃河道分布（图 6.13）。废弃河道内多为细粒沉积物充填。在剖面上，表现为砂体"厚-薄-厚"的特征；在平面上，表现为弯月状较低振幅属性值。在地震剖面上，表现为下凹状、正演剖面振幅减弱等特征。

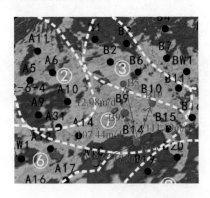

图 6.13　动态资料辅助约束识别复合点坝

通过 Google Earth 现代沉积的模式指导对比，在⑦处识别出一个复合点坝，在复合点坝边部 B15 井处识别出一条弯月状废弃河道。点坝⑦的平均砂体厚度为 6.89m，压实校正后得到满岸深度为 7.58m。依据 Leeder（1973）建立的经验公式 $W=6.8h^{1.54}$（W 为满岸宽度，m；h 为满岸深度，m），可以计算得出沉积条件下活动河道的满岸宽度约为 153.88m。根据以上统计分析所建立的经验公式，推算出点坝⑦的长度约为 599.49m。其中，经验公式对地下单一点坝储层识别的定量规模控制起到了指导作用。最后，利用正演、反演等地球物理手段，结合地震属性和砂体厚度的平面分布特征，同时，在定量规模的约束下，识别出复合点坝终止处废弃河道的分布位置和规模，进而完成复合点坝的表征识别。为了验证识别结果的准确性，利用示踪剂资料进行检验，B14 井注入示踪剂，结果显示，B9 井、B10 井与 B14 井同在一个点坝之中，水驱前缘速度分别是 107.44m/d 和 111.19m/d，水驱前缘速度明显高于点坝⑥中的 A18 井（17.8m/d）和点坝③中的 B5 井（12.98m/d），示踪剂见效情况与复合点坝和废弃河道识别的结果具有吻合性，从而从动态的角度为点坝构型解剖提供了相应的证据（图 6.13）。

采用同样的思路，对全区的废弃河道及点坝进行识别，共识别出 10 个复合点坝（图 6.14、图 6.15）。以相同的工作流程对 NmI-1 薄层河道砂体进行表征，识别出 2 个复合点坝（图 6.16、图 6.17）。

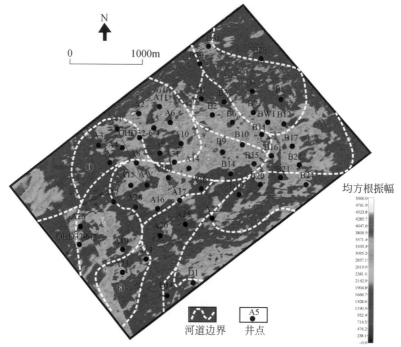

图 6.14　秦皇岛 32-6 油田北区 Nm I-3 小层均方根振幅属性分布及复合点坝识别

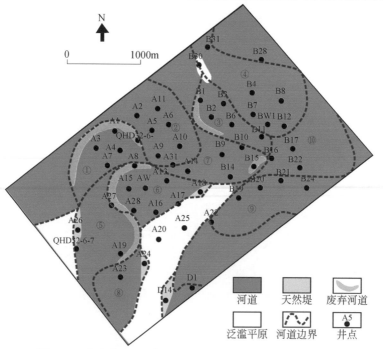

图 6.15　秦皇岛 32-6 油田北区 Nm I-3 小层复合点坝表征图

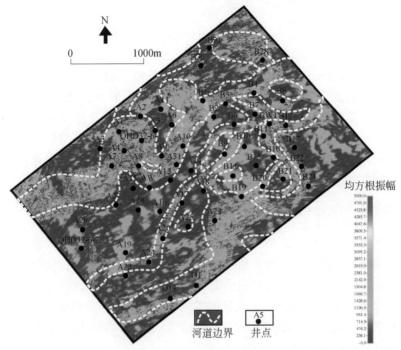

图 6.16　秦皇岛 32-6 油田北区 Nm I-1 小层均方根振幅属性分布及复合点坝识别

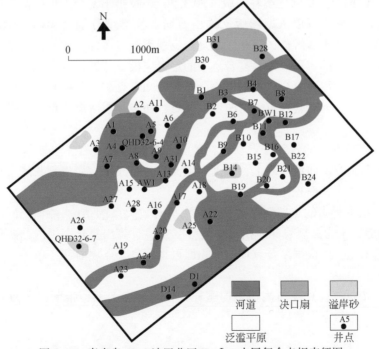

图 6.17　秦皇岛 32-6 油田北区 Nm I-1 小层复合点坝表征图

6.4　复合点坝内部构型表征

以上综合前人的研究成果，对实例区 NmI-3 和 NmI-1 小层的复合点坝级次构型特征进行表征，共识别出 12 个复合点坝（NmI-3 小层识别出 10 个复合点坝；NmI-1 小层识别出 2 个复合点坝）。本节的重点是实现复合点坝内部构型级次的表征。实例区资料已基本无法分辨出复合点坝内部的构型特征，仅靠资料无法实现这一目的。笔者依据复合点坝定量化理论成果，设计了一套复合点坝内部构型表征的方法，对实例区 12 个复合点坝进行内部解剖。

6.4.1　内部构型表征思路和步骤

复合点坝内部构型表征所依靠的是定量化理论成果，具体依据的理论和工具包括复合点坝演化图版、复合点坝与侧积体分类样式概率分布、残存坝面积与期次的关系、侧积周期与河道规模的关系等。具体工作步骤如下（图 6.18）。

（1）依据传统方法得到需要表征的实例区目的层复合点坝构型解剖图。

（2）对每个复合点坝进行编号，根据复合点坝轮廓外形，参照复合点坝分类，确定复合点坝的类型。

（3）依据曲流带演化解释图版（图 3.20），反推出复合点坝的演化过程。如 M1i 型复合点坝，可以依据图版反推出前期点坝类型分别为 M1a、M4d、M4e。该步骤的难点在于多解性，往往一个复合点坝类型有多种可能的反推结果。这需要参考相邻层位的解释成果、复合点坝的定量规模、邻近复合点坝的特征、曲流河的总体演化规律、复合点坝的概率分布等已知信息综合分析判断。识别出曲流环的河弯顶点、河弯转换点、弯曲度变化点，初步判断所形成点坝的平面非均质性分布。

（4）将反推出的各复合点坝与初解释的复合点坝叠置，早期低弯度曲流河覆盖于晚期高弯度曲流河之上，根据点坝概率分布成果，初步判断复合点坝内部各单一点坝的完整面积比。

（5）根据得出的点坝残存面积与期次呈对数关系的结论 $[y=-a\ln x$，x 为点坝叠置期次，y 为点坝残存面积比（复合度）$]$，计算出复合点坝内部各单一点坝的残存面积比，再根据复合点坝的面积即可得到复合点坝内部各单一点坝的实际残存面积。

（6）依据复合点坝与侧积体构型样式概率分布关系，推断出各复合点坝内侧积体的分布组合样式。

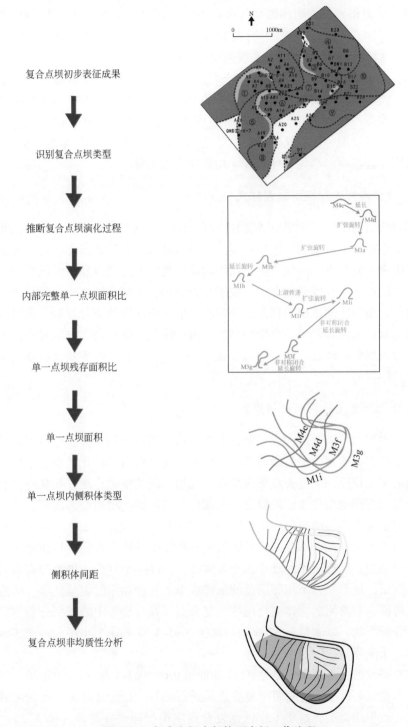

图 6.18　复合点坝内部构型表征工作流程

（7）依据得到的侧积体宽度与河道规模的定量关系 $[T=0.5W_m+C$，T 为复合点坝侧积体宽度，m；W_m 为河道宽度，m；C 为复合点坝侧积体周期常数，m]，计算得到侧积体的宽度，实现侧积体定量化表征。

（8）将复合点坝内部残存单一点坝、侧积体合并，根据各曲流带拐点位置判断出非均质性，将曲流带上相同性质的拐点连接，连接线替换为不同非均质性类型的界线，一般认为相邻区域储层非均质性是连续渐进变化的，上游坝岩性粗、下游坝岩性细，所以从复合点坝靠上游区域至下游区域用渐变的颜色填充，形成最终复合点坝内部构型样式和非均质性成果图件。

6.4.2　复合点坝内部构型叠置样式

多期残缺的单一点坝组成了复合点坝，即复合点坝内部表现为单一点坝的组合体。本小节所要解决的问题是将复合点坝内部单一点坝的形态、规模和组合关系表征出来。复合点坝内任一单一点坝的轮廓线均为河道曾经活动的位置，正是河道迁移造成了点坝残缺复合，形成了复合点坝，深刻理解这一原理是进行复合点坝内部构型表征的基础。根据这一原理，推导出河道的演化过程，就可以定性确定出复合点坝内部各单一点坝的类型。再依据各复合点坝在自然界中的发育概率、复合点坝定量叠置关系（对数关系），可以达到定量表征复合点坝内部构型叠置样式的目的。

1. 演化历史定性判断内部构型

复合点坝之所以内部构成复杂，主要是由于河道多期迁移，造成不同类型的点坝相互叠置。通常，曲流带都是由低弯曲度向高弯曲度演化，点坝由单一向复合多期演化。往往一个复合点坝内部存在几种不同类型的点坝互相切叠。要探究复合点坝的内部构型样式，即要分析内部单一点坝的类型和叠置规模。这里的关键是要恢复复合点坝的演化历史，即曲流带的迁移历史。3.2 节归纳了复合点坝的演化模式图版（图 3.20），依据该演化图版可以反推出复合点坝演化过程中前期点坝的类型。反推工作的难点在于多解性，往往一个复合点坝类型有多种可能的反推结果，这需要参考相邻层位的解释成果、复合点坝的定量规模、邻近复合点坝的特征、曲流河的总体演化规律、复合点坝在自然界中的概率分布等已知信息综合分析判断。以秦皇岛 32-6 油田北区 $Nm\text{I-}3$ 和 $Nm\text{I-}1$ 小层为例详述该步骤的具体方法流程。

前期研究已初步识别出秦皇岛 32-6 油田北区 $Nm\text{I-}3$ 和 $Nm\text{I-}1$ 小层各复合点坝的类型和分布情况，并对每个复合点坝进行编号。在此基础上，首先需要确定每个复合点坝的类型，这项工作依据复合点坝构型样式分类表（表 3.2）。识别时需要综合考虑复合点坝的形态、长宽比、对称性、河弯顶点圆滑程度、坝尾开口闭合程度、曲流带两翼与宽度连线的夹角等因素，通常先判断大类、再细分小类。根据这些因素，确定出 NmI-3 小层各复合点坝类型依次为：复合点坝①为 M1b 型，复合点坝②为 M3d 型，复合点坝③为 M4e 型，复合点坝④为 M3g 型，复合点坝⑤为 M4c 型，复合点坝⑥为 M1i 型，复合点坝⑦为 M1e 型，复合点坝⑧为 M2d 型，复合点坝⑨为 M3f 型，复合点坝⑩为 M4c 型，确定出 NmI-1 小层复合点坝类型：复合点坝⑪为 M1f 型，复合点坝⑫为 M3e 型。

　　确定了各复合点坝的类型，就可以根据复合点坝演化模式图版（图 3.20）恢复出各复合点坝的演化过程。复合点坝的演化过程与曲流带迁移密切相关，第 3 章已详细说明曲流带迁移包括延长作用、传递作用、扩张作用、旋转作用、闭合作用五种模式或者几种模式组成的复合模式，演化图版是依据这几种作用建立的。以下将对实例区 12 个复合点坝的演化过程进行详述。

　　复合点坝①为 M1b 型，依据演化图版，其演化路径为 M4e→M4d→M1a→M1b。曲流河演化初期，弯曲度低，呈扁舟状（M4e 型）；随后，曲流带向凸岸迁移，弯曲度增大，点坝发生垂向延长增生作用（M4d 型）；之后，曲流带的迁移逐渐以旋转作用为主，这种情况下，复合点坝内侧积体的方向会发生缓慢转变，曲流带两翼逐渐不对称，一翼曲流带发生倒转，逐渐与复合点坝宽度连线垂直，形成敞开非对称型复合点坝（M1b 型）（图 6.19、图 6.20）。

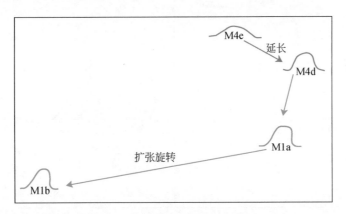

图 6.19　复合点坝①演化图版

　　复合点坝②为 M3d 型，依据演化图版，其演化路径为 M4e→M4d→M4b→M3d。早期演化过程中，点坝主要发生垂向延长增生作用，曲流带弯曲度不断增大。演化中后期，点坝增生发生旋转作用，并且取代了延长作用成为主要作用，复合点坝变得不对称，且曲流带两翼逐渐不对称且趋向闭合，复合点坝逐渐转化为非对称闭合型。复合点坝②进一步的演化结果是通过颈项取直形成废弃河道与

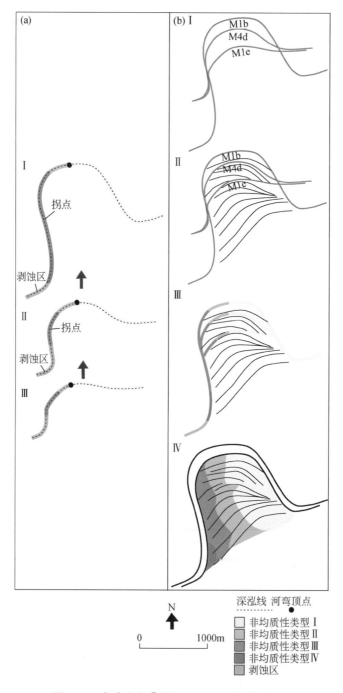

图 6.20 复合点坝①演化过程及非均质性分布

废弃点坝（图 6.21、图 6.22）。

复合点坝③为 M4e 型，曲流河道弯曲度较低，呈扁舟状或残月状，为点坝演化的初期阶段（图 6.23）。

复合点坝④为 M3g 型，依据演化图版，其演化路径为 M4e→M4d→M1a→M1b→M1h→M1f→M1i→M3f→M3g。复合点坝④的演化历史是实例区期次最多、最为复杂的，演化不同阶段复合点坝的类型涵盖了三大类。河道演化始于低弯度敞开对称型复合点坝（M4e 型），早期通过延长作用增加河道弯曲度（M4d 型）；随后，旋转作用成为

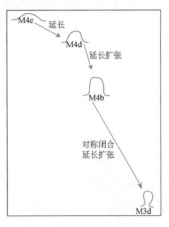

图 6.21　复合点坝②演化图版

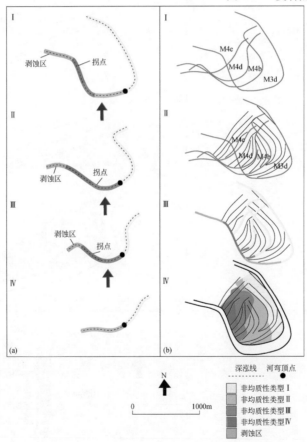

图 6.22　复合点坝②演化过程及非均质性分布

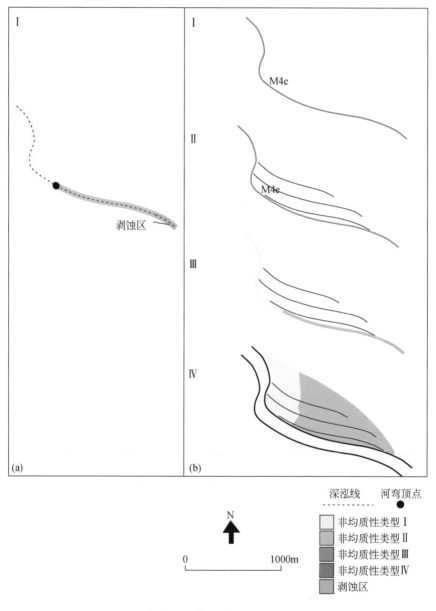

图 6.23　复合点坝③演化过程及非均质性分布

河道迁移的主要作用，复合点坝不对称性迅速增加，逐渐演化为敞开非对称型复合点坝，曲流带两翼逐渐向上游方向倒转平行（M1h 型）；之后，靠上游的一翼倾斜度甚至大于靠下游的一翼，两翼趋向闭合，并且河道整体向下游迁移，发生传递作用（M1f 型、M1i 型）；最终，曲流带靠上游一翼不断倒转，两翼闭合，复合点坝演化为闭合型（M3g）。复合点坝④进一步的演化结果是通过颈项取直形成废弃河道与废弃点坝（图 6.24、图 6.25）。

　　复合点坝⑤为 M4c 型，依据演化图版，其演化路径为 M4e→M4d→M4c。该复合点坝为敞开对称型复合点坝，演化特征较为简单，主要通过延长作用增长流路、增大弯曲度、扩大点坝面积（图 6.26、图 6.27）。

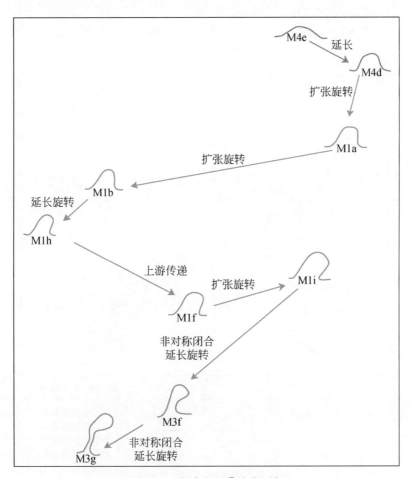

图 6.24　复合点坝④演化图版

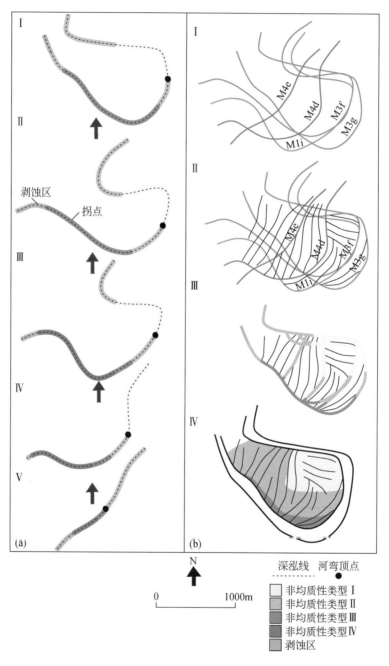

图 6.25 复合点坝④演化过程及非均质性分布

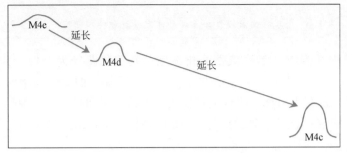

图 6.26　复合点坝⑤演化图版

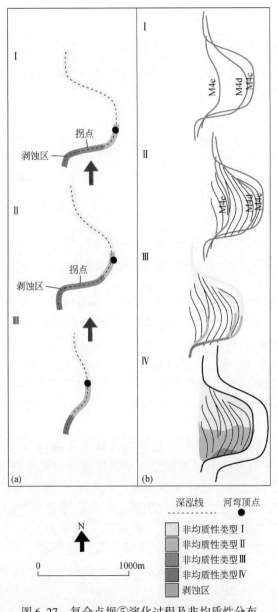

图 6.27　复合点坝⑤演化过程及非均质性分布

复合点坝⑥为 M1i 型，依据演化图版，其演化路径为 M4e→M4d→M1a→M1i。整体上，曲流带弯曲度逐渐增大。演化中后期，曲流带向下游方向加积旋转，复合点坝逐渐不对称，出现倒转情况，上游流路加长，下游流路截短，最终演化为斜倚状敞开非对称型复合点坝（M1i 型）（图 6.28、图 6.29）。

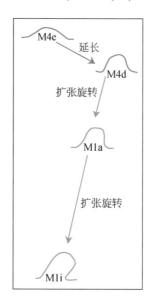

图 6.28　复合点坝⑥演化图版

复合点坝⑦为 M1e 型，依据演化图版，其演化路径为 M4e→M4d→M1a→M1b→M1h→M1e。该复合点坝从 M4e 演化至 M1h 的过程与复合点坝④前半段演化过程一致，之后旋转作用不明显，复合点坝增生又以延长作用为主，演化为M1e 型复合点坝（图 6.30、图 6.31）。

复合点坝⑧为 M2d 型，依据演化图版，其演化路径为 M4e→M2d。其演化过程简单，仅通过延长作用生长为对称棱角型复合点坝（M2d 型）（图 6.32、图6.33）。

复合点坝⑨为 M3f 型，依据演化图版，其演化路径为 M4e→M4d→M1a→M1b→M1h→M1f→M1i→M3f。该复合点坝演化过程与复合点坝④演化过程基本一致，仅最终闭合程度没有复合点坝④高，不再赘述（图 6.34、图 6.35）。

复合点坝⑩为 M4c 型，依据演化图版，其演化路径为 M4e→M4d→M4c。该复合点坝与复合点坝⑤演化过程一致（图 6.36、图 6.37）。

复合点坝⑪为 M1f 型，依据演化图版，其演化路径为 M4e→M4d→M1a→M1b→M1h→M1f。该复合点坝演化过程与复合点坝④前半段演化过程一致，不再赘述（图 6.38、图 6.39）。

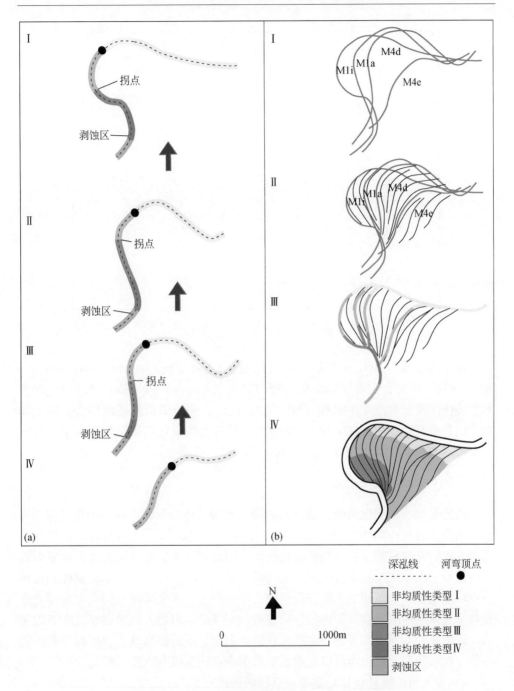

图 6.29　复合点坝⑥演化过程及非均质性分布

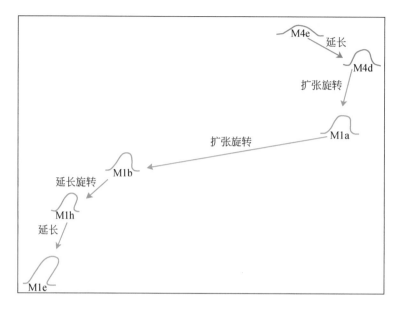

图 6.30　复合点坝⑦演化图版

复合点坝⑫为 M3e 型，依据演化图版，其演化路径为 M4e→M4d→M1a→M1i→M3e。该复合点坝前期演化过程与复合点坝④前半段一致；之后出现明显的旋转作用使复合点坝不对称（M1i 型）；同时，曲流带两翼逐渐闭合，形成非对称闭合型复合点坝（M3e 型）；复合点坝⑫的最终演化结果是颈项取直，形成废弃河道和废弃点坝（图 6.40、图 6.41）。

2. 内部构型定量化表征

通过复合点坝演化图版，定性推导出了实例区每个复合点坝的演化过程。通过推演演化过程，相当于定性地得出了复合点坝内部单一点坝的类型和叠置关系。本次研究的目的是要达到定量化表征，因此下一步需要尽可能地得出复合点坝内部单一点坝规模和叠置面积。笔者经过反复试验，设计了一套定量化表征单一点坝规模和叠置面积的工作流程。该工作方法是：首先通过不同点坝类型的分布概率近似判断出复合点坝内部各完整单一点坝的面积比，然后通过复合对数关系计算出复合点坝内部各单一点坝残存的面积比，最后根据复合点坝面积和内部各单一点坝残存面积比即可以定量表征出单一点坝规模和叠置面积。

1）分布概率统计计算完整单一点坝面积比

根据对 Google Earth 卫星遥感照片点坝的素描、分析和统计，笔者将点坝分为 25 种类型，并确定了不同类型点坝在自然界中的分布概率。在一个复合点坝

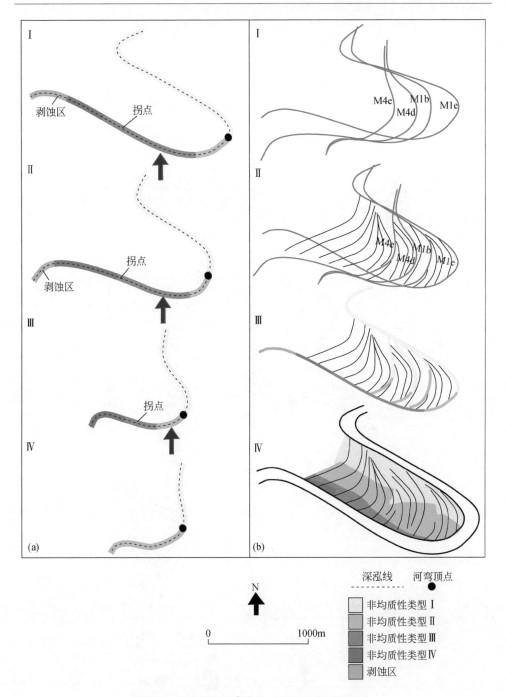

图 6.31 复合点坝⑦演化过程及非均质性分布

图 6.32　复合点坝⑧演化图版

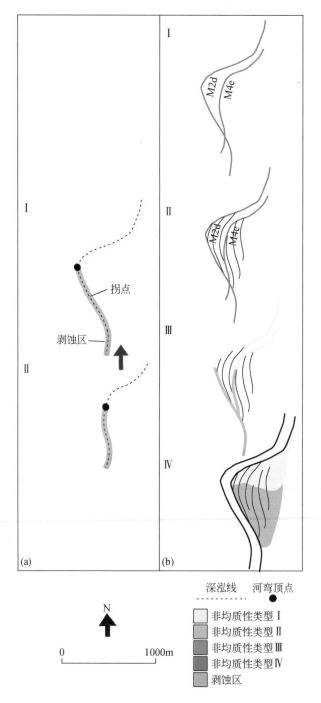

图 6.33　复合点坝⑧演化过程及非均质性分布

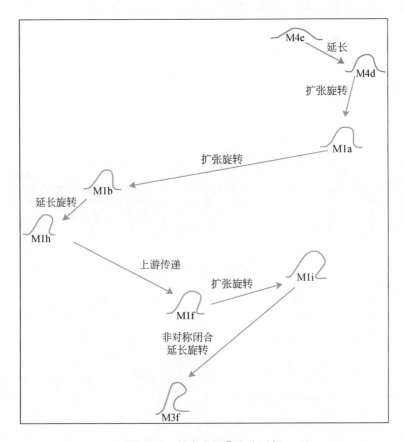

图 6.34　复合点坝⑨演化图版

内部，我们可以近似地认为某一单一点坝的规模符合其自然界的分布概率。根据这一思路，可以初步得出复合点坝内部各单一点坝完整情况下的面积比。以实例区为例，简述该步工作流程。

实例区 $Nm\mathrm{I}\text{-}3$ 小层为主力砂体小层，共表征出 10 个复合点坝。首先确定出各复合点坝的面积，然后根据点坝分布概率确定出复合点坝内部各单一点坝完整形态下的面积比，用符号 S 表示单一点坝完整形态下的面积。例如，复合点坝①面积为 $0.60\mathrm{km}^2$，其内部各单一点坝的演化过程和完整情况下的面积比为 S_{M4e} : S_{M4d} : S_{M4b} : $S_{\mathrm{M3d}}=10:14:1:2$；复合点坝②面积为 $0.86\mathrm{km}^2$，其内部各单一点坝的演化过程和完整情况下的面积比为 S_{M4e} : S_{M4d} : S_{M4b} : $S_{\mathrm{M3d}}=10:14:2:3$；点坝③为单一点坝 M4e，面积为 $0.47\mathrm{km}^2$；复合点坝④面积为 $1.09\mathrm{km}^2$，其内部各单一点坝的演化过程和完整情况下的面积比为 S_{M4e} : S_{M4d} : S_{M1a} : S_{M1b} : S_{M1h} : S_{M1f} : S_{M1i} : S_{M3f} : $S_{\mathrm{M3g}}=10:14:1:2:3:2:4:6:3$；复合点坝⑤面积为 $0.88\mathrm{km}^2$，

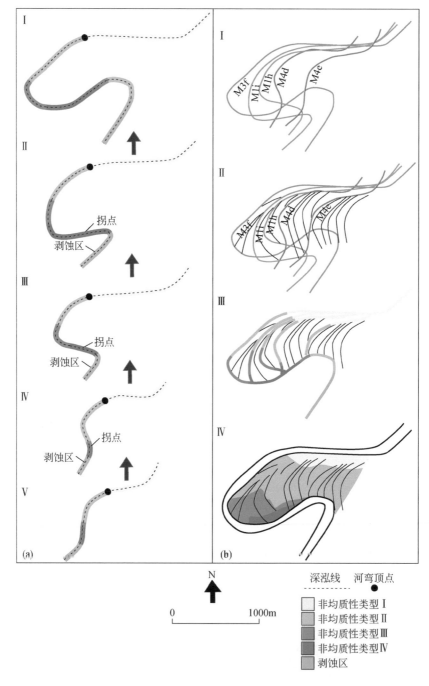

图 6.35　复合点坝⑨演化过程及非均质性分布

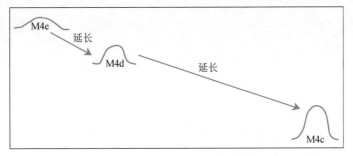

图 6.36　复合点坝⑩演化图版

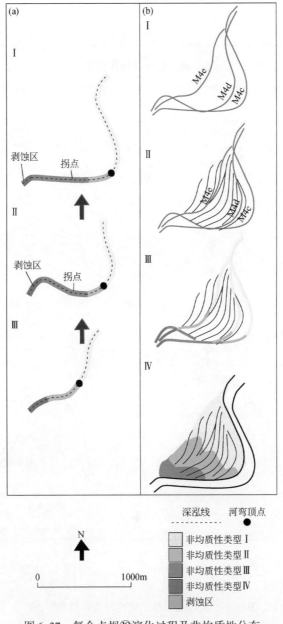

图 6.37　复合点坝⑩演化过程及非均质性分布

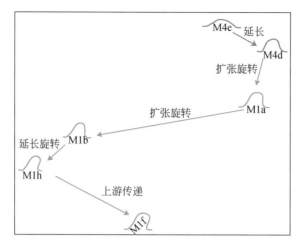

图 6.38　复合点坝⑪演化图版

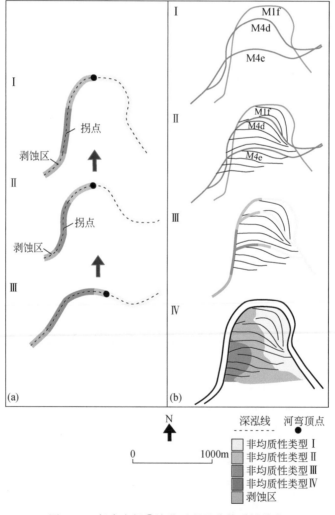

图 6.39　复合点坝⑪演化过程及非均质性分布

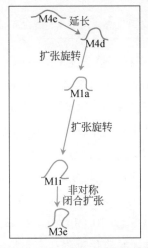

图 6.40 复合点坝⑫演化图版

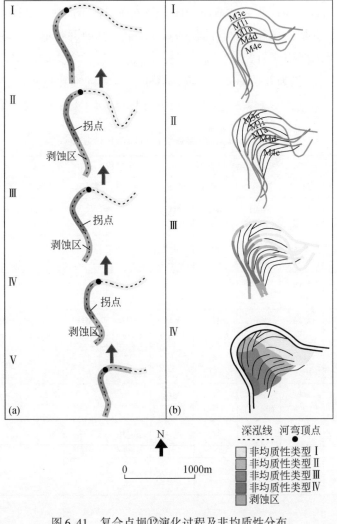

图 6.41 复合点坝⑫演化过程及非均质性分布

其内部各单一点坝的演化过程和完整情况下的面积比为 $S_{M4e} : S_{M4d} : S_{M4c} = 5 : 7 : 4$；复合点坝⑥面积为 $0.68km^2$，其内部各单一点坝的演化过程和完整情况下的面积比为 $S_{M4e} : S_{M4d} : S_{M1a} : S_{M1i} = 10 : 14 : 1 : 4$；复合点坝⑦面积为 $0.58km^2$，其内部各单一点坝的演化过程和完整情况下的面积比为 $S_{M4e} : S_{M4d} : S_{M1a} : S_{M1b} : S_{M1h} : S_{M1e} = 10 : 14 : 1 : 2 : 3 : 5$；复合点坝⑧面积为 $0.47km^2$，其内部各单一点坝的演化过程和完整情况下的面积比为 $S_{M4e} : S_{M2d} = 2 : 1$；复合点坝⑨面积为 $0.78km^2$，其内部各单一点坝的演化过程和完整情况下的面积比为 $S_{M4e} : S_{M4d} : S_{M1a} : S_{M1b} : S_{M1h} : S_{M1f} : S_{M1i} : S_{M3f} = 10 : 14 : 1 : 2 : 3 : 2 : 4 : 6$；复合点坝⑩面积为 $0.90km^2$，其内部各单一点坝的演化过程和完整情况下的面积比为 $S_{M4e} : S_{M4d} : S_{M4c} = 5 : 7 : 4$（表6.4、表6.5）。

　　实例区 NmⅠ-1 小层为一套薄层砂体，曲流河特征不明显，共表征出 2 个复合点坝。同样的思路，复合点坝⑪面积为 $0.72km^2$，其内部各单一点坝的演化过程和完整情况下的面积比为 $S_{M4e} : S_{M4d} : S_{M1a} : S_{M1b} : S_{M1h} : S_{M1f} = 10 : 14 : 1 : 2 : 3 : 2$；复合点坝⑫面积为 $0.71km^2$，其内部各单一点坝的演化过程和完整情况下的面积比为 $S_{M4e} : S_{M4d} : S_{M1a} : S_{M1i} : S_{M3e} = 10 : 14 : 1 : 4 : 4$（表6.6、表6.7）。

表6.4　NmⅠ-3 小层各复合点坝演化过程推演表

复合点坝编号	面积 /km²	演化过程								
		阶段1	阶段2	阶段3	阶段4	阶段5	阶段6	阶段7	阶段8	阶段9
①	0.60	M4e (10%)	M4d (14%)	M1a (1%)	M1b (2%)					
②	0.86	M4e (10%)	M4d (14%)	M4b (2%)	M3d (3%)					
③	0.47	M4e (10%)								
④	1.09	M4e (10%)	M4d (14%)	M1a (1%)	M1b (2%)	M1h (3%)	M1f (2%)	M1i (4%)	M3f (6%)	M3g (3%)
⑤	0.88	M4e (10%)	M4d (14%)	M4c (8%)						
⑥	0.68	M4e (10%)	M4d (14%)	M1a (1%)	M1i (4%)					
⑦	0.58	M4e (10%)	M4d (14%)	M1a (1%)	M1b (2%)	M1h (3%)	M1e (5%)			
⑧	0.47	M4e (10%)	M2d (5%)							

续表

复合点坝编号	面积/km²	演化过程								
		阶段 1	阶段 2	阶段 3	阶段 4	阶段 5	阶段 6	阶段 7	阶段 8	阶段 9
⑨	0.78	M4e (10%)	M4d (14%)	M1a (1%)	M1b (2%)	M1h (3%)	M1f (2%)	M1i (4%)	M3f (6%)	
⑩	0.90	M4e (10%)	M4d (14%)	M4c (8%)						

注：括号内数字为该类型单一点坝在自然界中所占的比例。

表 6.5　N*m*I-3 小层各演化阶段完整单一点坝面积比

复合点坝编号	面积/km²	各演化阶段完整单一点坝面积比								
		阶段 1	阶段 2	阶段 3	阶段 4	阶段 5	阶段 6	阶段 7	阶段 8	阶段 9
①	0.60	10	14	1	2					
②	0.86	10	14	2	3					
③	0.47	1								
④	1.09	10	14	1	2	3	2	4	6	3
⑤	0.88	5	7	4						
⑥	0.68	10	14	1	4					
⑦	0.58	10	14	1	2	5				
⑧	0.47	2	1							
⑨	0.78	10	14	1	2	3	2	4	6	
⑩	0.90	5	7	4						

表 6.6　N*m*I-1 小层各复合点坝演化过程推演表

复合点坝编号	面积/km²	演化过程					
		阶段 1	阶段 2	阶段 3	阶段 4	阶段 5	阶段 6
⑪	0.72	M4e (10%)	M4d (14%)	M1a (1%)	M1b (2%)	M1h (3%)	M1f (2%)
⑫	0.71	M4e (10%)	M4d (14%)	M1a (1%)	M1i (4%)	M3e (4%)	

表 6.7　N*m*I-1 小层各演化阶段完整单一点坝面积比

复合点坝编号	面积/km²	各演化阶段完整单一点坝面积比					
		阶段 1	阶段 2	阶段 3	阶段 4	阶段 5	阶段 6
⑪	0.72	10	14	1	2	3	2
⑫	0.71	10	14	1	4	4	

2）复合对数关系计算点坝残存面积

通过复合点坝演化图版和分布概率，可以得到复合点坝内部各单一点坝完整时的面积比，达到定性至半定量表征的程度，但是还无法确认残存单一点坝的规模。为了进一步逼近定量化表征复合点坝内部构型特征的目标，本次研究以复合点坝对数公式为理论基础，对以上表征成果进行定量化校正。这一方法是本次研究的一个亮点。

根据复合点坝级次成因类型的研究，得到"复合点坝内部各单一点坝残存规模与期次呈对数递减关系"的结论。该结论用公式表达为 $y=-a\ln x+1$，该公式定义为复合对数公式，其中 x 为演化期次，可以近似认为是复合点坝恢复演化过程中的不同阶段；y 为该阶段点坝残存比，即残存下来的点坝面积占完整时面积的比例；a 为复合系数，与水动力、河道形态、河道规模、地貌、植被、气候等因素有关，在同一段曲流河中为一个常数。在实际实例区中，a 与恢复期次有关，恢复期次越多，a 越小，本次研究平均恢复期次为 4～5 期，根据海拉尔河复合点坝测量和实例区的研究需要，取 $a=0.4$。根据复合对数公式 $y=-0.4\ln x+1$，将期次1、期次2、期次3、期次4、期次5、期次6、期次7、期次8、期次9代入 x，得到不同期次残存面积占完整面积的比例分别为 100%、72%、56%、45%、36%、28%、22%、17%、12%。有了以上的理论基础，就可以对复合点坝内部各残存单一点坝的规模进行定量化表征。具体思路是通过复合对数公式和完整单一点坝面积比，可以计算出各复合点坝内部残存单一点坝的面积比例；再通过各复合点坝面积和内部残存单一点坝面积比，即可定量化求取各残存单一点坝的面积。以实例区为例，简述该步工作流程。

实例区 NmⅠ-3 小层共表征出 10 个复合点坝。根据各演化阶段完整单一点坝面积比和残存度，计算得到各单一点坝残存面积比，用符号 SR 表示残存面积。例如，复合点坝①内部各单一点坝残存面积比为 SR_{M4e}：SR_{M4d}：SR_{M1a}：$SR_{M1b}=$ 10：10.08：0.56：0.9；复合点坝②内部各单一点坝残存面积比为 SR_{M4e}：SR_{M4d}：SR_{M4b}：$SR_{M3d}=10$：10.08：1.12：1.35；点坝③为单一点坝 M4e，面积为 0.47km²；复合点坝④内部各单一点坝残存面积比为 SR_{M4e}：SR_{M4d}：SR_{M1a}：SR_{M1b}：SR_{M1h}：SR_{M1f}：SR_{M1i}：SR_{M3f}：$SR_{M3g}=10$：9.36：0.56：0.9：1.08：0.56：0.88：1.02：0.36；复合点坝⑤内部各单一点坝残存面积比为 SR_{M4e}：SR_{M4d}：$SR_{M4c}=5$：5.04：2.24；复合点坝⑥内部各单一点坝残存面积比为 SR_{M4e}：SR_{M4d}：SR_{M1a}：$SR_{M1i}=10$：10.08：0.56：1.8；复合点坝⑦内部各单一点坝残存面积比为 SR_{M4e}：SR_{M4d}：SR_{M1a}：SR_{M1b}：SR_{M1h}：$SR_{M1e}=10$：10.08：0.56：0.9：1.08：1.4；复合点坝⑧内部各单一点坝残存面积比为 SR_{M4e}：$SR_{M2d}=2$：0.72；复合点坝⑨内部各单一点坝残存面积比为 SR_{M4e}：SR_{M4d}：SR_{M1a}：SR_{M1b}：SR_{M1h}：SR_{M1f}：SR_{M1i}：$SR_{M3f}=10$：10.08：0.56：0.9：1.08：0.56：0.88：1.02；复合点坝⑩内部各单一点坝残存面积比为 SR_{M4e}：SR_{M4d}：$SR_{M4c}=5$：5.04：2.24（表6.8）。

表 6.8　Nm I-3 小层各演化阶段残存单一点坝面积比

复合点坝编号	面积/km²	各演化阶段残存单一点坝面积比								
		阶段 1 (100%)	阶段 2 (72%)	阶段 3 (56%)	阶段 4 (45%)	阶段 5 (36%)	阶段 6 (28%)	阶段 7 (22%)	阶段 8 (17%)	阶段 9 (12%)
①	0.60	10	10.08	0.56	0.9					
②	0.86	10	10.08	1.12	1.35					
③	0.47	1								
④	1.09	10	9.36	0.56	0.9	1.08	0.56	0.88	1.02	0.36
⑤	0.88	5	5.04	2.24						
⑥	0.68	10	10.08	0.56	1.8					
⑦	0.58	10	10.08	0.56	0.9	1.08	1.4			
⑧	0.47	2	0.72							
⑨	0.78	10	10.08	0.56	0.9	1.08	0.56	0.88	1.02	
⑩	0.90	5	5.04	2.24						

实例区 Nm I-1 小层为一套薄层砂体，曲流河特征不明显，共表征出 2 个复合点坝。同样的思路，复合点坝⑪内部各单一点坝残存面积比为 $SR_{M4e}:SR_{M4d}:SR_{M1a}:SR_{M1b}:SR_{M1h}:SR_{M1f}=10:10.08:0.56:0.9:1.08:0.56$；复合点坝⑫其内部各单一点坝残存面积比为 $SR_{M4e}:SR_{M4d}:SR_{M1a}:SR_{M1i}:SR_{M3e}=10:10.08:0.56:1.8:1.44$（表 6.9）。

表 6.9　Nm I-1 小层各演化阶段残存单一点坝面积比

复合点坝编号	面积/km²	各演化阶段残存单一点坝面积比					
		阶段 1 (100%)	阶段 2 (72%)	阶段 3 (56%)	阶段 4 (45%)	阶段 5 (36%)	阶段 6 (28%)
⑪	0.72	10	10.08	0.56	0.9	1.08	0.56
⑫	0.71	10	10.08	0.56	1.8	1.44	

以上求出了各复合点坝内部单一点坝残存面积比，同时，各复合点坝的面积也已测量出。因此，根据单一点坝残存面积比与复合点坝面积，可以很容易定量化得出复合点坝内部各单一点坝的残存面积。实例区 Nm I-3 小层共表征出 10 个复合点坝，各复合点坝内部单一点坝残存面积如下。复合点坝①内部各单一点坝残存面积：$SR_{M4e}=0.28km^2$，$SR_{M4d}=0.28km^2$，$SR_{M1a}=0.02km^2$，$SR_{M1b}=0.03km^2$。复合点坝②内部各单一点坝残存面积：$SR_{M4e}=0.38km^2$，$SR_{M4d}=0.38km^2$，$SR_{M4b}=0.04km^2$，$SR_{M3d}=0.05km^2$。点坝③为单一点坝，面积 $SR_{M4e}=0.47km^2$。复合点坝④内部各单一点坝残存面积：$SR_{M4e}=0.44km^2$，$SR_{M4d}=0.41km^2$，$SR_{M1a}=0.02km^2$，$SR_{M1b}=0.04km^2$，$SR_{M1h}=0.05km^2$，$SR_{M1f}=0.02km^2$，$SR_{M1i}=0.04km^2$，$SR_{M3f}=0.04km^2$，$SR_{M3g}=0.02km^2$。复合点坝⑤内部各单一点坝

残存面积：$SR_{M4e} = 0.36km^2$，$SR_{M4d} = 0.36km^2$，$SR_{M4c} = 0.16km^2$。复合点坝⑥内部各单一点坝残存面积：$SR_{M4e} = 0.30km^2$，$SR_{M4d} = 0.31km^2$，$SR_{M1a} = 0.02km^2$，$SR_{M1i} = 0.05km^2$。复合点坝⑦内部各单一点坝残存面积：$SR_{M4e} = 0.24km^2$，$SR_{M4d} = 0.24km^2$，$SR_{M1a} = 0.01km^2$，$SR_{M1b} = 0.02km^2$，$SR_{M1h} = 0.03km^2$，$SR_{M1e} = 0.03km^2$。复合点坝⑧内部各单一点坝残存面积：$SR_{M4e} = 0.35km^2$，$SR_{M2d} = 0.12km^2$。复合点坝⑨内部各单一点坝残存面积：$SR_{M4e} = 0.31km^2$，$SR_{M4d} = 0.31km^2$，$SR_{M1a} = 0.02km^2$，$SR_{M1b} = 0.03km^2$，$SR_{M1h} = 0.03km^2$，$SR_{M1f} = 0.02km^2$，$SR_{M1i} = 0.03km^2$，$SR_{M3f} = 0.03km^2$。复合点坝⑩内部各单一点坝残存面积：$SR_{M4e} = 0.37km^2$，$SR_{M4d} = 0.37km^2$，$SR_{M4c} = 0.16km^2$（表 6.10）。

实例区 NmI-1 小层表征出 2 个复合点坝，各复合点坝内部单一点坝残存面积如下。复合点坝⑪内部各单一点坝残存面积：$SR_{M4e} = 0.31km^2$，$SR_{M4d} = 0.31km^2$，$SR_{M1a} = 0.02km^2$，$SR_{M1b} = 0.03km^2$，$SR_{M1h} = 0.03km^2$，$SR_{M1f} = 0.02km^2$。复合点坝⑫内部各单一点坝残存面积：$SR_{M4e} = 0.30km^2$，$SR_{M4d} = 0.30km^2$，$SR_{M1a} = 0.02km^2$，$SR_{M1i} = 0.05km^2$，$SR_{M3e} = 0.04km^2$（表 6.11）。

表 6.10　NmI-3 小层各演化阶段残存单一点坝面积

复合点坝编号	面积/km²	各演化阶段残存单一点坝面积/km²								
		阶段 1（100%）	阶段 2（72%）	阶段 3（56%）	阶段 4（45%）	阶段 5（36%）	阶段 6（28%）	阶段 7（22%）	阶段 8（17%）	阶段 9（12%）
①	0.60	0.28	0.28	0.02	0.03					
②	0.86	0.38	0.38	0.04	0.05					
③	0.47	0.47								
④	1.09	0.44	0.41	0.02	0.04	0.05	0.02	0.04	0.04	0.02
⑤	0.88	0.36	0.36	0.16						
⑥	0.68	0.30	0.31	0.02	0.05					
⑦	0.58	0.24	0.24	0.01		0.03	0.03			
⑧	0.47	0.35	0.12							
⑨	0.78	0.31	0.31	0.02	0.03	0.03	0.02	0.03	0.03	
⑩	0.90	0.37	0.37	0.16						

表 6.11　NmI-1 小层各演化阶段残存单一点坝面积

复合点坝编号	面积/km²	各演化阶段残存单一点坝面积/km²					
		阶段 1（100%）	阶段 2（72%）	阶段 3（56%）	阶段 4（45%）	阶段 5（36%）	阶段 6（28%）
⑪	0.72	0.31	0.31	0.02	0.03	0.03	0.02
⑫	0.71	0.30	0.30	0.02	0.05	0.04	

6.4.3　内部隔夹层定量表征

复合点坝内部最重要的隔夹层是侧积层。周期性的洪泛事件中，洪峰期形成的侧积体在先前发育的坝面上堆积，之后，细粒悬浮物质沉积附着在侧积体上，形成泥质披覆层，称为侧积层。侧积层影响流体运移，是形成曲流河相储层流体流动非均质性的原因之一。侧积层常常会形成隔夹层，控制着点坝内剩余油的分布和聚集。一般情况下，剩余油就富集在具有遮挡性侧积层的上部位置。因此，需要一套复合点坝内部侧积层定量表征的方法。实例区侧积层规模小，无法通过地震和井资料识别，笔者尝试采用侧积层与复合点坝之间的定性和定量关系分析其分布特征。具体思路是，首先通过不同类型复合点坝与侧积层的分布概率关系定性判断各点坝内侧积层的类型，再通过侧积周期定律定量表征侧积层的分布。

1. 分布概率定性判断隔夹层样式

通过第 4 章对于复合点坝样本的统计研究，笔者将侧积体分为 22 类，并建立了不同类型复合点坝与侧积体的统计概率关系。这里需要说明的是，侧积体与侧积层在发育规律上是对应统一的，因此，为了研究方便，我们将侧积层类型也定义为 22 类，与侧积体对应。根据笔者对全球点坝卫星遥感照片的观察研究，认为某一单一点坝内的侧积体类型是固定规律的，这是由于侧积体反映了河道迁移的过程，对应着该单一点坝的终期形态。6.4.2 节确认了各复合点坝内单一点坝的类型，可以得出每类单一点坝内发育侧积体类型的最大概率，为该单一点坝内侧积体的类型。以实例区为例，简述该步工作方法。

实例区 $Nm\mathrm{I}$-3 小层共表征出 10 个复合点坝。复合点坝①由 M4e、M4d、M1a、M1b 四个单点坝组成，根据概率统计，M4e 内侧积体类型为 5.2 型，M4d 内侧积体类型为 3.1 型，M1a 内侧积体类型为 3.1 型，M1b 内侧积体类型为 3.1 型；复合点坝②由 M4e、M4d、M4b、M3d 四个单点坝组成，根据概率统计，M4e 内侧积体类型为 5.2 型，M4d 内侧积体类型为 3.1 型，M4b 内侧积体类型为 3.2 型，M3d 内侧积体类型为 3.2 型；点坝③为单一点坝 M4e，根据概率统计，内部侧积体类型为 5.2 型；复合点坝④由 M4e、M4d、M1a、M1b、M1h、M1f、M1i、M3f、M3g 九个单点坝组成，根据概率统计，M4e 内侧积体类型为 5.2 型，M4d 内侧积体类型为 3.1 型，M1a 内侧积体类型为 3.1 型，M1b 内侧积体类型为 3.1 型，M1h 内侧积体类型为 3.1 型，M1f 内侧积体类型为 3.1 型，M1i 内侧积体类型为 3.1 型，M3f 内侧积体类型为 2.2 型，M3g 内侧积体类型为 2.2 型；复合点坝⑤由 M4e、M4d、M4c 三个单点坝组成，根据概率统计，M4e 内侧积体类型为 5.2 型，M4d 内侧积体类型为 3.1 型，M4c 内侧积体类型为 3.1 型；复合点

坝⑥由 M4e、M4d、M1a、M1i 四个单点坝组成，根据概率统计，M4e 内侧积体
类型为 5.2 型，M4d 内侧积体类型为 3.1 型，M1a 内侧积体类型为 3.1 型，M1i
内侧积体类型为 3.1 型；复合点坝⑦由 M4e、M4d、M1a、M1b、M1h、M1e 六个
单点坝组成，根据概率统计，M4e 内侧积体类型为 5.2 型，M4d 内侧积体类型为
3.1 型，M1a 内侧积体类型为 3.1 型，M1b 内侧积体类型为 3.1 型，M1h 内侧积
体类型为 3.1 型，M1e 内侧积体类型为 3.1 型；复合点坝⑧由 M4e、M2d 两个单
点坝组成，根据概率统计，M4e 内侧积体类型为 5.2 型，M2d 内侧积体类型为
6.2 型；复合点坝⑨由 M4e、M4d、M1a、M1b、M1h、M1f、M1i、M3f 八个单点
坝组成，根据概率统计，M4e 内侧积体类型为 5.2 型，M4d 内侧积体类型为 3.1
型，M1a 内侧积体类型为 3.1 型，M1b 内侧积体类型为 3.1 型，M1h 内侧积体类
型为 3.1 型，M1f 内侧积体类型为 3.1 型，M1i 内侧积体类型为 3.1 型，M3f 内
侧积体类型为 2.2 型；复合点坝⑩由 M4e、M4d、M4c 三个单点坝组成，根据概
率统计，M4e 内侧积体类型为 5.2 型，M4d 内侧积体类型为 3.1 型，M4c 内侧积
体类型为 3.1 型（表 6.12）。

实例区 Nm I-1 小层共表征出 2 个复合点坝。复合点坝⑪由 M4e、M4d、M1a、
M1b、M1h、M1f 六个单点坝组成，根据概率统计，M4e 内侧积体类型为 5.2 型，
M4d 内侧积体类型为 3.1 型，M1a 内侧积体类型为 3.1 型，M1b 内侧积体类型为
3.1 型，M1h 内侧积体类型为 3.1 型，M1f 内侧积体类型为 3.1 型；复合点坝⑫
由 M4e、M4d、M1a、M1i、M3e 五个单点坝组成，根据概率统计，M4e 内侧积体
类型为 5.2 型，M4d 内侧积体类型为 3.1 型，M1a 内侧积体类型为 3.1 型，M1i
内侧积体类型为 3.1 型，M3e 内侧积体类型为 2.3 型（表 6.13）。

表 6.12　Nm I-3 小层各点坝内侧积体类型分布

复合点坝编号	侧积层类型								
	阶段 1	阶段 2	阶段 3	阶段 4	阶段 5	阶段 6	阶段 7	阶段 8	阶段 9
①	5.2 (M4e)	3.1 (M4d)	3.1 (M1a)	3.1 (M1b)					
②	5.2 (M4e)	3.1 (M4d)	3.2 (M4b)	3.2 (M3d)					
③	5.2 (M4e)								
④	5.2 (M4e)	3.1 (M4d)	3.1 (M1a)	3.1 (M1b)	3.1 (M1h)	3.1 (M1f)	3.1 (M1i)	2.2 (M3f)	2.2 (M3g)
⑤	5.2 (M4e)	3.1 (M4d)	3.1 (M4c)						

复合点坝编号	侧积层类型								
	阶段1	阶段2	阶段3	阶段4	阶段5	阶段6	阶段7	阶段8	阶段9
⑥	5.2（M4e）	3.1（M4d）	3.1（M1a）	3.1（M1i）					
⑦	5.2（M4e）	3.1（M4d）	3.1（M1a）	3.1（M1b）	3.1（M1h）	3.1（M1e）			
⑧	5.2（M4e）	6.2（M2d）							
⑨	5.2（M4e）	3.1（M4d）	3.1（M1a）	3.1（M1b）	3.1（M1h）	3.1（M1f）	3.1（M1i）	2.2（M3f）	
⑩	5.2（M4e）	3.1（M4d）	3.1（M4c）						

表6.13　NmI-1小层各点坝内侧积体类型分布

复合点坝编号	侧积层类型					
	阶段1	阶段2	阶段3	阶段4	阶段5	阶段6
⑪	5.2（M4e）	3.1（M4d）	3.1（M1a）	3.1（M1b）	3.1（M1h）	3.1（M1f）
⑫	5.2（M4e）	3.1（M4d）	3.1（M1a）	3.1（M1i）	2.3（M3e）	

2. 侧积周期定律表征隔夹层分布

通过分布概率定性判断了各复合点坝内的侧积体组成和特征，本节力求达到定量化表征侧积体和侧积层的分布特征。所依据的理论基础是第5章5.3节侧积周期定律，该定律建立了侧积体间距与河道宽度之间的定量关系。

第5章5.3节得出了"侧积体的形成与曲流河周期性洪泛有关，且侧积体宽度和河道宽度符合公式 $T=0.5W_m+C$（T 为复合点坝侧积体宽度，m；W_m 为河道宽度，m；C 为复合点坝侧积周期常数，m）"的结论。通过这一结论，可以近似计算出侧积层的间距。

本次研究参考海拉尔资料，取 $C=18$m。根据各复合点坝废弃河道的宽度，计算得到各复合点坝内部侧积体宽度。复合点坝①侧积体宽度约为70m，复合点坝②侧积体宽度约为83m，复合点坝③侧积体宽度约为58m，复合点坝④侧积体宽度约为62m，复合点坝⑤侧积体宽度约为73m，复合点坝⑥侧积体宽度约为58m，复合点坝⑦侧积体宽度约为59m，复合点坝⑧侧积体宽度约为54m，复合点坝⑨侧积体宽度约为57m，复合点坝⑩侧积体宽度约为61m，复合点坝⑪侧积体宽度约为60m，复合点坝⑫侧积体宽度约为63m（表6.14）。

表 6.14　各复合点坝内侧积体规模

复合点坝编号	①	②	③	④	⑤	⑥	⑦	⑧	⑨	⑩	⑪	⑫
河道宽度/m	103	130	80	88	110	79	82	72	78	85	84	89
侧积体宽度/m	70	83	58	62	73	58	59	54	57	61	60	63

最终，得到各复合点坝内部构型样式及非均质性解释成果。

6.5　复合砂体构型级次与井网井距的关系

本节在对实例区 NmI-3 和 NmI-1 小层各复合点坝定量表征的基础上，进一步探索复合砂体构型级次与井网井距的关系。主要从各复合点坝规模、侧积体间距及非均质性与流体渗流的关系探讨它们与井网井距的关系。

井网井距与复合点坝规模具有密切关系，可以从斜交侧积体方向与垂直侧积体方向考虑注采井距。以复合点坝③、复合点坝⑤、复合点坝⑦为例进行说明。复合点坝③为长宽比较小的复合点坝，采用斜交侧积体方向和垂直侧积体方向布置注水井和采油井，斜交侧积体方向井距约 600m，垂直侧积体方向井距约350m。复合点坝⑤为长宽比接近于 1 的复合点坝，采用斜交侧积体方向和垂直积体方向布置注水井和采油井，斜交侧积体方向井距约 450m，垂直侧积体方向井距约 400m。复合点坝⑦为长宽比较大的复合点坝，采用垂直侧积体方向布置注水井和采油井，两口注水井对应一口采油井，垂直侧积体方向井距约 400m。因此，对于实例区复合点坝，推荐井距 300 ~ 600m，理想井距 400m。井网关系为两注两采或两注一采（图 6.42）。

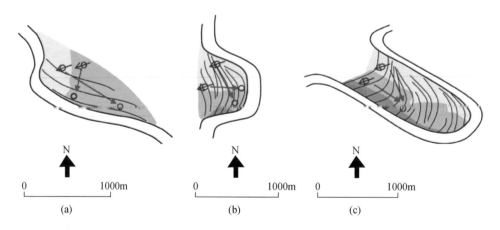

图 6.42　复合点坝③（a）、复合点坝⑤（b）、复合点坝⑦（c）井网井距关系

6.6　本章小结

　　本章是以秦皇岛 32-6 油田北区 NmI-3 小层与 NmI-1 小层为例，将以上的理论成果进行实践。首先对复合河道带、复合点坝构型级次进行表征，主要采用分频属性融合、地震正演指导、动态资料约束、定量地质知识库约束等传统技术方法，最终得到了 NmI-3 小层和 NmI-1 小层的复合点坝分布图件。针对复合点坝内部的单一点坝和侧积体级次的定量化表征，主要通过演化规律分析复合点坝内部点坝叠置样式，再通过定量化理论成果计算内部构型级次的规模，实现复合点坝内部级次。具体思路是：首先，依据复合点坝分类图表，识别出实例区各复合点坝的类型，通过复合点坝演化图版，推导出复合点坝的演化过程；然后，根据点坝样本统计的概率分布，判断复合点坝内各完整点坝的面积比；之后，通过点坝残存面积与期次的关系，计算出复合点坝内残存点坝的面积比，有了这些数据，即可以通过复合点坝面积计算出内部各残存点坝的实际面积，实现复合点坝内单一点坝的表征；通过各类型的侧积体与复合点坝的概率关系，得出各点坝内部侧积体类型，再通过河道宽度与侧积周期的定量关系，即可计算出侧积体的间距，实现侧积体级次的定量化表征；最后，通过河道和侧积体非均质连线，得到复合点坝内部的非均质性分布情况。在对实例区内部构型级次表征的基础上，本章进一步探讨了复合砂体构型级次与井网井距的关系，推荐井距 300～600m，理想井距 400m，井网关系为两注两采或两注一采。

第 7 章　结　束　语

本书通过对曲流河复合砂体的构型级次、定量规模、成因类型和表征方法的系统攻关研究，得到了一些创新性结论，力图推进曲流河沉积学的发展。这些结论总结如下。

（1）依据复合砂体的规模特征，将沉积盆地内的构型层次界面分为 13 级，其中复合河道带为 6 级构型单元、单一河道带为 7 级构型单元、复合点坝为 8 级构型单元、单一点坝为 9 级构型单元、侧积体为 10 级构型单元。

（2）探讨了复合河道带级次、复合点坝级次和侧积体级次的构型样式分类。其中复合河道带级次构型样式划分为 3 种砂体类型 7 种构型样式，分别为堆叠型、侧叠型和孤立型 3 种砂体类型，形成紧密接触侧叠型、疏散接触侧叠型、离散接触侧叠型、下切侵蚀河道、决口扇、孤立河道和堆叠型 7 类构型样式。将复合点坝划分为 4 个大类、25 个亚类，4 个大类包括敞开非对称型（M1）复合点坝、棱角型（M2）复合点坝、闭合型（M3）复合点坝、敞开对称型（M4）复合点坝，M1 型复合点坝细分为 9 个亚类，M2 型复合点坝细分为 4 个亚类，M3 型复合点坝细分为 7 个亚类，M4 型复合点坝细分为 5 个亚类。将侧积体构型样式划分为 8 个大类，分别为延长型、延长旋转型、二次传递型、扩张型、传递型、传递变向型、复合型、残存型，每种类型进一步细分，划分为 22 种亚类模式。

（3）探讨了不同类型复合点坝和侧积体构型样式在自然界中的定量概率分布。敞开非对称型、棱角型、闭合型、敞开对称型复合点坝各占比为 26%、11%、24%、39%。各大类侧积体构型样式在样本中占比如下：延长型 2%、延长旋转型 16%、二次传递型 45%、扩张型 5%、传递型 6%、传递变向型 12%、复合型 9%、残存型 5%。

（4）本书探讨了复合河道带级次、复合点坝级次和侧积体级次的成因类型。建立了不同类型复合河道带构型单元与 A/S 和曲流河阶地的关系。通过对现代沉积、古代沉积、物理模拟、数值模拟等资料的分析，论证了复合点坝残存面积与期次的定量关系符合对数关系。通过对密西西比河高精度卫星遥感照片资料的研究分析，论证了河道侧积周期与河道规模的定量关系符合线性关系。

（5）在对实例区内部构型级次表征的基础上，探讨了复合砂体构型级次与井网井距的关系，推荐井距 300～600m，理想井距 400m，井网关系为两注两采或两注一采。

参 考 文 献

安桂荣，许家峰，周文胜，等. 2013. 海上复杂河流相水驱稠油油田井网优化——以 BZ 油田
　　为例 [J]. 中国海上油气，25 (3)：28-31.

蔡东升，罗毓晖，姚长华. 2001. 渤海莱州湾走滑拉分凹陷的构造研究及其石油勘探意义 [J].
　　石油学报，(2)：19-25.

曹耀华，赖志云，刘怀波，等. 1990. 沉积模拟实验的历史现状及发展趋势 [J]. 沉积学报，
　　(1)：143-147.

陈飞，胡光义，孙立春，等. 2012. 鄂尔多斯盆地南部上三叠统延长组层序地层格架内沉积相
　　特征与演化 [J]. 古地理学报，14 (3)：321-330.

陈飞，胡光义，范廷恩，等. 2015. 渤海海域 W 油田新近系明化镇组曲流河相砂体结构特征
　　[J]. 地学前缘，22 (2)：207-213.

陈飞，胡光义，胡宇霆，等. 2018. 储层构型研究发展历程与趋势思考 [J]. 西南石油大学学
　　报（自然科学版），40 (5)：5-18.

陈骥，姜在兴，刘超，等. 2018. “源-汇”体系主导下的障壁滨岸沉积体系发育模式——以青
　　海湖倒淌曲流河域为例 [J]. 岩性油气藏，30 (3)：74-82.

陈伟，孙福街，朱国金，等. 2013. 海上油气田开发前期研究地质油藏方案设计策略和技术
　　[J]. 中国海上油气，25 (6)：48-55.

崔冬. 2007. 灌河口拦门沙航道治理潮流、泥沙数模研究 [D]. 南京：河海大学.

邓运华. 2000. 渤海湾盆地上第三系油藏形成与勘探 [J]. 中国海上油气，(3)：20-24.

邓运华. 2009. 试论中国近海两个坳陷带油气地质差异性 [J]. 石油学报，30 (1)：1-8.

邓运华，李建平. 2007. 渤中 25-1 油田勘探评价过程中地质认识的突破 [J]. 石油勘探与开
　　发，(6)：646-652.

范廷恩，胡光义，余连勇，等. 2012. 切片演绎地震相分析方法及其应用 [J]. 石油物探，51
　　(4)：371-376.

范廷恩，胡光义，马良涛，等. 2017. 利用不确定性高精度反演数据表征曲流河储层构型 [J].
　　石油地球物理勘探，(3)：179-188.

范廷恩，王海峰，胡光义，等. 2018. 海上油田复合砂体构型解剖方法及其应用 [J]. 中国海上
　　油气，30 (4)：102-112.

冯文杰，吴胜和，张可，等. 2017a. 曲流河浅水三角洲沉积过程与沉积模式探讨——沉积过程
　　数值模拟与现代沉积分析的启示 [J]. 地质学报，91 (9)：2047-2064.

冯文杰，吴胜和，刘忠保，等. 2017b. 逆断层正牵引构造对冲积扇沉积过程与沉积构型的控制
　　作用：水槽沉积模拟实验研究 [J]. 地学前缘，24 (6)：370-380.

付清平，李思田. 1994. 湖泊三角洲平原砂体的露头构形分析 [J]. 岩相古地理，(5)：21-33.

高志勇，张水昌，李建军，等. 2010. 塔里木盆地西部中上奥陶统萨尔干页岩与印干页岩的空间展布与沉积环境 [J]. 古地理学报，12（5）：599-608.

葛丽珍，张鹏. 2005. 秦皇岛 32-6 油田含水率上升快原因分析 [J]. 中国海上油气，（6）：394-397.

龚再升，王国纯. 1997. 中国近海油气资源潜力新认识 [J]. 中国海上油气. 地质，（1）：1-12.

龚再升，王国纯，贺清. 2000. 上第三系是渤中坳陷及其周围油气勘探的主要领域 [J]. 中国海上油气，（3）：2-13.

郭兴伟，施小斌，丘学林，等. 2007. 渤海湾盆地新生代沉降特征及其动力学机制探讨 [J]. 大地构造与成矿学，（3）：273-280.

何茂兵，杨亚新，陈越，等. 2003. 浅谈探地雷达在冰川研究中的应用 [J]. 华东地质学院学报，（1）：48-51.

何仕斌，朱伟林，李丽霞. 2001. 渤中坳陷沉积演化和上第三系储盖组合分析 [J]. 石油学报，（2）：38-43.

何文祥，吴胜和，唐义疆，等. 2005. 地下点坝砂体内部构型分析——以孤岛油田为例 [J]. 矿物岩石，（2）：81-86.

何宇航，宋保全，张春生. 2012. 大庆长垣辫状河砂体物理模拟实验研究与认识 [J]. 地学前缘，19（2）：41-48.

侯贵廷，钱祥麟，蔡东升. 2001. 渤海湾盆地中、新生代构造演化研究 [J]. 北京大学学报（自然科学版），（6）：845-851.

胡光义，陈飞，孙立春，等. 2013a. 高分辨率层序地层学在曲流河相油田开发中的应用 [J]. 沉积学报，31（4）：600-607.

胡光义，孙福街，范廷恩，等. 2013b. 海上油气田勘探开发一体化理念、基本思路和对策 [J]. 中国海上油气，25（6）：61-64.

胡光义，陈飞，范廷恩，等. 2014. 渤海海域 S 油田新近系明化镇组曲流河相复合砂体叠置样式分析 [J]. 沉积学报，32（3）：586-592.

胡光义，范廷恩，陈飞，等. 2017. 从储层构型到"地震构型相"——一种河流相高精度概念模型的表征方法 [J]. 地质学报，91（2）：465-478.

胡光义，范廷恩，陈飞，等. 2018. 复合砂体构型理论及其生产应用 [J]. 石油与天然气地质，39（1）：1-10.

胡光义，肖大坤，范廷恩，等. 2019. 河流相储层构型研究新理论、新方法——海上油田河流相复合砂体构型概念、内容及表征方法 [J]. 古地理学报，21（1）：143-159.

胡晓玲，李少华，刘忠保. 2015. 基于沉积模拟的河口坝构型分析 [J]. 水利与建筑工程学报，13（2）：53-56.

贾爱林，陈亮，穆龙新，等. 2000. 扇三角洲露头区沉积模拟研究 [J]. 石油学报，21（6）：107-110.

贾承造，何登发，陆洁民. 2004. 中国喜马拉雅运动的期次及其动力学背景 [J]. 石油与天然气地质，（2）：121-125.

姜在兴. 2003. 沉积学 [M]. 北京：石油工业出版社：283-300.

金振奎，杨有星，尚建林，等. 2014. 辫状河砂体构型及定量参数研究——以阜康、柳林和延安地区辫状河露头为例 [J]. 天然气地球科学，25（3）：311-317.

井涌泉，范洪军，陈飞，等. 2014. 基于波形分类技术预测曲流河相砂体叠置模式 [J]. 地球物理学进展，（3）：1163-1167.

井涌泉，栾东肖，张雨晴，等. 2018. 基于地震属性特征的河流相叠置砂岩储层预测方法 [J]. 石油地球物理勘探，53（5）：1049-1058.

李国胜，王海龙，董超. 2005. 黄河入海泥沙输运及沉积过程的数值模拟 [J]. 地理学报，60（5）：707-716.

李庆忠. 1998. 河道解释中的陷阱 [J]. 石油地球物理勘探，（3）：336-341.

李双应，李忠，王忠诚，等. 2001. 胜利油区孤岛油田馆上段沉积模式研究 [J]. 沉积学报，（3）：386-393.

李思田，李祯，林畅松，等. 1993. 含煤盆地层序地层分析的几个基本问题 [J]. 煤田地质与勘探，（4）：1-9.

李阳. 2007a. 我国油藏开发地质研究进展 [J]. 石油学报，（3）：75-79.

李阳. 2007b. 河流相储层沉积学表征 [J]. 沉积学报，（1）：48-52.

李宇鹏，吴胜和，岳大力. 2008. 现代曲流河道宽度与点坝长度的定量关系 [J]. 大庆石油地质与开发，27（6）：19-22.

连丽聪，凌超豪，李晓峰，等. 2019. 河漫滩沉积体系对洪水事件的指示——以修河为例 [J]. 沉积学报，37（1）：135-142.

廖庚强. 2013. 基于 Delft3D 的柳河水动力与泥沙数值模拟研究 [D]. 北京：清华大学.

林畅松，郑和荣，任建业，等. 2003. 渤海湾盆地东营、沾化凹陷早第三纪同沉积断裂作用对沉积充填的控制 [J]. 中国科学（D辑：地球科学），（11）：1025-1036.

林克湘，张昌民，刘怀波，等. 1995. 青海油砂山油田迷宫式分流河道砂体地质模型的建立 [J]. 石油与天然气地质，1（2）：98-109.

林志鹏，单敬福，陈乐，等. 2018. 基于地貌形态学交融的现代曲流河道迁移构型表征 [J]. 沉积学报，36（3）：427-445.

刘为付，薛培华，刘双龙，等. 1998. 陆相碎屑岩储层基本地质模式 [J]. 大庆石油学院学报，（3）：14-15.

刘小平，周心怀，吕修祥，等. 2009. 渤海海域油气分布特征及主控因素 [J]. 石油与天然气，30（4）：497-502.

刘笑莹. 2011. QHD32-6 明化镇组零、一油组高分辨率层序地层及剩余油研究 [D]. 大庆：东北石油大学.

刘钰铭，侯加根，王连敏，等. 2009. 辫状河储层构型分析 [J]. 中国石油大学学报（自然科学版），33（1）：7-11.

刘忠保，赖志云，汪崎生. 1995. 湖泊三角洲砂体形成及演变的水槽实验初步研究 [J]. 石油实验地质，（1）：34-41.

刘忠保，龚文平，张春生，等. 2006. 坡折带上深切谷的形成及发育沉积模拟试验研究 [J].

石油天然气学报（江汉石油学院学报），(6)：32-34.

逯宇佳，曹俊兴，刘哲哿，等. 2019. 波形分类技术在缝洞型储层流体识别中的应用 [J]. 石油学报，40 (2)：182-189.

马凤荣，张树林，王连武，等. 2001. 现代嫩江大马岗段河流沉积层次界面划分及构形要素分析 [J]. 大庆石油学院学报，25 (1)：81-84.

马良涛，范廷恩，王宗俊，等. 2017. 不确定性反演关键参数的地质含义及正演模型反演研究——以渤海海域 W 油田为例 [J]. 地球物理学进展，32 (1)：224-230.

马尚福. 2007. 河流相储层地质建模研究 [D]. 北京：中国石油大学（北京）.

马世忠，杨清彦. 2000. 曲流点坝沉积模式、三维构形及其非均质模型 [J]. 沉积学报，(2)：241-247.

马世忠，孙雨，范广娟，等. 2008. 地下曲流河道单砂体内部薄夹层建筑结构研究方法 [J]. 沉积学报，26 (4)：632-638.

米立军. 2001. 新构造运动与渤海海域上第三系大型油气田 [J]. 中国海上油气. 地质，(1)：21-28.

钱宁. 1985. 关于河流分类及成因问题的讨论 [J]. 地理学报，(1)：1-10.

钱宁. 1987. 河床演变学 [M]. 北京：科学出版社.

乔辉，王志章，李莉，等. 2015. 基于卫星影像建立曲流河地质知识库及应用 [J]. 现代地质，(6)：1444-1453.

秦国省，吴胜和，宋新民，等. 2017. 远源细粒辫状河三角洲沉积特征与单砂体构型分析 [J]. 中国石油大学学报（自然科学版），41 (6)：9-18.

裴怿楠，贾爱林. 2000. 储层地质模型 10 年 [J]. 石油学报，21 (4)：101-104.

单敬福，李占东，葛雪，等. 2015. 一种古沉积期曲流河道演化过程重建方法 [J]. 中国矿业大学学报，44 (5)：843-852.

石富伦. 2013. 基于沉积模拟的辫状河三角洲河口坝原型模型建立 [D]. 荆州：长江大学.

石书缘，胡素云，冯文杰，等. 2012. 基于 Google Earth 软件建立曲流河地质知识库 [J]. 沉积学报，30 (5)：869-878.

束青林. 2005. 孤岛油田河流相储层结构与剩余油分布规律研究 [D]. 广州：中国科学院研究生院（广州地球化学研究所）.

隋新光，渠永宏，龙涛，等. 2006. 曲流河点坝砂体建模 [J]. 大庆石油学院学报，(1)：109-111.

孙立春，蒋百召，吴梦阳，等. 2014. 概率模拟法应用于油田地质研究中的关键环节及处理措施 [J]. 中国海上油气，26 (2)：40-45.

汤良杰，万桂梅，周心怀，等. 2008. 渤海盆地新生代构造演化特征 [J]. 高校地质学报，(2)：191-198.

唐金荣，何宇航. 2012. 河流相储层单砂体识别与应用 [J]. 大庆石油地质与开发，31 (3)：68-72.

王俊辉，姜在兴，张元福，等. 2013. 三角洲沉积的物理模拟 [J]. 石油与天然气地质，34 (6)：758-764.

王俊玲，任纪舜．2001．嫩江下游现代曲流河沉积特征［J］．地质论评，47（2）：193-199.

王文乐．2012．大庆油田枝状三角洲储层内部构型沉积模拟研究［D］．荆州：长江大学．

王杨君，尹太举，邓智浩，等．2016．水动力数值模拟的河控三角洲分支河道演化研究［J］．地质科技情报，35（1）：44-52.

吴胜和．2010．储层表征与建模［M］．北京：石油工业出版社．

吴胜和，王仲林．1999．陆相储层流动单元研究的新思路［J］．沉积学报，17（2）：252.

吴胜和，李宇鹏．2007．储层地质建模的现状与展望［J］．海相油气地质，12（3）：53-60.

吴胜和，岳大力，刘建民，等．2008．地下古河道储层构型的层次建模研究［J］．中国科学（D辑），38（1）：111-121.

吴胜和，蔡正旗，施尚明．2011．油矿地质学［M］．北京：石油工业出版社．

吴胜和，翟瑞，李宇鹏．2012．地下储层构型表征：现状与展望［J］．地学前缘，19（2）：15-23.

吴胜和，纪友亮，岳大力，等．2013．碎屑沉积地质体构型分级方案探讨［J］．高校地质学报，（1）：12-22.

肖大坤，胡光义，范廷恩，等．2018．现代曲流河沉积原型建模及构型级次特征探讨——以海拉尔河、潮白河为例［J］．中国海上油气，30（1）：118-126.

肖国林，陈建文．2003．渤海海域的上第三系油气研究［J］．海洋地质动态，（8）：1-6.

谢东风，高抒，潘存鸿，等．2012．杭州湾沉积物宏观输运的数值模拟［J］．泥沙研究，（3）：51-56.

徐振永，吴胜和，杨渔，等．2007．地下曲流河沉积点坝内部储层构型研究——以大港油田一区一断块Dj5井区为例［J］．石油地球物理勘探，42（1）：86-89.

薛培华．1991．河流点坝相储层模式概论［M］．北京：石油工业出版社．

殷勇，朱大奎，Martini I P．2006．探地雷达（GPR）在海南岛东北部海岸带调查中的应用［J］．第四纪研究，26（3）：462-489.

尹燕义，王国娟，祁小明．1998．曲流河点坝储集层侧积体类型研究［J］．石油勘探与开发，（2）：3-5.

印森林，刘忠保，陈燕辉，等．2017．冲积扇研究现状及沉积模拟实验——以碎屑流和辫状河共同控制的冲积扇为例［J］．沉积学报，35（1）：10-23.

印森林，谭媛元，张磊，等．2018．基于无人机倾斜摄影的三维露头地质建模：以山西吕梁市坪头乡剖面为例［J］．古地理学报，20（5）：909-924.

尤联元，洪笑天，陈志清．1983．影响河型发育几个主要因素的初步探讨［C］//第二届河流泥沙国际学术讨论会论文集．北京：水利水电出版社：662-672.

于兴河．2002．碎屑岩系油气储层沉积学［M］．北京：石油工业出版社．

于兴河，李胜利．2009．碎屑岩系油气储层沉积学的发展历程与热点问题思考［J］．沉积学报，27（5）：880-895.

于兴河，李顺利，谭程鹏，等．2018．粗粒沉积及其储层表征的发展历程与热点问题探讨［J］．古地理学报，20（5）：713-736.

岳大力．2006．曲流河储层构型分析与剩余油分布模式研究——以孤岛油田馆陶组为例［D］．

北京：中国石油大学（北京）．

岳大力，吴胜和，刘建民．2007．曲流河点坝地下储层构型精细解剖方法［J］．石油学报，28（4）：99-103．

岳大力，吴胜和，谭河清，等．2008．曲流河古河道储层构型精细解剖——以孤东油田七区西馆陶组为例［J］．地学前缘，（1）：101-109．

岳大力，胡光义，李伟，等．2018．井震结合的曲流河储层构型表征方法及其应用——以秦皇岛 32-6 油田为例［J］．中国海上油气，30（1）：99-109．

曾洪流，朱筱敏，朱如凯，等．2012．陆相坳陷型盆地地震沉积学研究规范［J］．石油勘探与开发，39（3）：275-284．

张斌，艾南山，黄正文，等．2007．中国嘉陵江河曲的形态与成因［J］．科学通报，52（22）：12．

张昌民．1992．储层研究中的层次分析法［J］．石油与天然气地质，（3）：344-350．

张可，吴胜和，冯文杰，等．2018．砂质辫状河心滩坝的发育演化过程探讨——沉积数值模拟与现代沉积分析启示［J］．沉积学报，36（1）：81-91．

张显文，胡光义，范廷恩，等．2018．曲流河相储层结构地震响应分析与预测［J］．中国海上油气，30（1）：110-117．

张宇焜，王晖，胡晓庆，等．2016．少井条件下的复杂岩性储层地质建模技术——以渤海湾盆地石臼坨凸起 A 油田为例［J］．石油与天然气地质，37（3）：450-456．

张运波，王根厚，余正伟，等．2013．四川盆地中二叠统茅口组米兰科维奇旋回及高频层序［J］．古地理学报，15（6）：777-786．

赵翰卿．1985．河道砂岩中夹层的稳定性［J］．大庆石油地质与开发，（3）：1-12．

赵翰卿，付志国，刘波．1995．应用精细地质研究准确鉴别古代曲流河砂体［J］．石油勘探与开发 2：68-70．

赵翰卿，付志国，吕晓光，等．2000．大型河流——三角洲沉积储层精细描述方法［J］．石油学报，（4）：109-113．

郑荣才，彭军，吴朝容．2001．陆相盆地基准面旋回的级次划分和研究意义［J］．沉积学报，（2）：249-255．

支树宝，林承焰，张宪国，等．2019．黄骅坳陷新近系砂质辫状河储层构型——以羊三木油田典型区为例［J］．西安石油大学学报（自然科学版），34（2）：1-9．

周守为．2009．海上油田高效开发技术探索与实践［J］．中国工程科学，11（10）：55-60．

周新茂，高兴军，田昌炳，等．2010．曲流河点坝内部构型要素的定量描述及应用［J］．天然气地球科学，21（3）：421-426．

周银邦，吴胜和，岳大力，等．2008．分流河道砂体构型分析方法在萨北油田的应用［J］．西安石油大学学报（自然科学版），（5）：6-10．

周银邦，吴胜和，岳大力，等．2009．点坝内部侧积层倾角控制因素分析及识别方法［J］．中国石油大学学报（自然科学版），33（2）：7-11．

周银邦，吴胜和，计秉玉，等．2011．曲流河储层构型表征研究进展［J］．地球科学进展，26（7）：8．

朱如凯，白斌，袁选俊，等．2013. 利用数字露头模型技术对曲流河三角洲沉积储层特征的研究 [J]. 沉积学报，31（5）：867-877.

朱筱敏，董艳蕾，曾洪流，等．2019. 沉积地质学发展新航程——地震沉积学 [J]. 古地理学报，21（2）：189-201.

Abad J, Garcia M. 2006. RVR Meander: A toolbox for re-meandering of channelized streams [J]. Computers & Geosciences, 32（1）：92-101.

Abad J, Frias C, Buscaglia G, et al. 2013. Modulation of the flow structure by progressive bedforms in the Kinoshita meandering channel [J]. Earth Surface Processes & Landforms, 38（13）：1612-1622.

Akira W, Kohki M, Takao S, et al. 1986. Numerical prediction model of three-dimensional beach deformation around a structure [J]. Coastal Engineering in Japan, 29（1）：179-194.

Alexander J. 1992. A discussion on the use of analogues for reservoir geology [J]. Geological Society, London, Special Publications, 69（1）：175-194.

Allen J R L. 1965. Coastal geomorphology of eastern Nigeria: Beach-ridge barrier islands and vegetated tidal flats [J]. Geologie en Mijnbouw, 44（1）：1-21.

Allen J R L. 1970. Studies in fluviatile sedimentation: a comparison of fining-upwards cyclothems, with special reference to coarse-member composition and interpretation [J]. Journal of Sedimentary Research, 40（1）：298-323.

Allen J R L. 1977. The plan shape of current ripples in relation to flow condition [J]. Sedimentology, 24（1）：53-62.

Allen J P, Fielding C R. 2007. Sequence architecture within a low-accommodation setting: An example from the Permian of the Galilee and Bowen basins, Queensland, Australia [J]. AAPG Bulletin, 91（11）：1503-1539.

Allen J S, Beardsley R C, Blanton J O, et al. 1983. Physical oceanography of continental shelves [J]. Reviews of Geophysics and Space Physics, 21（5）：1149.

Ambrose W, Hentz T, Bonnaffe F, et al. 2009. Sequence-stratigraphic controls on complex reservoir architecture of highstand fluvial-dominated deltaic and lowstand valley-fill deposits in the Upper Cretaceous (Cenomanian) Woodbine Group, East Texas field: Regional and local perspectives [J]. Aapg Bulletin, 93（2）：231-269.

Andrle R. 1994. Flow structure and development of circular meander pools [J]. Geomorphology, 9（4）：261-270.

Arrospide F, Mao L, Escauriaza C. 2018. Morphological evolution of the Maipo River in central Chile: Influence of instream gravelmining [J]. Geomorphology, 306：182-197.

Asahi K, Shimizu Y, Nelson J, et al. 2013. Numerical simulation of river meandering with self-evolving banks [J]. Journal of Geophysical Research Earth Surface, 118（4）：2208-2229.

Aslan A, Autin W. 1999. Evolution of the Holocene Mississippi River floodplain, Ferriday, Louisiana; insights on the origin of fine-grained floodplains [J]. Journal of Sedimentary Research, 69（4）：800-815.

Asprion U, Aigner T. 1999. Towards realistic aquifer models: three-dimensional georadar surveys of Quaternary gravel deltas (Singen Basin, SW Germany) [J]. Sedimentary Geology, 129 (3): 281-297.

Backert N, Ford M, Malarter F. 2010. Architecture and sedimentology of the Kerinitis Gilbert-type fan delta, Corinth Rift, Greece [J]. Sedimentology, 57: 543-586.

Bagnold R. 1954. Experiments on a gravity-free dispersion of water flow [J]. Proc. Roy. Soc. London, Ser. , 1: 225-233.

Baker L. 1991. Fluid, Lithology, Geometry, and Permeability Information From Ground-Penetrating Radar for Some Petroleum Industry Applications [C] //the SPE Asia-Pacific Conference, Perth. Australia, November 1991.

Barlow M, Nigam S, Berbery E. 2001. ENSO, Pacific decadal variability, and U. S. summertime precipitation, drought, and stream flow [J]. Journal of Climate, 14 (9): 2105-2128.

Barrell J. 1917. Rhythms and the measurements of geologic time [J]. Geological Society of America Bulletin, 28: 745-904.

Barton M. 2016. The architecture and variability of valley-fill deposits within the Cretaceous McMurray Formation, Shell Albian Sands Lease, northeast Alberta [J]. Bulletin of Canadian Petroleum Geology, 64 (2): 166-198.

Bhattacharyya P , Bhattacharya J, Khan S. 2015. Paleo-channel reconstruction and grain size variability in fluvial deposits, Ferron Sandstone, Notom Delta, Hanksville, Utah [J]. Sedimentary Geology, 325: 17-25.

Billeaud I, Tessier B, Lesueur P. 2009. Impacts of late Holocene rapid climate changes as recorded in a macrotidal coastal setting (Mont-Saint-Michel Bay, France) [J]. Geology, 37 (11): 1031-1034.

Blum M, Guccione M, Wysocki D, et al. 2000. Late Pleistocene evolution of the lower Mississippi River valley, southern Missouri to Arkansas [J]. Geological Society of America Bulletin, 112 (2): 221-235.

Bobrovitskaya N, Zubkova C, Meade R. 1996. Discharges and yields of suspended sediment in the Ob and Yenisey Rivers of Siberia [J]. IAHS Publications-Series of Proceedings and Reports-Intern Assoc Hydrological Sciences, 236: 115-124.

Bocchiola D. 2011. Hydraulic characteristics and habitat suitability in presence of woody debris: A flume experiment [J]. Advances in Water Resources, 34 (10): 1304-1319.

Bond G. 1997. A pervasive millennial-scale cycle in North Atlantic Holocene and glacial climates [J]. Science, 278 (5341): 1257-1266.

Brenton C, Peter B, Laurent A. 2010. An aeromagnetic approach to revealing buried basement structures and their role in the Proterozoic evolution of the Wernecke Inlier, Yukon Territory, Canada [J]. Tectonophysics, 490 (1-2): 28-46.

Brice J C. 1974. Evolution of meander loops [J]. Geological Society of America Bulletin, 85 (4): 581-586.

Bridge J S. 2003. Rivers and Floodplains: Forms, Processes, and Sedimentary Record [M]. Oxford: Blackwell Publishing Company.

Bridge J S, Best J L. 1988. Flow sediment transport and bedform dynamics over the transition from denes to upper-stage plane beds: implications of planar laminae formation [J]. Sedimentology, 35 (5): 753-763.

Bridge J S, Maekey S D. 1993. A theoretical study of fluvial sandstone body dimensions [J]. SPee. Publs. Int. Ass. Sediment, 15: 213-236.

Bridge J S, Alexander J, Collier R, et al. 1995. Ground-penetrating radar and coring used to study the large-scale structure of point-bar deposits in three dimensions [J]. Sedimentology, 42: 839-852.

Bristow C S, Best J L, Roy A G. 1993. Morphology and facies models of channel confluences [M] // Marzo M, Puigdefábregas C. Alluvial Sedimentation. Oxford: Blackwell Publishing Ltd.

Brookfield M E. 1977. The emplacement of giant ophiolite nappes I. Mesozoic-cenozoic examples [J]. Tectonophysics, 37 (4): 247-303.

Brooks D, Taylor H. 1965. Formation of Graphitizing Carbons from the Liquid Phase [J]. Nature, 3 (2): 185.

Bruce G, Peaceman D, Rachford H, et al. 1953. Calculations of unsteady-state gas flow through porous media [J]. Journal of Petroleum Technology, 5 (3): 79-92.

Bryant J. 1993. Quantitative clastic reservoir geological modeling: problem sand perspective [J]. SPee. Publs. Int. Ass. Sediment, 15: 315-323.

Cane M, 1986. EL Nino [J]. Annual Review Earth and Planetary Sciences, 14: 43-70.

Carlston W. 1965. The relation of free meander geometry to stream discharge and its geomorphic implication [J]. American Journal of Science, 263 (10): 864-885.

Carter D. 2003. 3-D seismic geomorphology: insights into fluvial reservoir deposition and performance, Widuri field, Java Sea [J]. AAPG Bulletin, 87 (6): 909-934.

Chen F, Yuan Y, Davi N, et al. 2016. Upper Irtysh River flow since AD 1500 as reconstructed by tree rings, reveals the hydroclimatic signal of inner Asia [J]. Climatic Change, 139 (3-4): 1-15.

Chitale S V. 1973. Theories and relationships of river channel patterns [J]. Journal of Hydrology, 19 (4): 285-308.

Colombera L, Mountney N, Russell C, et al. 2017. Geometry and compartmentalization of fluvial meander-belt reservoirs at the bar-form scale: quantitative insight from outcrop, modern and subsurface analogues [J]. Marine and Petroleum Geology, 82: 35-55.

Corbeanu M, Soegaard K, Szerbiak R, et al. 2001. Detailed internal architecture of a fluvial channel sandstone determined from outcrop, cores, and 3-D ground-penetrating radar: example from the Middle Cretaceous Ferron sandstone, East-Central Utah [J]. AAPG Bulletin, 85 (9): 1583-1608.

Costa J E, Williams G P. 1984. Debris-flow dynamics [M]. [S. l.]: [s. n.].

Cross T, Baker M. 1993. Applications of high-resolution sequence-stratigraphy to reservoir analysis [C] //Subsurface reservoir characterization from outcrop observations. Paris: The 7th IFP

Exploration and Production Research Conference.

Cutwic G. 1965. Meander spectra of the Angabunga River [J]. Journal of Hydrology, 3 (1): 1-15.

de Vriend H J, Zyserman J, Nicholson J, et al. 1993. Medium-term 2DH coastal area modelling [J]. Coastal Engineering, 21 (1-3): 193-224.

Deptuck E, Steffens S, Barton M, et al. 2003. Architecture and evolution of upper fan channel-belts on the Niger Delta slope and in the Arabian Sea [J]. Marine & Petroleum Geology, 20 (6-8): 649-676.

Durkin P, Hubbard S, Holbrook J, et al. 2018. Evolution of fluvial meander-belt deposits and implications for the completeness of the stratigraphic record [J]. Geological Society of America Bulletin, 130 (5): 721-739.

Einstein H A. 1950. The bed-load function for sediment transportation in open channel flows [R]. United states Department of Agriculture, Economic Research Service: 7-73.

Falcini F, Khan N, Macelloni L, et al. 2012. Linking the historic 2011 Mississippi River flood to coastal wetland sedimentation [J]. Nature Geoscience, 5 (5): 803-807.

Fedorov A, Philander S. 2000. Is El Nino changing? [J]. Science, 228 (5473): 1997-2002.

Ferguson H. 1975. Refinement of the crystal structure of cryolite [J]. The Canadian Mineralogist, 13 (4): 377-382.

Ferguson I. 1976. Disturbed periodic model for river meanders [J]. Earth Surface Processes, 1 (4): 337-347.

Fish H N. 1944. Geological investigation of the alluvial valley of the Lower Mississippi River [R]. Vicksburg: Mississippi River Commission: 78.

Fish H N. 1947. Fine grained alluvial deposits and their effects on Mississippi River activity [R]. Vicksburg: Mississippi River Commission: 82.

Fluin J, Tibby J, Gell P. 2010. The palaeolimnological record from lake Cullulleraine, lower Murray River (south-east Australia): implications for understanding riverine histories [J]. Journal of Paleolimnology, 43 (2): 309-322.

Franke D, Hornung J, Hinderer M, et al. 2015. A combined study of radar facies, lithofacies and three-dimensional architecture of an alpine alluvial fan (Illgraben fan, Switzerland) [J]. Sedimentology, 62 (1): 57-86.

Frascati A, Lanzoni S. 2009. Morphodynamic regime and long-term evolution of meandering rivers [J]. Journal of Geophysical Research Earth Surface, 114 (F2): 179-180.

Fustic M, Hubbard S, Spencer R, et al. 2012. Recognition of down-valley translation in tidally influenced meandering fluvial deposits, Athabasca Oil Sands (Cretaceous), Alberta, Canada [J]. Marine and Petroleum Geology, 29: 219-232.

Galloway W E. 1991. Fan-Delta, Braid Delta and the Classification of Delta Systems [J]. ACTA Geologica Sinica, 4 (4): 387-400.

Geleynse N, Storms J E A, Walstra D-J R, et al. 2011. Controls on river delta formation: insights from numerical modelling [J]. Earth and Planetary Science Letters, 302 (1-2): 217-226.

Gessler D, Hall B, Spasojevic M, et al. 1999. Application of 3D mobile bed, hydrodynamic model [J]. Journal of Hydraulic Engineering, 125 (7): 737-749.

Ghinassi M, Nemec W, Aldinucci M, et al. 2014. Plan-form evolution of ancient meandering rivers reconstructed from longitudinal outcrop sections [J]. Sedimentology, 61 (4): 952-977.

Ghinassi M, Ielpi A, Aldinucci M, et al. 2016. Downstream-migrating fluvial point bars in the rock record [J]. Sedimentary Geology, 334: 66-96.

Ghinassi M, Alpaos A, Gasparotto A, et al. 2017. Morphodynamic evolution and stratal architecture of translating tidal point bars: Inferences from the northern Venice Lagoon (Italy) [J]. Sedimentology, 65 (4): 1354-1377.

Gilbert G K. 1914. The Transportation of D'ebris by Running Water[M]. Washington: Goverment Office: 263-267.

Gilvear D J , Bradley C. 2000. Hydrological monitoring and surveillance for wetland conservation and management; a UK perspective [J]. Physics & Chemistry of the Earth Part B Hydrology Oceans & Atmosphere, 25 (7-8): 571-588.

Gouw M, Berendsen H. 2007. Variability of Channel-Belt Dimensions and the Consequences for Alluvial Architecture: Observations from the Holocene Rhine-Meuse Delta (The Netherlands) and Lower Mississippi Valley (USA) [J]. Journal of Sedimentary Research, 77 (2): 124-138.

Grenfell M, Nicholas A, Aalto R. 2004. Mediative adjustment of river dynamics: The role of chute channels in tropical sand-bed meandering rivers [J]. Sedimentary Geology, 301 (3): 93-106.

Guneralp I, Abad J, Zolezzi G, et al. 2012. Advances and challenges in meandering channels research [J]. Geomorphology, 163-164: 1-9.

Gustavson T. 2010. Bed forms and stratification types of modern gravel meander lobes, Nueces River, Texas [J]. Sedimentology, 25 (3): 401-426.

Gutierrez R, Abad J. 2014. On the analysis of the medium term planform dynamics of meandering rivers [J]. Water Resources Research, 50 (5): 3714-3733.

Hajian S, Movahed M. 2010. Multifractal detrended cross-correlation analysis of sunspot numbers and river flow fluctuations [J]. Physica A: Statistical Mechanics and its Applications, 389 (21): 4942-4957.

Heitmuller F, Hudson P, Kesel R. 2017. Overbank sedimentation from the historic A. D. 2011 flood along the Lower Mississippi River, USA [J]. Geology, 45 (2): 107-110.

Hickin E. 1974. The development of meanders in natural river-channels [J]. American Journal of Science, 274 (4): 414-442.

Holbrook J, Autin W, Rittenour T M, et al. 2006. Stratigraphic evidence for millennial-scale temporal clustering of earthquakes on a continental-interior fault: Holocene Mississippi River floodplain deposits, New Madrid seismic zone, USA [J]. Tectonophysics, 420 (3-4): 431-454.

Hook J, Golubic S, Milliman J. 1984. Micritic cement in microborings is not necessarily a shallow-water indicator [J]. Journal of Sedimentary Petrology, 54 (2): 425-431.

Hooke J. 2003. Coarse sediment connectivity in river channel systems: a conceptual framework and methodology [J]. Geomorphology, 56 (1-2): 79-94.

Hooke J M. 1977. The distribution and nature of changes in river channel patterns [M] // Gregory K J. Channel Changes. Chichester: John Wiley: 265-280.

Hubbard S M, Smith D G, Nielsen H, et al. 2011. Seismic geomorphology and sedimentology of a tidally influenced river deposit, Lower Cretaceous Athabasca oil sands, Alberta, Canada [J]. AAPG Bulletin, 95 (7): 1123-1145.

Hudson P, Kesel R. 2000. Channel migration and meander-bend curvature in the lower Mississippi River prior to major human modification [J]. Geology, 28 (6): 531-534.

Ielpi A, Ghinassi M. 2014. Planform architecture, stratigraphic signature and morphodynamics of an exhumed Jurassic meander plain (Scalby Formation, Yorkshire, UK) [J]. Sedimentology, 61 (7): 1923-1960.

Jackson R. 1976. Depositional model of point bars in the Lower Wabash River [J]. Journal of Sedimentary Research, 46 (3): 579-594.

Jaco B. 2004. Conditions for formation of massive turbiditic sandstones by primary depositional processes [J]. Sedimentary Geology, 166 (3-4): 293-310.

Johnson C, Graham S. 2004. Sedimentology and reservoir architecture of a synrift lacustrine delta, Southeastern Mongolia [J]. Journal of Sedimentary Research, 74 (6): 770-785.

Jol H, Smith D, Meyers R, et al. 1996. Ground Penetrating Radar: High Resolution Stratigraphic Analysis of Coastal and Fluvial Environments [C] //Stratigraphic Analysis Utilizing Advanced Geophysical, Wireline and Borehole Technology for Petroleum Exploration and Productioni: 17th Annual: 153-163.

Jol R, Chough K. 2001. Architectural analysis of fluvial sequences in the northwestern part of Kyongsang Basin (Early Cretaceous), SE Korea [J]. Sedimentary Geology, 144 (3-4): 307-334.

Kasvi E, Alho P, Lotsari E, et al. 2015. Two-dimensional and three-dimensional computational models in hydrodynamic and morphodynamic reconstructions of a river bend: sensitivity and functionality [J]. Hydrological Processes, 29 (6): 1604-1629.

Kleinhans M, Berg J. 2011. River channel and bar patterns explained and predicted by an empirical and a physics-based method [J]. Earth Surface Processes and Landforms, 36 (6): 721-738.

Knight R, Tercier P, Jol P. 1997. The role of ground penetrating radar and geostatistics in reservoir description [J]. The Leading Edge, 11: 1576-1578, 1580-1582.

Knox J C. 2008. The Mississippi River System [M] // Gupta A. Large Rivers: Geomorphology and Management. New York: John Wiley & Sons: 145-182.

Konsoer K, Kite J. 2014. Application of LiDAR and discriminant analysis to determine landscape characteristics for different types of slope failures in heavily vegetated, steep terrain: Horseshoe Run watershed, West Virginia [J]. Geomorphology, 224: 192-202.

Labrecque P, Jensen J, Hubbard S. 2011. Cyclicity in Lower Cretaceous point bar deposits with implications for reservoir characterization, Athabasca Oil Sands, Alberta, Canada [J]. Sedimentary Geology, 242 (1): 18-33.

Langbein B, Leopold B. 1996. River meanders-theory of minimum variance [R]. United States Geological Survey Professional Paper 422-H. Washington, DC: United States Government Printing Office.

Leeder M R. 1973. Fluviatile fining-upwards cycles and the magnitude of palaeochannels [J]. Geological Magazine, 110 (3): 265-276.

Leopold L B. 1959. Water resource development and management [J]. Journal AWWA, 51 (7): 821-827.

Leopold L B, Wolman M G. 1966. River meanders [J]. Scientific American, 71 (6): 769-793.

Li Z, Bhattacharya J, Schieber J. 2015. Evaluating along-strike variation using thin-bedded facies analysis, Upper Cretaceous Ferron Notom Delta, Utah [J]. Sedimentology, 62: 2060-2089.

Liu Z, Berne S, Saito Y, et al. 2007. Internal architecture and mobility of tidal sand ridges in the East China Sea [J]. Continental Shelf Research, 27: 1820-1834.

Lorenz J C. 1983. Determination of widths of meander-belt sandstone reservoirs from vertical downhole data [J]. AAPG Bulletin, 67 (3): 505-506.

Lorenz J C, David H, James C, et al. 1985. Determination of widths of meander-belt sandstone reservoirs from Vertical Downhole Data, Mesaverde Group, Piceance Creek Basin, Colorado [J]. AAPG Bulletin, 69 (5): 710-721.

Makaske B, Weerts H J T. 2010. Muddy lateral accretion and low stream power in a sub-recent confined channel belt, Rhine- Meuse Delta, central Netherlands [J]. Sedimentology, 52 (3): 651-668.

Marinus D, Overeem I. 2008. Connectivity of fluvial point-bar deposits: an example from the Miocene Huesca fluvial fan, Ebro Basin, Spain [J]. AAPG Bulletin, 92 (9): 1109-1129.

Markonis Y, Koutsoyiannis D. 2013. Climatic variability over time scales spanning nine orders of magnitude: connecting Milankovitch Cycles with Hurst- Kolmogorov dynamics [J]. Surveys in Geophysics, 34 (2): 181-207.

Martinius A W, Fustic M, Garner D L, et al. 2017. Reservoir characterization and multiscale heterogeneity modeling of inclined heterolithic strata for bitumen- production forecasting, McMurray Formation, Corner, Alberta, Canada [J]. Marine and Petroleum Geology, 82: 336-361.

Mauas P J D, Flamenco E, Buccino A P. 2008. Solar forcing of the stream flow of a continental scale South American river [J]. Physical Review Letters, 101 (16): 168501.

McGowan H, Gardner E. 1970. Physiographic features and stratification types of coarse- grained pointbars: modern and ancient examples [J]. Sedimentology, 14: 77-111.

Melton A. 1936. An Empirical Classification of Flood- Plain Streams [J]. Geographical Review, 26 (4): 593-609.

Meybeck M, Ragu A. 1997. Presenting the GEMS-GLORI, a compendium of world river discharge to the oceans [J]. IAHS Publications, 243: 3-14.

Miall A D. 1985. Architectural- element analysis: a new method of facies analysis applied to fluvial deposits [J]. Earth Science Reviews, 22 (4): 261-308.

Miall A D. 1988. Reservoir heterogeneities in fluvial sandstones; lessons from outcrop studies [J]. American Association of Petroleum Geologists Bulletin, 72 (6): 682-697.

Miall A D. 1991. Stratigraphic sequences and their chronostratigraphic correlation [J]. Journal of Sedimentary Research, 63 (2): 304-305.

Miall A D. 1996. The Geology of Fluvial Deposits: Sedimentary Facies, Basin Analysis and Petroleum Geology [M]. Berlin: Springer-Verlag: 74-98.

Miall A D. 1997. The geology of fluvial deposits: sedimentary facies, basin analysis and petroleum geology [M]. Berlin: Heidelberg.

Mitchum R M, Vail P R, Sangree J B. 1977. Stratigraphic interpretation of seismic reflection patterns in depositional sequences [M] //Vail P R, Mitchum R M, Todd R G, et al. Seismic stratigraphy and global changes of sea level. [S. l.]: [s. n.].

Musial G, Reynaud J Y, Gingras M, et al. 2012. Subsurface and outcrop characterization of large tidally influenced point bars of the Cretaceous McMurray Formation (Alberta, Canada) [J]. Sedimentary Geology, 279 (9): 156-172.

Nanson G C. 1980. Point-Bar And Floodplain Formation Of The Meandering Beatton River, Northeastern British-Columbia, Canada [J]. Sedimentology, 27 (1): 3-29.

Nanson G C, Hickin E J. 1983. Channel Migration and Incision on the Beatton River [J]. Journal of Hydraulic Engineering, 109 (3): 327-337.

Nemec W. 1988. The shape of the rose [J]. Sedimentary Geology, 59 (1-2): 149-152.

Nichol S. 2002. Morphology, stratigraphy and origin of last interglacial beach ridges at bream bay, New Zealand [J]. Journal of Coastal Research, 18 (1): 149-159.

Niroula S, Halder S, Ghosh S. 2018. Perturbations in the initial soil moisture conditions: Impacts on hydrologic simulation in a large river basin [J]. Journal of Hydrology, 561: 509-522.

Nixon M, Lacey G, Bowen H, et al. 1959. A study of the bank-full discharges of rivers in england and wales [J]. Proceedings of the Institution of Civil Engineers, 14 (4): 395-425.

Nowinski J, Cardenas M, Lightbody A. 2011. Evolution of hydraulic conductivity in the floodplain of a meandering river due to hyporheic transport of fine materials [J]. Geophysical Research Letters, 38 (1): 193-196.

Okazaki H, Kwak Y, Tamura T. 2015. Depositional and erosional architectures of gravelly braid bar formed by a flood in the Abe River, central Japan, inferred from a three-dimensional ground-penetrating radar analysis [J]. Sedimentary Geology, 324: 32-46.

Parker C, Simon A, Thorne C R. 2008. The effects of variability in bank material properties on riverbank stability: Goodwin Creek, Mississippi [J]. Geomorphology, 101 (4): 533-543.

Parker G, Andrews E D. 2006. On the time development of meander bends [J]. Journal of Fluid Mechanics 162 (1): 139-156.

Parker G, Diplas P, Akiyama J. 1983. Meander bends of high amplitude [J]. Journal of Hydraulic Engineering, 109 (10): 1323-1337.

Peakall J, Ashworth P J, Best J L. 2007. Meander-bend evolution, alluvial architecture, and the role of cohesion in sinuous river channels: a flume study [J]. Journal of Sedimentary Research, 77 (3): 197-212.

Peel M, Finlayson B, Mcmahon T. 2007. Updated world map of the Koppen-Geiger climate classification [J]. Hydrology and Earth System Sciences, 65 (4): 367-370.

Penland S, Suter J. 1989. The geomorphology of the Mississippi River chenier plain [J]. Marine Geology, 90 (4): 231-243.

Perucca E, Camporeale C, Ridolfi L. 2007. Significance of the riparian vegetation dynamics on meandering river morphodynamics [J]. Water Resources Research, 43 (3): 1-10.

Pettijohn J, Potter E, Siever R. 1973. Sand and Sandstone [J]. Science, 117 (2): 130.

Posamentier H, Morris W. 2000. Aspects of the stratal architecture of forced regressive deposits [J]. Geological Society London Special Publications, 172 (1): 19-46.

Posamentier H, Kolla V. 2003. Seismic geomorphology and stratigraphy of depositional elements in deep-water settings [J]. Journal of Sedimentary Research, 73 (3): 367-388.

Posner A J, Duan J G. 2012. Simulating river meandering processes using stochastic bank erosion coefficient [J]. Geomorphology, 163-164 (none): 26-36.

Razik S, Dekkers M, Dobeneck T. 2014. How environmental magnetism can enhance the interpretational value of grain-size analysis: a time-slice study on sediment export to the NW African margin in Heinrich Stadial 1 and Mid Holocene [J]. Palaeogeography, Palaeoclimatology, Palaeoecology, 406 (4): 33-48.

Richard E, Shuhab K. 2007. Near-surface geophysical studies of Houston faults [J]. The Leading Edge, 26 (8): 1004-1008.

Richards M, Bowman M. 1998. Submarine fans and related depositional systems II: variability in reservoir architecture and wireline log character [J]. Marine and Petroleum Geology, 15 (8): 821-839.

Rijks J, Jauffred E. 1991. Attribute extraction: an important application in any detailed 3-D interpretation study [J]. The Leading Edge, (10): 11-19.

Rinaldi M, Mengoni B, Luppi L, et al. 2008. Numerical simulation of hydrodynamics and bank erosion in a river bend [J]. Water Resources Research, 44 (9): 303-312.

Rind D, Overpeck J. 1993. Hypothesized causes of decade-to-century-scale climate variability: Climate model results [J]. Quaternary Science Reviews, 12 (6): 357-374.

Rodda J. 1969. Earth, Water and Man [M]. London: Methuen and Co.

Roy D P, Wulder M A, Loveland T R, et al. 2014. Landsat-8: science and product vision for terrestrial global change research [J]. Remote Sensing of Environment, 2014 (145): 154-172.

Sadler P M. 1981. Sediment accumulation rates and the completeness of stratigraphic sections [J]. The Journal of Geology, 89 (5): 569-584.

Sadler P M, Strauss D. 1990. Estimation of completeness of stratigraphical sections using empirical data and theoretical models [J]. Journal of the Geological Society, 147 (3): 471-485.

Schumm S A. 1963. Sinuosity of Alluvial Rivers on the Great Plains [J]. Bulletin of the Geological

Society of America, 1963, 74 (9): 1089-1099.

Schumm S A. 1968. River adjustment to altered hydrologic regimen- Murrumbidgee River and paleochannels, Australia [R] //Geological Survey Professional: 598.

Schumm S A. 1972. Fluvial Paleochannels [M]. [S. l.]: [s. n.].

Schuurman F, Kleinhans M G. 2015. Bar dynamics and bifurcation evolution in a modelled braided sand-bed river [J]. Earth Surface Processes and Landforms, 40: 1318-1333.

Schuurman F , Marra W A, Kleinhans M G. 2013. Physics-based modeling of large braided sand-bed rivers: Bar pattern formation, dynamics, and sensitivity [J]. Journal of Geophysical Research: Earth Surface, 118 (4): 2509-2527.

Schuurman F, Shimizu Y, Iwasaki T, et al. 2016. Dynamic meandering in response to upstream perturbations and floodplain formation [J]. Geomorphology, 253: 94-109.

Schwendel A C, Nicholas A P, Aalto R E, et al. 2016. Interaction between meander dynamics and floodplain heterogeneity in a large tropical sand-bed river: the Rio Beni, Bolivian Amazon [J]. Earth Surface Processes & Landforms, 40 (15): 2026-2040.

Seminara G. 2001. Downstream and upstream influence in river meandering. Part 2. Planimetric development [J]. Journal of Fluid Mechanics, 438: 183-211.

Seminara G. 2006. Meanders [J]. Journal of Fluid Mechanics, 54 (1): 271-298.

Shan X, Yu X, Clift P D, et al. 2015. The Ground Penetrating Radar facies and architecture of a Paleo- spit from Huangqihai Lake, North China: implications for genesis and evolution [J]. Sedimentary Geology, 323: 1-14.

Shanley K W, Mccabe P J. 1991. Predicting facies architecture through sequence stratigraphy—an example from the Kaiparowits Plateau, Utah [J]. Geology, 19 (7): 742.

Shanley K W, McCabe P J. 1994. Perspectives on the sequence stratigraphy of continental strata [J]. AAPG Bulletin, 78 (4): 544-568.

Simons D B, Richardson E V. 1960. Forms of bed roughness in alluvial channels [R]. Colorado: US. Geological Survey Colorado State University.

Smith D G, Hubbard S M, Leckiea D A, et al. 2009. Counter point bar deposits: lithofacies and reservoir significance in the meandering modern Peace River and ancient McMurray Formation, Alberta, Canada [J]. Sedimentology, 56 (6): 1655-1669.

Sorrel P, Tessier B, Demory F, et al. 2009. Evidence for millennial-scale climatic events in the sedimentary infilling of a macrotidal estuarine system, the Seine estuary (NW France) [J]. Quaternary Science Reviews, 28 (5-6): 499-516.

Steijn R, Roelvink D, Rakhorst D, et al. 1998. North Coast of Texel: a comparison between reality and prediction [C]. Reston, VA: Coastal Engineering Proceedings: 2281-2293.

Stouthamer E, Berendsen H J A. 2000. Factors Controlling the Holocene Avulsion History of the Rhine- Meuse Delta (The Netherlands) [J]. Journal of Sedimentary Research, 70 (5): 1051-1064.

Strick R J P, Ashworth P J, Awcock G, et al. 2018. Morphology and spacing of river meander scrolls

［J］. Geomorphology, 310：57-68.

Swales S, Storey A W, Bakowa K A. 2000. Temporal and spatial variations in fish catches in the fly river system in papua new guinea and the possible effects of the Ok Tedi copper mine ［J］. Environmental Biology of Fishes, 57（1）：75-95.

Sylvester Z, Durkin P, Covault J. 2019. High curvatures drive river meandering ［J］. Geology, 47（3）：263-266.

SzerbiakR B, 潘宏勋. 2002. 碎屑岩储层类拟的 3D 描述——从 3D GPR 数据到 3D 流体渗透率模型 ［J］. 勘探地球物理进展, （2）：64-73.

Vail P R. 1977. Seismic stratigraphy and global changes of sea level ［J］. Geophysical Research Letters, 29（22）：71-74.

Vail P R, Jr Mitchum R M, Thomposons S. 1977. Global-cycles of relative changes of sea level ［J］. AAPG Memoir, 83：469-472.

van de Lageweg W I, Feldman H. 2018. Process-based modelling of morphodynamics and bar architecture in confined basins with fluvial and tidal currents ［J］. Marine Geology, 398：35-47.

van de Lageweg W I, van Dijk W M, Kleinhans M G. 2013. Channel belt architecture formed by a meandering river ［J］. Sedimentology, 60（3）：840-859.

van de Lageweg W I, van Dijk W M, Baar A W, et al. 2014. Bank pull or bar push：What drives scroll-bar formation in meandering rivers? ［J］. Geology, 42（4）：319-322.

van de Lageweg W I, Schuurman F, Cohen K M, et al. 2016. Preservation of meandering river channels in uniformly aggrading channel belts ［J］. Sedimentology, 63（3）：586-608.

van Wagoner J C. 1995. Sequence stratigraphy and marine to nonmarine facies architecture of foreland basin strata, Book Cliffs, Utah, USA ［M］//van Wagoner J C, Bertram G. Sequence Stratigraphy of Foreland Basin Deposits Outcrop and Subsurface Examples from the Cretaceous of North America. ［S. l. ］：［s. n. ］.

Venzke S, Allen M R, Sutton R T, et al. 1999. The Atmospheric Response over the North Atlantic to Decadal Changes in Sea Surface Temperature ［J］. Journal of Climate, 12（8）：2562-2584.

Vitor A, Morgan S, Carlos P, et al. 2003. Lateral accretion packages（LAPs）：an important reservoir element in deep water sinuous channels ［J］. Marine & Petroleum Geology, 20（6-8）：631-648.

Wallerstein N P, Thorne C R. 2004. Influence of large woody debris on morphological evolution of incised, sand-bed channels ［J］. Geomorphology, 57（1）：53-73.

Wang Z, Van Genuchten M, Nielsen D, et al. 1998. Air entrapment effects on infiltration rate and flow instability ［J］. Water Resources Research, 34（2）：213-222.

Webber J, Geuns C. 1990. Framework for constructing clastic reservoir simulation models ［J］. Journal of Petroleum Technology, 10（42）：1248-1253.

Weber J, Ricken W. 2005. Quartz cementation and related sedimentary architecture of the Triassic Solling Formation, Reinhardswald Basin, Germany ［J］. Sedimentary Geology, 175（1）：

459-477.

Williams G E. 1971. Flood deposits of the sand-bed ephemeral streams of Central Australia [J]. Sedimentology, 17 (1-2): 1-40.

Williams G P. 1986. River meanders and channel size [J]. Journal of Hydrology, 88 (1-2): 147-164.

Wu H, Zhang S, Hinnov L, et al. 2013. Time-calibrated Milankovitch cycles for the late Permian [J]. Nature Communications, 4: 2452.

Xu H X, Wang G M, Peng Q. 2011. A composite right/left handed transmission line using fractal-shaped dentiform capacitor and meandered-line short-circuited stub inductor [C] //2011 4th IEEE International Symposium on Microwave, Antenna, Propagation and EMC Technologies for Wireless Communications. Beijing, China.

Yang C T. 1971. Potential Energy and Stream Morphology [J]. Water Resources Research, 7 (2): 311-322.

Yeh S, Kug J, Dewitte B, et al. 2014. El Nino in a changing climate [J]. Nature, 461: 511-514.

Yue D, Li W, Wang W, et al. 2019. Fused spectral-decomposition seismic attributes and forward seismic modelling to predict sand bodies in meandering fluvial reservoirs [J]. Marine and Petroleum Geology, 99: 27-44.

Zeng H L, Hentz T F. 2004. High-frequency sequence stratigraphy from seismic sedimentology: Applied to Miocene, Vermilion Block 50, Tiger Shoal Area, offshore Louisiana [J]. AAPG, 88 (2): 153-174.

Zeng H L, Backus M M. 2005. Interpretive advantages of 90°-phase wavelets [J]. Geophysics, 70 (3): 7-15.

Zeng H. 2007. Seismic imaging for seismic geomorphology beyond the seabed: potentials and challenges [J]. Geological Society of London Special Publications, 277 (1): 15-28.

Zeng H, Backus M, Barrow T. 1998. Stratal slicing: Realistic 3-D seismic model [J]. Geophysics, 63 (2): 502-513.

Zeng H, Loucks R G, Brown L F. 2007. Mapping sediment-dispersal patterns and associated systems tracts in fourth- and fifth-order sequences using seismic sedimentology: example from Corpus Christi Bay, Texas [J]. AAPG Bulletin, 91 (7): 981-1003.

Zolezzi G, Seminara G. 2001. Upstream influence in erodible beds [J]. Physics and Chemistry of the Earth, Part B: Hydrology Oceans and Atmosphere, 26 (1): 65-70.

附　　录

附表 1　Koppen-Geiger 气候带划分表

编号			描述	条件
1 级	2 级	3 级		
A			赤道带	$T_{min} \geqslant 18$
	f		–雨林	$P_{min} \geqslant 60mm$
	m		–季风	$P_{min} < 60mm$，$P_{min} \geqslant 100 - 0.04P_{ann}$
	w		–冬天旱季	$P_{min} < 100 - 0.04P_{ann}$，$P_{min} < 60mm$
B			干旱带	$P_{ann} < 10P_{threshold}$
	W		–沙漠	$P_{ann} \leqslant 5P_{threshold}$
	S		–草原	$P_{ann} > 5P_{threshold}$
		h	–炎热	$T_{ann} \geqslant 18$
		k	–寒冷	$T_{ann} < 18$
C			暖温带	$-3 < T_{min} < 18$
	s		–夏天旱季	$P_{smin} < 40mm$，$P_{smin} < P_{wmax}/3$
	w		–冬天旱季	$P_{wmin} < P_{smax}/10$
	f		–常湿润	除 Cs、Cw 以外
		a	–夏季炎热	$T_{max} \geqslant 18$
		b	–夏季温暖	除 (a) 以外，$T_{mon10} \geqslant 4$
		c	–夏季清凉	除 (a 和 b) 以外，$1 < T_{mon10} < 4$
D			冷温带	$T_{max} > 10$，$T_{min} \leqslant 0$
	s		–夏季干旱	$P_{smin} < 40mm$，$P_{smin} < P_{wmax}/3$
	w		–冬季干旱	$P_{wmin} < P_{smax}/10$
	f		–常湿润	除 Cs、Cw 以外
		a	–夏季炎热	$T_{max} \geqslant 18$
		b	–夏季温暖	除 (a) 以外，$T_{mon10} \geqslant 4$
		c	–夏季清凉	除 (a) 和 (b) 以外，$T_{min} > -38$

编号			描述	条件
1 级	2 级	3 级		
		d	–典型大陆气候	$T_{min} \leqslant -38$
E			极地带	$T_{max} < 10$
	T		–苔原	$0 \leqslant T_{max} < 10$
	F		–冰原	$T_{max} < 0$

注：T_{ann} 为年平均气温，T_{min} 为最冷月份的月平均气温，T_{max} 为最暖月份的月平均气温，T_{mon10} 为平均温度在 10℃ 以上的月份数。P_{ann} 为年平均降水量，P_{min} 为最干月份的降水量，P_{smin}、P_{smax}、P_{wmin}、P_{wmax} 分别为夏半年最干月份、夏半年最多雨月份、冬半年最干月份、冬半年最多雨月份的降雨量（夏半年 4 ~ 9 月，冬半年 10 月 ~ 次年 3 月）。$P_{threshold}$ 为依据以下条件变化的：如果 70% 以上的降水发生在冬季，$P_{threshold} = 2T_{ann}$；如果 70% 以上的降水发生在夏季，$P_{threshold} = 2T_{ann} + 28$；否则，$P_{threshold} = 2T_{ann} + 14$。

附表 2　艾伯塔盆地 McMurray 组顶部地层复合点坝演化复合度数据表

点坝	复合期次	完整面积/km²	保存面积/km²	保存比（复合度）/%
1	1	3.063	3.063	100.00
1	2	3.588	3.117	86.87
1	3	3.850	3.092	80.31
1	4	3.850	2.848	73.97
1	5	3.850	2.532	65.77
1	6	3.850	2.153	55.92
1	7	3.850	2.153	55.92
1	8	3.850	2.153	55.92
1	9	3.850	2.153	55.92
1	10	3.850	2.153	55.92
1	11	3.850	2.153	55.92
1	12	3.850	2.153	55.92
2	1	3.325	3.325	100.00
2	2	3.675	3.675	100.00
2	3	3.675	2.897	78.83
2	4	4.463	3.270	73.27
2	5	4.463	3.018	67.62
2	6	4.463	2.764	61.93
2	7	4.463	2.395	53.66

点坝	复合期次	完整面积/km²	保存面积/km²	保存比（复合度）/%
2	8	4.463	2.395	53.66
2	9	4.463	2.395	53.66
2	10	4.463	2.395	53.66
2	11	4.463	2.321	52.01
2	12	4.463	2.321	52.01
3	1	2.975	2.975	100.00
3	2	3.938	3.567	90.58
3	3	4.813	3.893	80.89
3	4	5.250	4.040	76.95
3	5	5.513	3.934	71.36
3	6	5.513	3.607	65.43
3	7	5.513	3.607	65.43
3	8	5.513	3.607	65.43
3	9	5.513	3.607	65.43
3	10	5.513	3.607	65.43
3	11	5.513	3.607	65.43
3	12	5.513	3.607	65.43
4	1	3.325	3.325	100.00
4	2	5.250	4.859	92.55
4	3	5.600	4.986	89.04
4	4	5.688	4.837	85.04
4	5	5.950	4.830	81.18
4	6	5.950	4.544	76.37
4	7	5.950	4.452	74.82
4	8	5.950	3.904	65.61
4	9	5.950	3.365	56.55
4	10	5.950	3.101	52.12
4	11	5.950	3.036	51.03
4	12	5.950	2.974	49.98
5	1	3.150	3.150	100.00
5	2	3.938	3.413	86.67
5	3	5.600	4.407	78.70

点坝	复合期次	完整面积/km²	保存面积/km²	保存比（复合度）/%
5	4	5.600	3.983	71.13
5	5	5.600	3.535	63.13
5	6	5.600	3.085	55.09
5	7	5.600	2.905	51.88
5	8	5.600	2.821	50.38
5	9	5.600	2.490	44.46
5	10	5.600	1.962	35.04
5	11	5.600	0.605	10.80
5	12	5.600	0.000	0.00
6	1	2.888	2.888	100.00
6	2	3.938	3.446	87.51
6	3	5.163	4.183	81.02
6	4	5.163	3.614	70.00
6	5	5.338	3.490	65.38
6	6	5.600	3.421	61.09
6	7	5.775	3.092	53.54
6	8	5.775	2.969	51.41
6	9	5.775	2.969	51.41
6	10	5.775	2.969	51.41
6	11	5.775	2.969	51.41
6	12	5.775	2.969	51.41
7	1	3.238	3.238	100.00
7	2	3.675	3.475	94.56
7	3	3.763	3.154	83.82
7	4	3.763	2.636	70.05
7	5	3.763	2.587	68.75
7	6	3.763	2.587	68.75
7	7	3.763	2.587	68.75
7	8	3.763	2.587	68.75
7	9	3.763	2.587	68.75
7	10	3.763	2.587	68.75
8	1	5.075	5.075	100.00

点坝	复合期次	完整面积/km²	保存面积/km²	保存比（复合度）/%
8	2	5.075	4.238	83.51
8	3	5.075	3.772	74.33
8	4	5.075	3.431	67.61
8	5	5.075	3.431	67.61
8	6	5.075	3.431	67.61
8	7	5.075	3.431	67.61
8	8	5.075	3.431	67.61
8	9	5.075	3.431	67.61
8	10	5.075	3.431	67.61
9	1	2.538	2.538	100.00
9	2	3.938	3.342	84.87
9	3	5.425	4.016	74.03
9	4	5.425	3.901	71.91
9	5	5.425	3.796	69.97
9	6	5.425	3.262	60.13
9	7	5.425	3.208	59.13
9	8	5.425	3.208	59.13
10	1	2.625	2.625	100.00
10	2	3.325	2.978	89.56
10	3	4.200	3.394	80.81
10	4	5.075	4.056	79.92
10	5	5.338	3.967	74.32
10	6	5.338	3.612	67.67
10	7	5.338	2.831	53.03
10	8	5.338	2.752	51.55
11	1	3.500	3.500	100.00
11	2	4.113	3.600	87.53
11	3	4.375	3.537	80.85
11	4	4.375	3.241	74.08
11	5	4.375	2.642	60.39
11	6	4.375	2.542	58.10
11	7	4.375	2.293	52.41

点坝	复合期次	完整面积/km²	保存面积/km²	保存比（复合度）/%
11	8	4.375	2.293	52.41
12	1	3.588	3.588	100.00
12	2	3.763	3.231	85.86
12	3	3.850	3.112	80.83
12	4	3.850	2.779	72.18
12	5	3.850	2.460	63.90
12	6	3.850	2.238	58.13
12	7	3.850	2.238	58.13
13	1	3.325	1.925	57.89
13	2	3.325	3.604	108.39
13	3	3.500	3.549	101.40
13	4	3.588	3.282	91.47
13	5	3.588	3.151	87.82
13	6	3.588	2.826	78.76
14	1	3.063	3.063	100.00
14	2	3.500	2.938	83.94
14	3	3.588	2.873	80.07
14	4	3.413	2.731	80.02
14	5	3.413	2.731	80.02
14	6	3.413	2.731	80.02
15	1	1.925	1.925	100.00
15	2	3.763	3.289	87.40
15	3	3.938	3.154	80.09
15	4	3.938	2.712	68.87
15	5	3.938	2.616	66.43
16	1	3.850	3.850	100.00
16	2	3.500	3.229	92.26
16	3	3.500	3.134	89.54
16	4	3.500	3.134	89.54
17	1	4.200	4.200	100.00
17	2	4.200	3.909	93.07
17	3	4.638	4.182	90.17

点坝	复合期次	完整面积/km²	保存面积/km²	保存比（复合度）/%
17	4	4.638	4.182	90.17
18	1	2.450	2.450	100.00
18	2	4.375	3.952	90.33
18	3	4.375	3.442	78.67
19	1	3.675	3.675	100.00

附表3　密西西比河新马德里地区复合点坝演化复合度数据表

点坝	复合期次	完整面积/km²	保存面积/km²	保存比（复合度）/%
1	1	25.77	25.77	100.00
1	2	26.80	21.47	80.11
1	3	26.80	21.47	80.11
1	4	26.80	21.47	80.11
1	5	26.80	21.47	80.11
1	6	26.80	21.47	80.11
1	7	26.80	21.47	80.11
1	8	26.80	21.47	80.11
1	9	26.80	21.47	80.11
2	1	34.44	34.44	100.00
2	2	36.22	31.03	85.67
2	3	36.22	29.03	80.15
2	4	36.22	28.99	80.04
2	5	36.22	27.55	76.06
2	6	36.22	25.89	71.48
2	7	36.22	25.24	69.69
2	8	36.22	23.60	65.16
2	9	36.22	22.11	61.04
3	1	7.05	7.05	100.00
3	2	7.05	6.67	94.61
3	3	8.55	7.78	90.99
3	4	8.89	8.09	91.00
3	5	9.95	6.40	64.32
3	6	10.02	6.40	63.87

点坝	复合期次	完整面积/km²	保存面积/km²	保存比（复合度）/%
3	7	10.02	6.14	61.28
3	8	10.02	5.94	59.28
3	9	10.02	5.71	56.99
4	1	5.08	5.08	100.00
4	2	5.12	4.23	82.62
4	3	5.12	3.61	70.51
4	4	5.88	4.08	69.39
4	5	6.07	3.63	59.80
4	6	6.89	3.92	56.89
4	7	6.89	3.79	55.01
4	8	7.09	3.34	47.11
4	9	8.53	3.72	43.61
5	1	20.61	20.61	100.00
5	2	24.81	20.61	83.07
5	3	24.81	19.14	77.15
5	4	24.81	18.11	72.99
5	5	24.86	17.62	70.88
5	6	24.88	16.83	67.64
5	7	24.88	16.13	64.83
5	8	25.25	15.77	62.46
5	9	25.25	15.35	60.79
6	1	9.02	9.02	100.00
6	2	9.02	7.91	87.69
6	3	8.88	6.94	78.15
6	4	8.88	6.66	75.00
6	5	8.88	5.52	62.16
6	6	8.88	5.34	60.14
6	7	8.88	4.37	49.21
6	8	8.88	4.00	45.05
7	1	35.68	35.68	100.00
7	2	35.68	31.27	87.64
7	3	38.32	30.81	80.40

点坝	复合期次	完整面积/km²	保存面积/km²	保存比（复合度）/%
7	4	40.15	30.22	75.27
7	5	40.33	29.10	72.15
7	6	40.41	29.14	72.11
7	7	43.51	30.51	70.12
7	8	46.32	31.05	67.03
8	1	8.20	8.20	100.00
8	2	8.20	7.18	87.56
8	3	8.23	6.33	76.91
8	4	9.01	5.89	65.37
8	5	9.04	5.42	59.96
8	6	9.04	5.02	55.53
8	7	10.81	5.63	52.08
8	8	10.95	5.27	48.13
9	1	39.07	39.07	100.00
9	2	40.00	33.46	83.65
9	3	44.47	34.73	78.10
9	4	44.47	34.73	78.10
9	5	44.47	34.73	78.10
9	6	44.47	34.73	78.10
9	7	44.47	34.73	78.10
9	8	44.47	32.26	72.54
10	1	5.92	5.92	100.00
10	2	5.92	5.19	87.67
10	3	5.92	5.08	85.81
10	4	5.92	5.07	85.64
10	5	5.92	4.93	83.28
10	6	5.92	4.93	83.28
10	7	5.92	4.93	83.28
11	1	12.20	12.20	100.00
11	2	14.79	12.67	85.67
11	3	14.79	11.45	77.42
11	4	15.06	10.59	70.32

点坝	复合期次	完整面积/km²	保存面积/km²	保存比（复合度）/%
11	5	15.24	9.42	61.81
11	6	15.89	9.22	58.02
11	7	16.22	8.46	52.16
12	1	115.02	115.02	100.00
12	2	130.59	114.41	87.61
12	3	131.11	105.36	80.36
12	4	131.11	98.62	75.22
12	5	131.11	93.39	71.23
12	6	131.11	89.19	68.03
12	7	131.11	85.59	65.28
13	1	22.12	22.12	100.00
13	2	20.44	14.33	70.11
13	3	20.44	14.33	70.11
13	4	20.44	14.33	70.11
13	5	20.44	14.33	70.11
13	6	20.44	14.33	70.11
14	1	44.25	44.25	100.00
14	2	58.87	51.55	87.57
14	3	62.78	50.51	80.46
14	4	65.66	49.48	75.36
14	5	65.66	46.78	71.25
14	6	65.66	46.78	71.25
15	1	20.22	20.22	100.00
15	2	20.22	17.36	85.86
15	3	20.31	15.64	77.01
15	4	20.31	14.31	70.46
15	5	22.02	14.34	65.12
16	1	22.23	22.23	100.00
16	2	30.26	26.50	87.57
16	3	38.92	31.28	80.37
16	4	38.92	29.28	75.23
17	1	8.23	8.23	100.00

点坝	复合期次	完整面积/km²	保存面积/km²	保存比（复合度）/%
17	2	8.92	7.82	87.67
17	3	10.96	8.81	80.38
17	4	11.11	8.36	75.25
18	1	30.88	30.88	100.00
18	2	30.88	27.05	87.60
18	3	30.88	24.81	80.34
19	1	10.81	10.81	100.00
19	2	10.81	9.44	87.33
19	3	10.81	8.64	79.93
20	1	17.65	17.65	100.00

附表 4　数值模拟复合点坝演化复合度数据表

点坝	复合期次	完整面积/km²	保存面积/km²	保存比（复合度）/%
1	1	1.561	1.561	100.00
1	2	1.561	1.415	90.65
1	3	1.561	1.314	84.18
1	4	1.561	1.257	80.53
1	5	1.561	1.204	77.13
1	6	1.565	1.178	75.27
2	1	1.547	1.547	100.00
2	2	1.551	1.497	96.52
2	3	1.550	1.421	91.68
2	4	1.550	1.378	88.90
2	5	1.550	1.318	85.03
2	6	1.550	1.279	82.52
3	1	1.502	1.502	100.00
3	2	1.511	1.360	90.01
3	3	1.588	1.359	85.58
3	4	1.588	1.289	81.17
3	5	1.588	1.112	70.03
3	6	1.588	0.967	60.89
4	1	1.489	1.489	100.00

点坝	复合期次	完整面积/km²	保存面积/km²	保存比（复合度）/%
4	2	1.491	1.346	90.27
4	3	1.491	1.262	84.64
4	4	1.491	1.202	80.62
4	5	1.491	1.155	77.46
4	6	1.491	1.117	74.92
5	1	1.602	1.602	100.00
5	2	1.614	1.475	91.39
5	3	1.614	1.394	86.37
5	4	1.620	1.342	82.84
5	5	1.625	1.301	80.06
5	6	1.625	1.264	77.78
6	1	1.611	1.611	100.00
6	2	1.620	1.483	91.54
6	3	1.620	1.433	88.46
6	4	1.620	1.296	80.00
6	5	1.620	1.150	70.99
6	6	1.620	0.952	58.77
7	1	1.600	1.600	100.00
7	2	1.606	1.406	87.55
7	3	1.617	1.297	80.21
7	4	1.617	1.214	75.08
7	5	1.617	1.149	71.06
7	6	1.617	1.134	70.13
8	1	1.491	1.491	100.00
8	2	1.522	1.377	90.47
8	3	1.524	1.263	82.87
8	4	1.612	1.261	78.23
8	5	1.612	1.200	74.44
8	6	1.612	0.841	52.17
9	1	1.603	1.603	100.00
9	2	1.603	1.404	87.59
9	3	1.603	1.287	80.29

续表

点坝	复合期次	完整面积/km²	保存面积/km²	保存比（复合度）/%
9	4	1.603	1.204	75.11
10	1	1.433	1.433	100.00
10	2	1.621	1.379	85.07
10	3	1.621	1.237	76.31
10	4	1.621	1.136	70.08
11	1	1.596	1.596	100.00
11	2	1.596	1.367	85.65
11	3	1.596	1.236	77.44
12	1	1.604	1.604	100.00
12	2	1.634	1.406	86.05
12	3	1.634	1.273	77.91
13	1	1.566	1.566	100.00
13	2	1.566	1.337	85.38
14	1	1.612	1.612	100.00
14	2	1.633	1.455	89.10
15	1	1.478	1.478	100.00
15	2	1.487	1.415	95.16
16	1	1.555	1.555	100.00
16	2	1.598	1.359	85.04

附表5　物理模拟复合点坝演化复合度数据表

点坝	复合期次	完整面积/m²	保存面积/m²	保存比（复合度）/%
1	1	2.44	2.44	100.00
1	2	3.16	2.93	92.72
1	3	3.18	2.79	87.74
1	4	3.18	2.25	70.75
1	5	3.18	2.24	70.44
1	6	3.18	2.24	70.44
2	1	2.49	2.49	100.00
2	2	3.33	3.27	98.20
2	3	3.33	2.58	77.48
2	4	3.33	2.36	70.87

点坝	复合期次	完整面积/m²	保存面积/m²	保存比（复合度）/%
2	5	3.33	2.29	68.77
2	6	3.33	1.00	30.03
3	1	2.52	2.52	100.00
3	2	3.89	3.73	95.89
3	3	3.89	3.61	92.80
3	4	3.89	3.40	87.40
3	5	3.89	2.99	76.86
4	1	3.78	3.78	100.00
4	2	3.98	3.39	85.18
4	3	3.98	2.79	70.10
4	4	3.98	1.54	38.69
5	1	2.80	2.80	100.00
5	2	2.80	2.40	85.71
5	3	2.80	2.18	77.86
6	1	2.53	2.53	100.00
6	2	2.53	2.00	79.05
6	3	2.53	1.55	61.26
7	1	3.59	3.59	100.00
7	2	3.59	3.07	85.52
7	3	3.59	2.76	76.88
8	1	3.82	3.82	100.00
8	2	3.82	3.38	88.48
8	3	3.82	3.24	84.82
9	1	3.52	3.52	100.00
9	2	3.52	3.02	85.80
9	3	3.52	2.83	80.40
10	1	3.74	3.74	100.00
10	2	3.74	3.19	85.29

后 记

本书的撰写即将结束，心里充满了感谢。首先要感谢全国博士后管理委员会和科学出版社提供了这次宝贵的机会，正是有了这样的机会，才得以使一个想法转变成本书。感谢各位专家和出版社的老师对本书的审阅。

本书得到了"十一五""十二五"国家科技重大专项项目"海上开发地震关键技术及应用研究"，中国海洋石油集团有限公司重点课题"薄砂岩储层不连续界线综合表征技术研究及应用"（编号：YX-B-KJFZ）、"海上中深层油藏地球物理技术及其应用研究"（编号：2019-YXKJ-007）等项目的资助。感谢中海油研究总院开发专家胡光义教授、范廷恩院长，中国石油大学（北京）吴胜和教授。本书研究课题的顺利开展，以及书稿的总结撰写，得到了三位专家的悉心指导和帮助。感谢中海油研究总院各级领导对博士后的关心与重视，感谢博士后科研工作站为博士后工作和生活提供了坚实的保障。感谢博士后科研工作站前任站长李先杰站长、董锦站长对我在站期间工作和生活各方面的关心和帮助！博士后课题研究和书稿撰写期间，得到了中海油研究总院有限责任公司开发研究院多位领导的大力支持和指导，孙立春总师、王晖首席、高云峰首席、范洪军主任、宋来明主任等均对本书提出过宝贵意见。开发研究院的多位博士后也对我的工作予以了帮扶，他们是张显文、井涌泉、陈飞、马良涛和任梦怡等。此外，开发地质研究室的同事也提供了大量帮助。在此一并表示感谢！

虽然本书取得了一些研究成果，但是关于复合砂体构型的研究，还需要进一步从曲流河相扩展到三角洲、重力流以及碳酸盐岩等沉积类型，未来深入研究的道路还很漫长。关于本书所提出的原理、方法和应用也存在一些需要改进的地方，欢迎读者批评指正。

编　后　记

　　"博士后文库"是汇集自然科学领域博士后研究人员优秀学术成果的系列丛书。"博士后文库"致力于打造专属于博士后学术创新的旗舰品牌，营造博士后百花齐放的学术氛围，提升博士后优秀成果的学术影响力和社会影响力。

　　"博士后文库"出版资助工作开展以来，得到了全国博士后管委会办公室、中国博士后科学基金会、中国科学院、科学出版社等有关单位领导的大力支持，众多热心博士后事业的专家学者给予积极的建议，工作人员做了大量艰苦细致的工作。在此，我们一并表示感谢！

"博士后文库"编委会